Strategieverwendung bei der Multiplikation zweistelliger Zahlen

Sophia Kaun

Strategieverwendung bei der Multiplikation zweistelliger Zahlen

Eine Untersuchung mithilfe von Rechenweganalysen unter Berücksichtigung auftretender Fehler

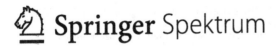

Sophia Kaun
Pädagogische Hochschule Karlsruhe
Institut für Mathematik
Karlsruhe, Deutschland

Dissertation an der Pädagogischen Hochschule Karlsruhe, Februar 2023

ISBN 978-3-658-42393-3   ISBN 978-3-658-42394-0   (eBook)
https://doi.org/10.1007/978-3-658-42394-0

Die Deutsche Nationalbibliothek verzeichnet diese Publikation in der Deutschen Nationalbiblio-
grafie; detaillierte bibliografische Daten sind im Internet über http://dnb.d-nb.de abrufbar.

Planung/Lektorat: Marija Kojic
Springer Spektrum ist ein Imprint der eingetragenen Gesellschaft Springer Fachmedien Wiesbaden
GmbH und ist ein Teil von Springer Nature.
Die Anschrift der Gesellschaft ist: Abraham-Lincoln-Str. 46, 65189 Wiesbaden, Germany

Geleitwort

In zahlreichen Gesprächen im Rahmen von Fortbildungen, Diagnosen und Prüfungen habe ich feststellen dürfen, dass die Multiplikation zwei- und mehrstelliger Zahlen nicht nur für Kinder und Jugendliche ein sehr herausforderndes Thema ist: Über welche Strategien können Aufgaben wie 21 · 19 „elegant" gelöst werden? Welche Modelle bieten sich zur Darstellung der Aufgabe und zur Dokumentation der Rechenwege an? Ist das Ergebnis genau 20 · 20 und wenn nicht: ist es kleiner oder größer? Wie kann dann der Unterschied anschaulich rasch bestimmt werden?

Im Rahmen der Normierung von Aufgaben der „Individuellen Lernstandsanalysen plus" im Land Brandenburg konnten die Aufgabe 13 · 16 nur rund 6 % der befragten 3020 Kinder zu Beginn der fünften Jahrgangsstufe korrekt lösen.

Offenkundig besteht ein didaktischer Handlungsbedarf bei der Multiplikation mehrstelliger Zahlen. Für diesen sind präzise Informationen zu den Kompetenzen und Schwierigkeiten nötig, die die Lernenden bei der Multiplikation im Zahlenraum über 100 haben. Obschon es zahlreiche Studien zur Multiplikation im kleinen Einmaleins gibt – sowohl zu Rechenstrategien als auch zur Verwendung von Modellen – ist sowohl der theoretische als auch der empirische Forschungsstand zur Multiplikation im Zahlenraum über 100 vergleichsweise spärlich.

Die vorliegende Dissertation von Sophia Kaun analysiert daher rund 10 000 Bearbeitungswege von 2000 Lernenden im Rahmen einer Fragebogenstudie zu Multiplikationsaufgaben mit zweistelligen Faktoren. Hierbei beschreibt, kategorisiert und quantifiziert sie sowohl die erfolgreichen Lösungsstrategien als auch die – zahlreicheren – fehlerhaften Bearbeitungen. Von großem Interesse ist zunächst die Frage, warum die Berechnungen der Aufgaben falsch sind: Sind es Rechenfehler oder falsche Strategien – oder beides – die die erfolgreiche Lösung verhindern? In sehr überzeugenden Analysen beschreibt die Autorin, dass vergleichsweise wenig Probleme beim Ausrechnen der Teilschritte vorliegen, aber dass der Rechenweg selbst in rund drei von vier Fällen falsch ist. Offenkundig gelingt es den Lernenden sehr gut, ihr Faktenwissen zur Lösung von Aufgaben des kleinen Einmaleins, der Addition und Subtraktion zu aktivieren. Ein großes Defizit hingegen kann beim Verständnis der Rechenoperation selbst, den Eigenschaften der Multiplikation (vor allem der Distributivität) und den daraus abgeleiteten Strategien festgestellt werden.

Die Probleme mit den Rechenstrategien untersucht Sophia Kaun näher und identifiziert zwar eine beeindruckende Vielzahl an unterschiedlichen Fehlerstrategien, die jedoch zum Großteil mit mangelndem Abgrenzungswissen zu (erfolgreichen) Additionsstrategien erklärt werden können: Bearbeitungswege, die bei der Addition zweistelliger Zahlen zur Lösung führen werden teilweise oder vollständig auf die Multiplikation übertragen und sorgen so für falsche Lösungen. Rund ein Dreiviertel der falschen Bearbeitungen kann so erklärt werden. Besonders hervorzuheben sind die Analysen, die aufzeigen, dass diese Übergeneralisierungen nicht als Zufallsprodukte auftreten, sondern von den meisten Lernenden systematisch, das heißt über die Mehrzahl der Aufgaben hinweg gemacht werden.

Diese Analysen bilden eine hervorragende Grundlage, um unterrichtliche Interventionen gestalten und evaluieren zu können. Unerwartet häufig treten die wenigen unterschiedlichen, dafür von der Mehrheit der Lernenden eingeschlagenen Fehlerstrategien auf. Die Analysen von Frau Kaun leisten daher einen beeindruckenden Beitrag, sowohl auf normativer Ebene Lösungs- und Fehlerstrategien zu identifizieren als auch auf empirischer Ebene das Auftreten dieser Strategien in der Häufigkeit und in der Konsistenz, den Forschungsstand zu erweitern.

Ich wünsche Ihnen eine informative und anregende Lektüre.

Prof. Dr. Sebastian Wartha
Pädagogische Hochschule Karlsruhe
Institut für Mathematik
Karlsruhe, Deutschland

Danksagung

Mit dieser Danksagung endet für mich eine zugleich aufregende, bereichernde und herausfordernde Zeit. Allein hätte ich meine Reise durch diese Zeit nicht erfolgreich bewältigt. Daher möchte ich mich an dieser Stelle bei den vielen Personen bedanken, die mich während der Anfertigung dieser Arbeit begleitet und unterstützt haben.

Mein Dank gilt zuerst Herr Prof. Dr. Sebastian Wartha und Frau Prof. Dr. Dagmar Bönig für die konstruktive Unterstützung, das Interesse an meiner Arbeit und die Bereitschaft, diese zu begutachten. Besonderer Dank gilt meinem Doktorvater Herr Prof. Dr. Sebastian Wartha, der diese Arbeit mit seinen wertvollen Anregungen von Anfang an begleitet hat. Ebenso bedanke ich mich für sein entgegengebrachtes Vertrauen und seine große Geduld. Außerdem ermöglichte er mir durch die Mitarbeit am ILeA-plus Projekt nicht nur die eigene Forschung, sondern die Arbeit mit Projektmitgliedern der Mathematikdidaktik, die nicht nur überaus kompetent sind, sondern mit denen ich mich stets sehr wohl gefühlt habe.

Voraussetzung für das Gelingen dieser Arbeit war der Auftrag für das ILeA plus-Projekt durch das Landesinstitut für Schule und Medien Berlin-Brandenburg. Bedanken möchte ich mich in diesem Zusammenhang in besonderer Weise bei allen beteiligten Schülerinnen und Schülern sowie teilnehmenden Lehrkräften.

Ein großer Dank gilt auch den Kolleginnen und Kollegen des Mathematikinstituts der Pädagogischen Hochschule Karlsruhe, die meine Arbeit nicht nur durch den fachlichen Austausch bereichert haben, sondern meine Zeit an der Hochschule durch eine großartige Arbeitsatmosphäre und viel Herzlichkeit geprägt haben.

Eine große Hilfe habe ich ebenfalls durch Larissa Leonhard erfahren, die viel Zeit und Mühe in das Korrekturlesen dieser Arbeit investiert hat und durch Dana

Ghafoor-Zadeh, die mir zur Seite gestanden hat und mich darin ermutigt hat mein Ziel weiter zu verfolgen.

Abschließend möchte ich mich bei meiner wunderbaren Familie bedanken, die mir während der letzten Jahre immer wieder den Rücken freigehalten und mich in meinem Vorhaben bestärkt hat.

Diese Reise hätte ich jedoch niemals ohne meinen Mann Tim abgeschlossen, der mir ununterbrochen mit viel Geduld und Zuversicht beigestanden hat.

Für all das danke ich Ihnen und Euch von ganzem Herzen!

Karlsruhe   Sophia Kaun
September 2022

Inhaltsverzeichnis

Abbildungsverzeichnis

Tabellenverzeichnis

Einleitung 1

In der vorliegenden Forschungsarbeit steht das Bearbeiten von Multiplikationsaufgaben des großen Einmaleins über Rechenwege im Mittelpunkt. Wie im Titel dieser Arbeit deutlich wird, geht es insbesondere um die Strategieverwendung von Kindern bei der Multiplikation zweistelliger Zahlen.

Als eine der vier Grundrechenarten steht die Multiplikation im Fokus der mathematischen Bildung für die Grundschulzeit. Das Verstehen der vier Grundrechenarten (Addition, Subtraktion, Multiplikation und Division) ist eine zentrale Zielsetzung für das Schulfach Mathematik und gilt als Grundlage für das Weiterlernen in den weiterführenden Schulen (Ständige Konferenz der Kultusminister der Länder in der Bundesrepublik Deutschland, 2004). Unter dem Verstehen und Beherrschen der Grundrechenarten wird das Verständnis der Zusammenhänge zwischen den Grundrechenarten, sowie eine auf Einsicht basierende Anwendung von Rechenstrategien und das Nutzen der Eigenschaften der Operation zusammengefasst (Standards für inhaltsbezogene mathematische Kompetenzen, ebd. S. 9).

Der Multiplikation liegen verschiedene mathematische Strukturen (Eigenschaften) zugrunde. Diese eröffnen beim Rechnen eine Vielzahl an Lösungswegen. In diesem Zusammenhang werden Rechenstrategien als eine Lösungsstrategie zum Erreichen des Ergebnisses als besonders relevant herausgestellt, um Einblicke in individuelle Denk- und Lösungswege von Kindern zu erhalten (z. B. Krauthausen, 1993; Padberg & Benz, 2021).

Das Forschungsinteresse an der Strategieverwendung in ihren kognitionspsychologischen, fachdidaktischen und unterrichtspraktischen Dimensionen ist hoch. Beim Vergleich empirischer Erkenntnisse zum Inhaltsbereich der Multiplikation und zum Bereich der Addition und Subtraktion wird deutlich, dass im deutschsprachigen Raum vergleichsweise wenige empirische Untersuchungen

© Der/die Autor(en), exklusiv lizenziert an Springer Fachmedien Wiesbaden GmbH, ein Teil von Springer Nature 2023
S. Kaun, *Strategieverwendung bei der Multiplikation zweistelliger Zahlen*, https://doi.org/10.1007/978-3-658-42394-0_1

vorliegen, die die Strategieverwendung im Kontext der Multiplikation differenziert analysieren (Padberg & Benz, 2011, S. 184). Im Zahlenraum über 100 ist dieser Unterschied und somit der Forschungsbedarf noch deutlicher. Bestehende Erkenntnisse im Kontext des kleinen Einmaleins zeigen, dass dem Großteil der Kinder das Lösen der Multiplikationsaufgaben *bis* 100 (kleines Einmaleins) erfolgreich gelingt (Gasteiger & Paluka-Grahm, 2013; Köhler, 2019). Dabei wird auf unterschiedliche Lösungsstrategien zurückgegriffen – in den meisten Fällen auf Rechenstrategien. Gleichzeitig zeigt der Blick auf Forschungsergebnisse zur Multiplikation im Zahlenraum *über* 100 (großes Einmaleins), dass die Verwendung von Rechenstrategien im großen Einmaleins vielen Schülerinnen und Schülern Schwierigkeiten bereitet (z. B. Schäfer, 2005). Dies verweist auf Unterschiede in der Bearbeitung von Multiplikationsaufgaben einstelliger Zahlen (kleines Einmaleins) und zweistelliger Zahlen (großes Einmaleins). Differenzierte Kenntnisse zum Fehlerauftreten und zu fehlerhaften Denkweisen im großen Einmaleins sind zum aktuellen Zeitpunkt jedoch kaum vorhanden. Van der Ven, Straatemeier, Jansen, Klinkenberg und van der Maas (2015, S. 60) resümieren in diesem Zusammenhang: „Since multiplication is one of the four basic operations, and multidigit multiplication builds on single digit multiplication but is not the same, it is recommended that future studies on multiplication proficiency also look at multidigit multiplication".

Für die vorliegende Arbeit bildet der beschriebene Hintergrund den Anlass, sich differenziert mit der Multiplikation zweistelliger Zahlen auseinanderzusetzen. Die Arbeit verfolgt das Ziel, die Strategieverwendung bei der Lösung von Multiplikationsaufgaben des großen Einmaleins am Ende der Grundschulzeit umfassend zu analysieren. Der Schwerpunkt liegt dabei auf Erkenntnissen zur differenzierten Beschreibung eingesetzter Rechenstrategien und auftretender Schwierigkeiten bei der Aufgabenbearbeitung. Zusätzlich dazu erfolgt die Untersuchung, inwieweit ikonische Darstellungen (ikonische Modelle) zur Multiplikation zweistelliger Zahlen erkannt werden.

In der vorliegenden Untersuchung wurden mithilfe einer schriftlichen Befragung Rechenwege von 2000 Kindern zu Beginn der fünften Jahrgangsstufe erhoben und ausgewertet. Basierend auf einer systematischen Erfassung der Rechenwege können nicht nur Aussagen über den Strategieeinsatz getroffen werden, sondern auch auftretende Schwierigkeiten untersucht werden, um fehlerhafte Denkweisen der Kinder aufzudecken. Die umfassende Datenerhebung wurde durch das vom Landesinstitut für Schule und Medien Berlin Brandenburg geförderte und in Zusammenarbeit mit Prof. Dr. Christiane Benz, Prof. Dr. Sebastian Wartha (Pädagogische Hochschule Karlsruhe) und Dr. Axel Schulz (Universität Bielefeld) entstandene Projekt „Individuelle Lernstandsanalysen plus" (kurz:

ILeA plus-Projekt) möglich. Die Daten zum Erkennen ikonischer Modelle zur Multiplikation stammen aus einer in das Projekt eingebetteten softwaregestützten Datenerhebung und werden in der vorliegenden Arbeit in Zusammenhang mit den symbolischen Lösungswegen der befragten Kinder ausgewertet.

Die Bearbeitung von Multiplikationsaufgaben mit zweistelligen Faktoren über Rechenstrategien zeigt sich in der vorliegenden Untersuchung als sehr anspruchsvolle Aufgabe für die befragten Kinder. Die Ergebnisse zeigen, dass den Kindern vor allem die Anwendung von Rechenstrategien Schwierigkeiten bereitet und selten die Ausführung der Operation (das Ausrechnen) an sich. Das dokumentierte hohe Fehlerauftreten im großen Einmaleins kann in der vorliegenden Untersuchung auf systematisch auftretende Fehler zurückgeführt werden, die die Mehrheit auftretender Fehler erklären und insbesondere fehlende Einsicht in die zentrale Eigenschaft der Multiplikation (Distributivität) verdeutlichen. Die Ergebnisse zum Erkennen ikonischer Modelle liefern Hinweise dahingehend, dass nicht allein eine tragfähige Operationsvorstellung, sondern vielmehr eine tragfähige Vorstellung zur Distributivität für einen gelungenen Strategieeinsatz innerhalb des symbolischen Lösungswegs bedeutsam ist.

Die vorliegende Arbeit ist in sechs Kapitel gegliedert. Im *ersten Kapitel* erfolgt eine Beschreibung der fachlichen Grundlagen der Multiplikation als mathematischer Einstieg in den Inhaltsbereich. Dies stellt zugleich die Grundlage für ein tieferes Verständnis der sich anschließenden Kapitel dar.

Im *zweiten Kapitel* steht die nicht-symbolische Darstellung der Multiplikation im Fokus. Neben unterschiedlichen Darstellungsformen wird in diesem Zusammenhang auch das Übersetzen zwischen verschiedenen Darstellungen auf theoretischer Ebene betrachtet und der Forschungsstand berichtet. Mit Blick auf das Forschungsinteresse der vorliegenden Arbeit stehen dabei insbesondere ikonische Darstellungen im Fokus. In diesem Zusammenhang sind Rechteckmodelle als eine Möglichkeit, die Multiplikation und ihre Eigenschaften bildlich darzustellen, von besonderer Bedeutung.

Im *dritten Kapitel* werden verschiedene Lösungsstrategien bei der Bearbeitung von Multiplikationsaufgaben beschrieben. Nach einem Überblick über mögliche Lösungsstrategien werden Rechenstrategien als ein besonderer Lösungsweg herausgearbeitet. Im Anschluss an die Darstellung des Strategiebegriffs in (inter)nationalen Publikationen erfolgt zunächst eine Betrachtung, welche Rechenstrategien und Fehlerklassifikationen im Kontext der Multiplikation in der mathematikdidaktischen Literatur beschrieben werden. Anschließend wird die eingenommene normative Perspektive durch die Darstellung des empirischen Forschungsstands ergänzt. Wie Kinder Rechenstrategien zur Lösung von

Multiplikationsaufgaben einsetzen, ob sie dabei flexibel und adaptiv vorgehen, wird im anschließenden Abschnitt sowohl theoretisch als auch anhand
empirischer Ergebnisse beleuchtet. Die Ausführungen des Kapitels münden in
einer Zusammenfassung, die zugleich den bestehenden Forschungsbedarf deutlich
macht.

Im *vierten Kapitel* werden die der Arbeit zugrundeliegenden Forschungsfragen
konkretisiert und das Untersuchungsdesign vorgestellt. An dieser Stelle werden
die Rahmenbedingungen der Untersuchung (Einbettung in das ILeA plus – Projekt), die beiden Erhebungsinstrumente und deren Einsatz (schriftliche Befragung
und softwaregestützte Aufgabenstellung) sowie die Stichprobe beschrieben. Das
Kapitel schließt mit der Beschreibung der herangezogenen Auswertungsmethoden, die von der qualitativen Auswertung zur Kategorisierung der Rechenwege
bis zur quantitativen Darstellung der gewonnenen Daten reichen.

Das *fünfte Kapitel* widmet sich der Darstellung der Ergebnisse und den daraus
abgeleiteten Interpretationen. Zuerst wird dafür ein Überblick über die Kategorien
der qualitativen Auswertung zur systematischen Erfassung der Rechenstrategien
und Fehler anhand ausgewählter Lösungsbeispiele gegeben. Anschließend werden die Ergebnisse bezogen auf die Gesamtheit an Lösungswegen berichtet,
um die Verteilung der inhaltlich beschriebenen Strategien und Fehler in den
Lösungswegen zu Multiplikationsaufgaben des großen Einmaleins darzustellen.
Darüber hinaus werden Ergebnisse dazu berichtet, wie sich der Strategieeinsatz
auf individueller Ebene gestaltet und inwiefern sich das Auftreten der Strategien und Fehler bezogen auf die gestellten Multiplikationsaufgaben unterscheidet.
Dabei bilden Fehleranalysen zur Beschreibung der Konsistenz auftretender Fehler einen besonderen Schwerpunkt. In einem weiteren Abschnitt werden die
Ergebnisse zum Erkennen bildlicher Darstellungen (ikonischer Modelle) zur Multiplikation berichtet. Diese werden herangezogen, um sie den Ergebnissen zur
Strategieverwendung auf symbolischer Ebene gegenüberzustellen und Zusammenhänge zwischen den Bearbeitungen innerhalb der beiden Darstellungsformen
herzustellen.

Im *sechsten Kapitel* werden die Hauptbefunde auf die Forschungsfragen
bezogen zusammengefasst dargestellt. Im daran anschließenden Ausblick werden Grenzen der vorliegenden Arbeit dargestellt, sowie weiterführende For-
schungsperspektiven aufgezeigt, die sich aus den gewonnenen Erkenntnissen der
Untersuchung ergeben.

Fachliche Grundlagen der Multiplikation

2

Als mathematischer Einstieg in den Inhaltsbereich der Multiplikation und als Grundlage für ein tieferes Verständnis der nicht-symbolischen Darstellung der Multiplikation (Kapitel 2) sowie der Lösung von Multiplikationsaufgaben (Kapitel 3), wird die Rechenoperation mit ihren Eigenschaften in den folgenden Ausführungen definiert. Die Definition der Multiplikation natürlicher Zahlen ($\mathbb{N}$) kann unter Rückgriff auf das Mengenmodell auf zwei Wegen erfolgen: über die Mengenvereinigung oder über das kartesische Produkt (bzw. Kreuzprodukt). Da die Mengenvereinigung den Haupteinführungsweg der Multiplikation in der Grundschule darstellt (Kuhnke, 2013, S. 36 f.; Padberg, 2007, S. 199 f.), wird die Multiplikation in den nachfolgenden Ausführungen darüber definiert.

Definition
Die Multiplikation natürlicher Zahlen als Mengenvereinigung wird nach Griesel (1971, S. 188) wie folgt definiert:

> Unter dem Produkt a · b der Zahlen a und b (a $\neq$ 0; b $\neq$ 0) versteht man eine Kardinalzahl, die man folgendermaßen erhält: Man wähle untereinander disjunkte Repräsentanten der Zahl b, und zwar so viele, daß [sic] die Kardinalzahl der Menge dieser Repräsentanten a beträgt. Dann ist a · b die Kardinalzahl der Vereinigung aller Repräsentanten.

In der Definition von Griesel gibt Variable a die Anzahl der gleichmächtigen Mengen an (Multiplikator). Die zweite Variable b legt die Anzahl der Elemente der gleichmächtigen Mengen fest (Multiplikand). Der Term a · b beschreibt das Produkt. Auch Padberg und Büchter (2015, S. 205) beschreiben die Multiplikation als die „Vereinigung paarweise disjunkter, gleichmächtiger Mengen" und

© Der/die Autor(en), exklusiv lizenziert an Springer Fachmedien Wiesbaden GmbH, ein Teil von Springer Nature 2023
S. Kaun, *Strategieverwendung bei der Multiplikation zweistelliger Zahlen*,
https://doi.org/10.1007/978-3-658-42394-0_2

deren Kardinalzahl. Vorausgesetzt für die angeführten Definitionen der Multiplikation wird die Definition einer Kardinalzahl. „Die Kardinalzahl einer Menge M
(…) ist die Äquivalenzklasse aller zu M gleichmächtigen Mengen" (Padberg &
Büchter, 2015, S. 193).

Griesel (1971) führt die Überlegungen wie folgt zusammen. „Ist A eine Menge
von insgesamt a untereinander disjunkten, gleichmächtigen Mengen der Kardinalzahl b, so gilt a · b = c genau denn, wenn c die Kardinalzahl der Vereinigung
der disjunkten gleichmächtigen Mengen ist" (Griesel, 1971, S. 189). Dies wird
an einem Beispiel veranschaulicht (3 · 6 = 18). Unter dem Produkt 3 · 6 wird
die Kardinalzahl verstanden, die man erhält, indem man untereinander disjunkte,
gleichmächtige Mengen der Zahl 6 bildet, nämlich so viele, dass die Kardinalzahl dieser Mengen 3 beträgt. Dann ist 18 die Kardinalzahl der Vereinigung der
disjunkten, gleichmächtigen Mengen.

Die Definition der Multiplikation als Mengenvereinigung verdeutlicht den
Zusammenhang zwischen den Operationen Multiplikation und Addition, da sich
das Produkt a · b als Summe (in Form der wiederholten Addition) auffassen lässt.
Für a > 1 gilt:

$$a \cdot b = \underbrace{b + b + b + \ldots + b}_{a - mal} \qquad z. \, B. \, 3 \cdot 6 = \underbrace{6 + 6 + 6}_{3 - mal}$$

Trotz der beschriebenen Nähe zur Addition geht das beschriebene Multiplika-
tionskonzept deutlich darüber hinaus. Wie bereits beschrieben legt der Multiplikand (im Beispiel die 6) die Anzahl der Elemente der Teilmengen fest und
beschreibt so deren Eigenschaft (Mächtigkeit). Der Multiplikator (im Beispiel
die 3) bestimmt die Anzahl der zu addierenden gleichmächtigen Mengen und
ist somit Eigenschaft einer Menge von Mengen. Die Faktoren beziehen sich
folglich auf verschiedenartige Mengen, was einen Unterschied zur Addition darstellt, da die Summanden eines Additionsterms auf gleichartige Mengen operieren
(Padberg & Büchter, 2015). Seine Definition ergänzt Griesel (1971) um die nachfolgenden Anmerkungen: Teil seiner Definition ist der Fall, dass die Faktoren eins
sind (a = 1; b = 1). Das Bilden der Vereinigungsmenge entfällt an dieser Stelle,
da nur eine Menge vorhanden ist. Für diesen Fall gilt (S. 198):

– Es gilt: 1 · a = a · 1 = a. Da die Multiplikation einer Zahl a mit 1 wieder a ist,
  kann die Zahl 1 als neutrales Element der Multiplikation beschrieben werden

Ausgeschlossen wird der Fall, dass die Faktoren Null sind. Dies geschieht aus
dem Grund, da beispielsweise beim Produkt 3 · 0 keine drei disjunkten Mengen

mit der Kardinalzahl 0 gebildet werden können. Es ist nicht möglich, fünf verschiedene (disjunkte) Mengen zu bilden, da es nur die eine leere Menge gibt. Folglich werden Produkte mit Null separat definiert. Griesel (1971, S. 198) legt für $\mathbb{N}_0$ folgendes fest:

– Für $\mathbb{N}_0$ gilt: $a \cdot 0 = 0$ und $0 \cdot a = 0$ mit dem Resultat, wenn $a \cdot b = 0$, ist a oder b gleich 0.

Eigenschaften der Multiplikation
Rechengesetze bilden wesentliche Eigenschaften einer Rechenoperation ab. Der Begriff Gesetz kann nach Leuders (2016) missverstanden werden, denn „eigentlich handelt es sich ja nicht um eine Verhaltensvorschrift, sondern um Eigenschaften, die Operationen besitzen – oder eben nicht" (S. 6). In dieser Arbeit wird aus diesem Grund der Begriff „Eigenschaften" verwendet.

Es lassen sich drei zentrale Eigenschaften der Multiplikation im Bereich der natürlichen Zahlen unterscheiden. Die Kommutativität, Assoziativität und Distributivität werden im Folgenden allgemeingültig für die natürlichen Zahlen aufgeführt und in Abschnitt 3.1.3 beispielgebunden bzw. anschauungsgebunden anhand von Punktemustern bewiesen:

– Die Kommutativität der Multiplikation (oder auch Vertauschungsgesetz): Für alle natürlichen Zahlen a, b gilt: $a \cdot b = b \cdot a$.
– Die Assoziativität der Multiplikation (oder auch Verbindungsgesetz): Für alle natürlichen Zahlen a, b, c gilt: $(a \cdot b) \cdot c = a \cdot (b \cdot c)$
– Die Distributivität der Multiplikation (oder auch Verteilungsgesetz): Für alle natürlichen Zahlen a, b, c gilt: $a \cdot (b + c) = (a \cdot b) + (a \cdot c)$. Für alle natürlichen Zahlen a, b, c mit $a > b$ und $b > c$ gilt: $a \cdot (b - c) = (a \cdot b) - (a \cdot c)$.

Über die Assoziativität lässt sich eine weitere Eigenschaft der Multiplikation begründen, die bei verschiedenen Autoren und Autorinnen gesondert beschrieben wird (wie beispielsweise bei Griesel, 1971, S. 194).

– Die Konstanz des Produktes (hier in Form des Verdoppelns und Halbierens): Für alle natürlichen Zahlen a, b gilt: $(2a) \cdot b = a \cdot (2b) = 2 \cdot (a \cdot b)$

Die angeführten Eigenschaften bilden die Grundlage für das Nutzen von Rechenvorteilen beim Rechnen (Abschnitt 4.1.3).

Nicht-symbolische Darstellung der Multiplikation

3

Die vorliegende Arbeit beschäftigt sich hauptsächlich mit Rechenstrategien in Form von symbolischen Lösungswegen für Multiplikationsaufgaben des großen Einmaleins. Daneben wird auch aufgezeigt, inwieweit ausgewählte bildliche Darstellungen (ikonische Modelle) zur Multiplikation zweistelliger Faktoren erkannt werden und inwiefern die Bearbeitungen der befragten Kinder in der bildlichen und symbolischen Darstellungsform zusammenpassen. Dies geschieht in Hinblick darauf Einblicke darüber zu gewinnen, wie es um Vorstellungen zur Multiplikation als Rechenoperation im Kontext des großen Einmaleins bestellt ist.

Jeder mathematische Inhalt weist spezifische Merkmale auf, die bei dessen Darstellung berücksichtigt werden müssen. Aus diesem Grund liegt der Fokus in diesem Kapitel zuerst auf der Darstellung der Multiplikation. Neben der Klärung des Darstellungsbegriffs werden zunächst allgemein unterschiedene Darstellungsformen thematisiert und vor dem Hintergrund der vorliegenden Untersuchung insbesondere die bildliche Darstellungsform der Multiplikation konkretisiert. In diesem Zusammenhang werden Rechteckmodelle als eine besonders tragfähige Darstellung hervorgehoben (Abschnitt 3.1).

Die Vernetzung verschiedener Darstellungen ist für den Aufbau tragfähiger Vorstellungen zur Multiplikation zentral (Kuhnke, 2013, S. 35 ff.). Im Rahmen der Ausführungen zum Darstellungswechsel als Indikator für Operationsverständnis wird das Konzept der Grundvorstellungen herangezogen, um das Übersetzen zwischen Darstellungen zu beschreiben. Abschließend werden empirische Befunde dargestellt, die in Bezug auf die Tragfähigkeit von Vorstellungen zur Multiplikation interpretiert werden können (Abschnitt 3.2).

S. Kaun, *Strategieverwendung bei der Multiplikation zweistelliger Zahlen*, https://doi.org/10.1007/978-3-658-42394-0_3

3.1   Darstellung mathematischer Inhalte

In den folgenden Abschnitten werden der Darstellungsbegriff in seinen unterschiedlichen Facetten beleuchtet sowie unterschiedliche Darstellungsformen thematisiert (Abschnitt 3.1.1 – Abschnitt 3.1.2). Auf dieser Grundlage werden Rechteckmodelle als besonders tragfähige Darstellungen der Multiplikation diskutiert (Abschnitt 3.1.3).

3.1.1   Darstellungsbegriff

Immer wieder wird darauf hingewiesen, dass keine einheitliche und eindeutige Begriffsverwendung vorliegt, wenn eine Auseinandersetzung mit Arbeitsmitteln, Lernmitteln, Anschauungsmitteln, Veranschaulichungen, Darstellungen oder Repräsentationen stattfindet (z. B. Krauthausen, 2018; Kuhnke, 2013; Axel Schulz & Walter, 2019).

In dieser Arbeit wird, orientiert an Kuhnke (2013), der Begriff der *Darstellung* herangezogen. Nach Kuhnke (2013, S. 7 ff.) dienen Darstellungen dazu, abstrakte mathematische Begrifflichkeiten zu veranschaulichen. Sie werden als vermittelndes Medium genutzt, um Vorstellungen zu mathematisch abstrakten Inhalten aufzubauen, wie beispielsweise Zahlen, Operationen oder Lösungswegen (Lorenz, 1992; Söbbeke, 2009). Damit stellen Darstellungen einen wesentlichen Teil des Lehrens und Lernens von Mathematik dar.

Der Darstellungsbegriff hat zahlreiche Facetten, beispielsweise die Unterscheidung von Darstellungen nach der Art ihres Einsatzes. Krauthausen (2018, S. 310) schlägt diesbezüglich eine Unterscheidung in Veranschaulichungsmittel und Anschauungsmittel vor – je nach zugrundeliegendem Lehr- und Lernverständnis. Erstere werden zur Veranschaulichung mathematischer Inhalte bzw. zur Vermittlung von Wissen eingesetzt. Demgegenüber werden Anschauungsmittel auf Seiten des Lernenden zur Konstruktion mathematischen Verstehens genutzt.

Eine ähnliche Überlegung findet sich bei Goldin und Shteingold (2001). Sie sprechen von *internal* und *external representations* und beschreiben mit *external representations* mathematische Zeichen, die für etwas Abstraktes stehen. Als Beispiele dafür werden mathematische Symbole, strukturiertes Material oder bildliche Darstellungen angeführt. Diese externen Repräsentationen stehen jedoch nicht für sich selbst, sondern sind eingebettet in ein System von Bedeutungen und Konventionen. So kann die Zahl 5 für eine Anzahl an Objekten, eine Anzahl an Gruppen von Objekten oder für das Ergebnis einer Messung stehen. Was Individuen unter diesen externen Repräsentationen verstehen, beschreiben die

Autorinnen als *internal representations*. Dabei handelt es sich um individuelle Vorstellungen der Betrachtenden, die nicht direkt beobachtbar sind. Lorenz (1992) und Goldin und Shteingold (2001) beschreiben, dass Vorstellungsbilder von Kind zu Kind unterschiedlich sein können, auch wenn diese dieselbe Darstellung betrachten. Demnach können Darstellungen unterschiedlich wahrgenommen werden. Aus diesem Grund werden diese individuellen Vorstellungsbilder auch als idiosynkratisch beschrieben, die korrekt, aber auch fehlerhaft sein können (Lorenz, 1992, S. 184). Dies bedeutet auch, dass nicht zwangsläufig davon ausgegangen werden kann, dass Darstellungen entsprechend ihres didaktisch intendierten Sinns gedeutet werden. Vielmehr sind Darstellungen mehrdeutig und lassen heterogene Deutungen zu (Lorenz, 1991; Steinbring, 1994; Voigt, 1990).

Neben der Funktion von Darstellungen als Mittel zum Verstehen dienen diese insbesondere auch als Mittel zur Verständigung und der Kommunikation über mathematisches Wissen (Steinbring, 2006). Die gemeinsam vorliegende Darstellung bildet dabei die Grundlage dafür, um durch Kommunikation Einblicke in subjektive Deutungen der Darstellung zu erhalten (Axel Schulz & Walter, 2019; Tiedemann, 2019). Eine besonders wichtige Rolle spielen Darstellungen auch, „(…), um Strategien und Beziehungen zu zeigen, aber auch um Vorgehensweisen zu beschreiben und zu begründen" (Scherer & Moser Opitz, 2010, S. 128). Dies wird in Abschnitt 3.1.3 anhand einer ausgewählten Darstellung im Kontext der Multiplikation veranschaulicht.

Zuletzt sei angemerkt, dass Darstellungen in der mathematikdidaktischen Literatur in der Regel nach ihrer Erscheinungsform (Darstellungsform) unterschieden werden. Was darunter in der vorliegenden Arbeit verstanden wird, wird bezogen auf die Multiplikation im folgenden Abschnitt erläutert.

3.1.2 Darstellung der Multiplikation

Darstellungen können anhand ihrer Erscheinungsform kategorisiert werden. Im Kontext der Multiplikation finden sich bei verschiedenen Autoren und Autorinnen ähnliche Kategorisierungen mit teilweise unterschiedlichen Bezeichnungen wieder (z. B. Bönig, 1995, S. 60; Gerster & Schultz, 2004, S. 387; Kuhnke, 2013, S. 9). Kuhnke (2013, S. 9) unterscheidet die folgenden vier Darstellungsformen:

- *Handlungen* an Naturmaterial (zweimal vier Kastanien holen) oder an didaktischem Material (zweimal vier Wendeplättchen nehmen),

- *bildliche Darstellungen* von lebensweltlichen Situationen (zwei Gruppen mit vier Mädchen) oder von didaktischem Material (zweimal vier Wendeplättchen),
- *mathematisch-symbolische Darstellungen* ($2 \cdot 4$ oder $2 \cdot 2 + 2 \cdot 2$) und
- *sprachlich-symbolische Darstellungen* in der Umgangssprache mit oder ohne Kontextbezug („Timo geht zweimal in den Keller und holt jeweils vier Flaschen", „zweimal vier").

Auch in der vorliegenden Arbeit wird von Darstellungsformen gesprochen, wenn es um die obenstehende Kategorisierung geht.

Wie im vorangegangenen Abschnitt beschrieben nehmen Darstellungen beim Aufbau von Vorstellungen zu mathematischen Inhalten eine tragende Rolle ein. Neben konkreten Handlungen am Material bilden dabei insbesondere bildliche Darstellungen einen zentralen Ausgangspunkt (Hasemann & Gasteiger, 2014, S. 109; Schipper, Ebeling & Dröge, 2015, S. 103 ff.). Im Rahmen der vorliegenden Arbeit steht neben der mathematisch-symbolischen Darstellungsform (Kapitel 3) die bildliche Darstellung der Multiplikation im Fokus. Aus diesem Grund erfolgt im nachfolgenden Absatz ein Überblick über verschiedene bildliche Darstellungen der Multiplikation. Anschließend werden in Abschnitt 3.1.3 Rechteckmodelle, als eine gängige und als besonders tragfähige beschriebene bildliche Darstellung der Multiplikation, einer genauen Betrachtung unterzogen.

Bildliche Darstellungen der Multiplikation

Angelehnt an Schipper und Hülshoff (1984) unterscheidet Kuhnke (2013, S. 41 f.) bildliche Darstellungen in *lebenswirkliche* und *didaktische* Darstellungen. Sowohl in didaktische bildliche Darstellungen als auch in lebenswirkliche Darstellungen müssen Strukturen und Beziehungen hineingedeutet werden.

Dabei sollen lebenswirkliche Darstellungen an die Erfahrungswelt der Kinder anknüpfen und besonders zugänglich sein, indem sie Sachsituationen abbilden. Kuhnke (2013) merkt in diesem Zusammenhang an, dass auch lebenswirkliche Darstellungen stets didaktisch aufbereitet sind und nicht die tatsächliche Wirklichkeit abbilden. Oft werden in lebenswirklichen Darstellungen lediglich Ausschnitte dargestellt oder es findet eine starke Vereinfachung der Situation statt. Dies ist in Abbildung 3.1 zu sehen.

Abbildung 3.1 Lebenswirkliche bildliche Darstellung zur Aufgabe $4 \cdot 3$ aus Nussknacker 2, 2015, S. 54

Im Gegensatz dazu drücken sich bildliche didaktische Darstellungen durch eine stark reduzierte Darstellung aus, in der unwesentliche Merkmale ausgeblendet werden. Didaktischen Darstellungen können unterschiedliche Zahlaspekte zugrunde liegen (Kuhnke, 2013, S. 44). Unter anderem kann zwischen kardinalen und ordinalen Darstellungen unterschieden werden.

Ein Beispiel für eine ordinale bildliche Darstellung ist der Zahlenstrahl, an welchem die Multiplikationsaufgabe $3 \cdot 4 = 12$ über drei Vierersprünge dargestellt werden kann (Abbildung 3.2).

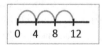

Abbildung 3.2 Ordinale bildliche Darstellung der Aufgabe $3 \cdot 4 = 12$ in Form eines Zahlenstrahls

Kardinale bildliche Darstellungen zur Multiplikation werden nach Selter (2002) in drei wesentliche Modelle unterschieden, die durch ihre Strukturierung den abgebildeten Mengen multiplikative Strukturen verleihen. In diesem Zusammenhang unterscheidet er *lineare Anordnungen* (z. B. eine Perlenschnur mit zweierlei Perlfarben), *rechteckige Anordnungen* (z. B. ein Punktefeld) und *gruppenweise Anordnungen* (z. B. die Darstellung mehrerer gleichmächtiger Mengen ohne strukturierte Anordnung) (Abbildung 3.3).

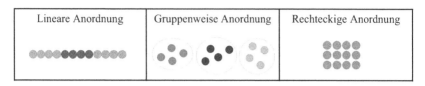

Abbildung 3.3 Kardinale bildliche Darstellungen der Aufgabe 3 · 4 = 12 angelehnt an
Selter (2002)

Anhand der Beispiele in Abbildung 3.3 werden Unterschiede in der Strukturierung bildlicher Darstellungen der Multiplikation deutlich.

Bei *linearen Anordnungen* werden die drei Vierermengen, ähnlich wie beim Zahlenstrahl, linear in einer Reihe abgebildet. *Gruppenweise Anordnungen* stellen die Vierermengen in drei separaten Päckchen dar. Dabei werden die drei Gruppen deutlich voneinander abgegrenzt dargestellt. Bei *linearen* und *gruppenweisen Anordnungen* ist, aufgrund der Strukturierung, die Rolle von Multiplikator und Multiplikand der dargestellten Aufgabe festgelegt. Dass drei Vierermengen und vier Dreiermengen dieselbe Gesamtmenge haben, ist bei gruppenweisen Anordnungen nur schwer erkenntlich.

Im Unterschied dazu spannen die Faktoren der Aufgabe bei *rechteckigen Anordnungen* ein zweidimensionales Feld auf. Dadurch können Multiplikator und Multiplikand flexibel betrachtet werden, da sowohl drei Vierermengen als auch vier Dreiermengen dargestellt sind. Die rechteckige Anordnung spielt mit Blick auf die Weiterentwicklung des Multiplikationsverständnisses eine wichtige Rolle, beispielsweise als Darstellung der Eigenschaften der Multiplikation oder als Darstellung der Multiplikation mit Brüchen. Auf dieser Grundlage betont Selter (2002) *rechteckige Anordnungen* als zentrales Modell für die Entwicklung des Multiplikationsverständnisses. Diese werden im folgenden Abschnitt einer genauen Betrachtung unterzogen.

Trotz der in Abschnitt 3.1.1 beschriebenen hohen Relevanz von Darstellungen für das Lernen mathematischer Inhalte kommt es bei deren Verwendung nicht auf eine Vielzahl eingesetzter Darstellungen an, sondern auf „ein *bewusstes Auswählen einiger weniger, didaktisch wohlüberlegter* und sinnvoller Arbeitsmittel und Veranschaulichungen (…)" (Krauthausen & Scherer, 2014, S. 261).

3.1.3   Rechteckmodelle als tragfähige Darstellung der Multiplikation

In dieser Arbeit werden unter dem Begriff *Rechteckmodell* strukturierte Anordnungen von Objekten (Kreisen, Punkten, Quadraten), die durch ein Rechteck begrenzt werden, zusammengefasst. Diese werden unter anderem von B. Davis (2008) als besonders tragfähige Darstellung der Multiplikation hervorgehoben: „(…) the most flexible and robust interpretation of multiplication is based on a rectangle" (S. 88).

Die in dieser Arbeit verwendete Begrifflichkeit liegt darin begründet, dass die Anordnung der Objekte – in Form eines Rechtecks – auf derselben Grundidee basiert. Somit fallen bildliche Darstellungen wie Punktefelder oder auch Rasterfelder unter diesen Begriff. Wie in Abbildung 3.4 ersichtlich wird, können sich diese in ihrer Struktur und Farbgebung unterscheiden.

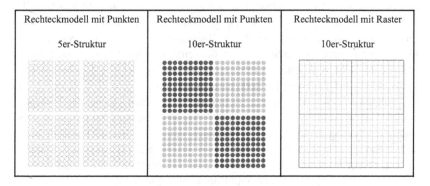

Rechteckmodell mit Punkten	Rechteckmodell mit Punkten	Rechteckmodell mit Raster
5er-Struktur	10er-Struktur	10er-Struktur

Abbildung 3.4 Beispielhafte Rechteckmodelle zur Aufgabe 20 · 20

Im Englischen werden Modelle dieser Form in der Regel mit dem Begriff *array* benannt (Barmby, Harries, Higgins & Suggate, 2009; Hurst & Hurrell, 2014; Young-Loveridge & Mills, 2009). Im deutschsprachigen Raum werden Rechteckmodelle häufig auch unter Bezugnahme auf die abgebildete Punkteanzahl bezeichnet, wie beispielsweise *Hunderterpunktefeld* bei Deutscher (2015). Unter dem für diese Arbeit verwendeten Begriff des Rechteckmodells findet keine Differenzierung nach der Anzahl an Punkten oder Feldern statt.

Im vorliegenden Abschnitt werden Rechteckmodelle als Darstellung der Multiplikation, im Sinne der obenstehenden Beschreibung, zunächst aus didaktischer Sicht beleuchtet. Anschließend werden Rechteckmodelle herangezogen, um die in Kapitel 1 angeführten Eigenschaften der Multiplikation beispielbezogen zu begründen. Wie Kinder die aus didaktischer Sicht als tragfähig beschriebenen Darstellungen intuitiv deuten, d. h. vor der unterrichtlichen Behandlung solcher Darstellungen, wird abschließend anhand empirischer Erkenntnisse beschrieben.

Rechteckmodelle aus didaktischer Sicht
Rechteckmodelle werden im Kontext der Multiplikation von verschiedenen Autoren und Autorinnen hervorgehoben und als besonders geeignete Darstellung beschrieben (Barmby et al., 2009; Hurst & Hurrell, 2014; Nunes & Bryant, 1995; Rottmann, 2011; Selter, 2002; Wittmann & Müller, 2008; Young-Loveridge & Mills, 2009). Die in diesem Zusammenhang angeführten positiven Eigenschaften der Darstellung werden im Folgenden ausgeführt.

Den hohen Stellenwert von Rechteckmodellen begründen unter anderem Barmby et al. (2009) damit, dass diese die Eigenschaften der Rechenoperation am besten und umfassendsten veranschaulichen und dadurch nachvollziehbar machen. Dies wird im folgenden Absatz beispielgebunden dargestellt. Der genannte Aspekt stellt eine klare Abgrenzung zu den im vorangegangenen Abschnitt beschriebenen linearen oder gruppenweisen bildlichen Darstellungen dar, an denen die Eigenschaften der Operation aufgrund ihrer Struktur lediglich eingeschränkt darstellbar sind. Rottmann (2011) hebt in diesem Zusammenhang Rechteckmodelle explizit hervor, um insbesondere die Distributivität (Zerlegung) anschaulich darzustellen. Solche „(…) Zerlegungen zu *sehen*, ist eine der wichtigsten Fähigkeiten, die bei der Multiplikation zu entwickeln ist" (Schipper, 2009, 151, Hervorhebung im Original). Die Veranschaulichung der Operationseigenschaften anhand des Rechteckmodells kann als Verbindung zum Rechnen und Aufzeigen verschiedener Lösungswege genutzt werden. Damit fungieren Rechteckmodelle bei der Multiplikation in der bereits dargestellten Rolle als Verstehens- und Kommunikationsmittel.

Ein weiterer Vorteil des Rechteckmodells ist die Darstellung der Multiplikation über das kleine Einmaleins hinaus. Mit der Mehrstelligkeit der Faktoren werden andere, in Abschnitt 3.1.2 vorgestellte bildliche Darstellungen sehr unübersichtlich (man stelle sich eine Perlenschnur mit acht 14er Päckchen vor). Ebenso eignen sich diese nicht im Bereich rationaler Zahlen zur Darstellung von Multiplikationsaufgaben wie $5 \cdot \frac{1}{3}$ und sind im Rahmen der Multiplikation folglich wenig fortsetzbar. Im Gegensatz dazu ist die Darstellung rationaler Zahlen und deren Multiplikation am Rechteckmodell problemlos möglich (Day & Hurrell, 2015; Prediger, 2006).

Darüber hinaus können Rechteckmodelle auch dahingehend genutzt werden, um das Ausmessen von Flächen darzustellen (Battista, Clements, Arnoff, Battista & van Borrow, 1998; Huang, 2014; Outhred & Mitchelmore, 2000) und die Entwicklung

algebraischen Denkens anzuregen (Steinweg, 2013, S. 153). Damit stellen Rechteckmodelle eine kontinuierliche Darstellung durch verschiedene Zahlenräume und
Inhaltsbereiche dar.

Die aus didaktischer Sicht angeführten positiven Eigenschaften unterstreichen
die besondere Tragfähigkeit von Rechteckmodellen und verdeutlichen das theoretische Potential, dass Rechteckmodelle im Kontext der Multiplikation mit sich
bringen. „We believe that the array model is a very powerful way in which to take
students to a robust understanding of not only the 'how' of multiplication but the
'why' as well" (Day & Hurrell, 2015, S. 23).

Eigenschaften der Multiplikation
Die Eigenschaften der Multiplikation wurden bereits in Kapitel 1 als fachliche
Grundlage der Multiplikation erläutert. Diese können am Rechteckmodell beispiel-
bezogen begründet bzw. bewiesen werden, wie unter anderem bereits von Griesel
(1971) vorgeschlagen. Die im Folgenden vorgestellte Betrachtung ersetzt dem-
nach keineswegs einen formalen mathematischen Beweis. Die beispielgebundene
Begründung der Eigenschaften gelingt neben den zur Veranschaulichung gewählten
Zahlenwerten auch allgemein für beliebige natürliche Zahlen.

Die Kommutativität $a \cdot b = b \cdot a$
Der kommutative Zusammenhang zwischen $a \cdot b = b \cdot a$ kann anhand des Rechteckmodells nachvollzogen werden. Wird beispielsweise $a = 3$ und $b = 4$ eingesetzt, so
kann der multiplikative Zusammenhang $3 \cdot 4 = 4 \cdot 3$ am Rechteckmodell dargestellt
werden (Abbildung 3.5).

Abbildung 3.5
Veranschaulichung der
Kommutativität innerhalb
eines Rechteckmodells

Wird das Modell in den Zeilen von links betrachtet, sind dreimal vier Punkte
erkennbar. In den Spalten sind viermal drei Punkte zu sehen. Die Gesamtzahl der
Punkte, im Beispiel 12 Punkte, bleibt unabhängig von der Blickrichtung identisch.
Es gilt $3 \cdot 4 = 4 \cdot 3$.

Die Distributivität a · (b + c) = ab + ac oder a · (b − c) = ab − ac
Die Distributivität verdeutlicht den Zusammenhang von Addition und Multiplikation durch das Zusammenspiel der multiplikativen und additiven Verknüpfungen (Padberg & Büchter, 2015, S. 207). Diese Eigenschaft spielt, über die Multiplikation natürlicher Zahlen hinaus, in zahlreichen Bereichen der Multiplikation eine zentrale Rolle. Beispiele dafür sind die Multiplikation von Brüchen, Dezimalzahlen oder negativen Zahlen. Kinzer und Stanford (2014) beschreiben die Distributivität aus diesem Grund auch als „*The Core of Multiplication*" (S. 303).

Im Kontext der Multiplikation natürlicher Zahlen kann der Zusammenhang zwischen a · (b + c) = ab + ac beispielbezogen am Rechteckmodell nachvollzogen werden. Wird a = 8, b = 10 und c = 2 gewählt, kann der multiplikative Zusammenhang von 8 · (10 + 2) = 8 · 10 + 8 · 2 veranschaulicht werden. In Abbildung 3.6 werden die Mengen 8 · 10 und 8 · 2 dargestellt.

Abbildung 3.6
Veranschaulichung der
Distributivität am
Rechteckmodell: a · (b + c)
ist das Gleiche wie ab + ac

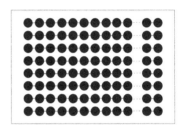

Werden die Zeilen beider Mengen miteinander verbunden (in der Abbildung angedeutet durch die gestrichelten Linien), so steht in jeder Zeile eine Menge von 10 + 2 Punkten. Die auf diese Weise vereinigten Mengen von 8 · 10 und 8 · 2 Punkten stellen damit auch die Menge 8 · (10 + 2) dar. Es gilt 8 · (10 + 2) = 8 · 10 + 8 · 2.

Ebenso kann der Zusammenhang zwischen a · (b − c) = ab − ac dargestellt werden. Zur Veranschaulichung wird a = 8, b = 10 und c = 1 gewählt. Der Distributivität folgend gilt damit 8 · (10 − 1) = 8 · 10 − 8 · 1. In Abbildung 3.7 werden beide Mengen dargestellt.

Werden beide Mengen zusammen betrachtet, stellen diese die Aufgabe 8 · 10 dar. Die rechte Menge stellt die Aufgabe 8 · 1 dar. Folglich kann jede Zeile der linken Menge als Menge von 10 − 1 Punkten betrachtet werden. Somit repräsentiert die linke Menge die Gesamtmenge 8 · 10 − 8 · 1 Punkte. Es gilt also 8 · (10 − 1) = 8 · 10 − 8 · 1.

Abbildung 3.7
Veranschaulichung der
Distributivität am
Rechteckmodell: a · (b − c)
ist das Gleiche wie ab − ac

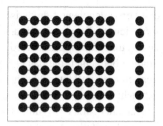

Entsprechend zu den obenstehenden Ausführungen bei der Zerlegung eines Faktors kann am Rechteckmodell genauso die Zerlegung beider Faktoren beispielgebunden begründet werden.

Die Assoziativität a · (b · c) = (a · b) · c
Am Rechteckmodell kann der Zusammenhang (a · b) · c = a · (b · c) in der bildlichen Darstellungsform nachvollzogen werden. Die Assoziativität wird durch unterschiedliche Sichtweisen auf das Rechteckmodell deutlich, da in das Punktefeld unterschiedliche Produkte hineingedeutet werden können (Steinweg, 2013, S. 137).
Als Beispiel wird a = 2, b = 3 und c = 5 gewählt. Auf Grundlage der Assoziativität gilt damit (2 · 3) · 5 = 2 · (3 · 5). Dieser Zusammenhang kann am Rechteckmodell veranschaulicht werden (Abbildung 3.8).

Abbildung 3.8
Veranschaulichung der
Assoziativität am
Rechteckmodell: a · (b · c)
ist das Gleiche wie (a · b) · c

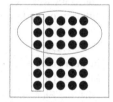

Die umkreiste Menge stellt das Produkt 3 · 5 dar. Insgesamt wird diese Menge zweimal dargestellt, symbolisch ausgedrückt 2 · (3 · 5). Die durch einen Kasten gekennzeichnete Menge repräsentiert die Aufgabe 2 · 3. Diese Menge ist fünfmal abgebildet und entspricht damit der Menge (2 · 3) · 5. Die dargestellte Gesamtmenge ist bei beiden Betrachtungsweisen gleichmächtig. Es gilt (2 · 3) · 5 = 2 · (3 · 5).

Empirische Erkenntnisse zu Rechteckmodellen
Wie zu Beginn des Abschnitts beschrieben sind Rechteckmodelle aufgrund ihrer Struktur aus didaktischer Sicht eine geeignete Darstellung für die Multiplikation. An

den hervorgehobenen didaktischen Stellenwert der Rechteckmodelle anknüpfend stellt sich die Frage, wie Kinder selbst die Strukturen des Rechteckmodells intuitiv deuten und nutzen. Dafür werden in den nachfolgenden Ausführungen ausgewählte Studien betrachtet, die das Deuten dieser Darstellungen untersuchen, bevor deren Verwendung im Unterricht thematisiert und mit der Multiplikation in Verbindung gebracht wurde.

Battista et al. (1998) untersuchen das Herstellen von Strukturen innerhalb eines Rechteckmodells. Hierzu wurde sieben- bis achtjährigen Kindern gezeigt, wie ein Einheitsquadrat aus Plastik exakt auf die grafisch angedeuteten, aber lückenhaften Quadrate innerhalb des gegebenen Rechtecks passt (Abbildung 3.9). Dann sollten die Kinder die Anzahl der Quadrate bestimmen, die es benötigt, um das gegebene Rechteck komplett auszulegen.

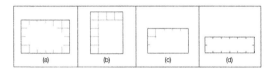

Abbildung 3.9 Auszüge der Interviewaufgaben aus Battista et al. (1998, S. 507): Wie viele Quadrate braucht es, um das Innere des Rechtecks komplett zu bedecken?

Dabei identifizieren Battista et al. (1998, S. 508 f.) drei verschiedene Stufen der Strukturierung und stellen diese in einem hierarchischen Modell vor:

– Stufe 1: Die einzelnen Quadrate werden einzeln fokussiert und nicht miteinander in Beziehung gesetzt. Die Zeilen- und Spaltenstruktur wird nicht genutzt.
– Stufe 2: Die Zeilen- und Spaltenstruktur wird teilweise genutzt und dabei auf einzelne Elemente und Abschnitte des Rechtecks bezogen.
– Stufe 3 (Stufe 3 A und 3B werden hier zusammengefasst dargestellt): Zeilen und Spalten werden in eine sich wiederholende Beziehung gesetzt und auf das gesamte Rechteck bezogen.

In diesem Zusammenhang zeigt sich, dass Schüler und Schülerinnen die Zeilen- und Spaltenstruktur, welche didaktisch intendiert und für besonders tragfähig erachtet wird, nicht automatisch wahrnehmen und selbstständig herstellen. Diese Beobachtung wird auch von Outhred und Mitchelmore (1992) bestätigt, die zeigen, dass

die Zeilen- und Spaltenstruktur in Rechteckmodellen von vielen sechs- bis zehn-
jährigen Kindern überhaupt nicht genutzt wird. Diese relevante Struktur ist damit
keineswegs für alle Kinder intuitiv.

Söbbeke (2005, S. 345 ff.) analysiert in ihrer Untersuchung die visuelle Strukturierungsfähigkeit (darunter versteht die Autorin Deutungsweisen der Kinder) in
Bezug auf verschiedene Anschauungsmittel. Dabei zeigt die Autorin unter anderem auf, dass Kinder unterschiedliche Deutungen am Rechteckmodell vornehmen.
Daran anknüpfend untersucht Deutscher (2015) die Strukturdeutung am Rechteckmodell. In ihrer Untersuchung sollen 108 Schulanfänger und Schulanfängerinnen
die Punkteanzahl eines Zwanziger-, Hunderter- und Tausenderpunktefelds bestimmen und dabei ihr Vorgehen beschreiben. Bei den beobachtenden Vorgehensweisen
werden Unterschiede beim in Beziehung Setzen der Punkte deutlich. Die Kinder orientieren sich bei der Anzahlermittlung an der zeilen- und spaltenweisen Anordnung
des Punktefelds, jedoch unterscheiden sich die Vorgehensweisen stark. Beispielhafte
Vorgehensweisen sind in untenstehender Abbildung 3.10 dargestellt.

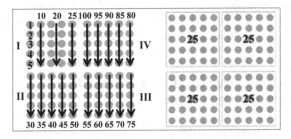

Abbildung 3.10 Unterschiedliche Strukturdeutungen am Punktefeld aus Deutscher (2015,
S. 153 ff.)

Das linke Beispiel der Abbildung zeigt, dass die Spalten nicht dekadisch, sondern in ihrer 5er-Struktur gedeutet werden. Das rechte Beispiel zeigt das Nutzen der
25er-Päckchen des Punktefelds, um die Gesamtzahl der Punkte zu bestimmen. Im
Unterschied zu Battista et al. (1998) zeigen die Ergebnisse der Untersuchung von
Deutscher (2015), dass sich Kinder bei der Deutung des Rechteckmodells durchaus
an der Zeilen- und Spaltenstruktur orientieren, die Strukturen jedoch sehr unterschiedlich nutzen. Die didaktisch intendierte Struktur der Zehnerzeilen und -spalten
wird dabei von kaum einem Kind genutzt.

Die Ergebnisse der vorgestellten Studien verdeutlichen, dass es sich bei der
didaktisch intendierten Zeilen- und Spaltenstruktur keineswegs um eine von Kindern intuitiv hergestellte oder zu deutende Struktur handelt. Es zeigt sich stattdessen,

dass Kinder die Struktur von Rechteckmodellen mehrdeutig interpretieren. Diese Beobachtung spiegelt sich auch in Studien wider, die Rechteckmodelle mit dem Inhaltsbereich der Multiplikation verbinden. Wie Kinder die beschriebenen Rechteckmodelle zur Darstellung und Lösung von Multiplikationsaufgaben über 100 konkret nutzen und welche Unterschiede in diesem Kontext festgestellt werden können, wird in Verbindung zum empirischen Forschungsstand zur Lösung von Multiplikationsaufgaben in Abschnitt 4.3.4 berichtet.

3.2   Wechsel zwischen Darstellungsformen

Nachdem im vorangegangenen Abschnitt verschiedene Darstellungen der Multiplikation thematisiert wurden, wird im Folgenden der Wechsel bzw. das Übersetzen zwischen verschiedenen Darstellungsformen näher betrachtet. In diesem Zusammenhang wird die Bedeutung des Darstellungswechsels als Indikator für Operationsverständnis aufgezeigt (Abschnitt 3.2.1), bevor empirische Befunde zum Übersetzen zwischen verschiedenen Darstellungsformen im Kontext der Multiplikation dargestellt werden (Abschnitt 3.2.2).

3.2.1   Darstellungswechsel als Indikator für Operationsverständnis

In Abschnitt 3.1.2 wurden vier Darstellungsformen der Multiplikation unterschieden. Wie in Abbildung 3.11 deutlich wird, kann innerhalb und zwischen diesen Darstellungsformen übersetzt werden.

Orientiert an Kuhnke (2013), wird in der vorliegenden Arbeit unter einem Darstellungswechsel Folgendes verstanden:

Die dicken Pfeile in Abbildung 3.11 symbolisieren Darstellungswechsel zwischen verschiedenen Darstellungsformen. Von einem intermodalen Transfer ist die Rede, wenn beispielsweise von einem Term (mathematisch-symbolische Darstellungsform) ausgegangen wird, der in eine bildliche Darstellungsform übersetzt werden soll. Der Darstellungswechsel innerhalb einer Darstellungsform wird als intramodaler Transfer bezeichnet (Bruner, 1966). Für diesen Wechsel stehen die grauen Pfeile der Abbildung. Ein Beispiel dafür ist, wenn eine bildliche Darstellung in eine andere bildliche Darstellung übersetzt wird.

Die Bedeutung des Darstellungswechsels als Indikator für Operationsverständnis wird von verschiedenen Autoren und Autorinnen hervorgehoben (Bruner,

Abbildung 3.11
Mögliche
Darstellungswechsel aus
Kuhnke (2013, S. 32)

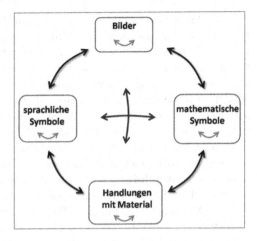

1966; Freesemann, 2014; Gerster & Schultz, 2004; Huinker, 1993). Gerster und Schultz (2004, S. 387) beschreiben Operationsverständnis als Fähigkeit, Verbindungen zwischen verschiedenen Darstellungsformen herzustellen. Bezogen auf die Darstellung eines Multiplikationsterms unterscheiden sie vergleichbar mit Kuhnke (2013, S. 32) insgesamt drei Darstellungsformen zwischen denen hin und her übersetzt werden kann. Dies wird in untenstehender Abbildung 3.12 anhand ausgewählter Beispiele veranschaulicht.

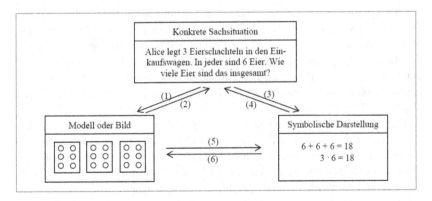

Abbildung 3.12 Übersetzungen zwischen verschiedenen Darstellungsformen der Multiplikation nach Gerster und Schultz (2004, S. 387)

Auch Freesemann (2014, S. 42) definiert Operationsverständnis über die
Fähigkeit, flexibel zwischen verschiedenen Darstellungsformen übersetzen zu
können. Huinker (1993, S. 82) weist darauf hin, dass Verständnis für eine
Operation erst dann gegeben ist, wenn Beziehungen zwischen verschiedenen
Darstellungsformen hergestellt werden können. Meyerhöfer (2018) kritisiert in
diesem Zusammenhang, dass die Fähigkeit zum Darstellungswechsel allein nicht
ausreicht, um Operationsverständnis umfassend zu beschreiben. Defizitorientiert
betrachtet kann jedoch eine Verständnislücke unterstellt werden, wenn jemand
nicht in der Lage ist zwischen zwei Darstellungen zu übersetzen.

Vor dem Hintergrund der Frage, was sich Individuen unter mathematischen
Inhalten vorstellen, haben sich verschiedene Konzepte mentaler Repräsentatio-
nen entwickelt. Beispielhafte Konzepte sind: *intuitive models* (Fischbein, Deri,
Nello & Marino, 1985; Mulligan, 1992), *concept image* und *concept definition*
(Tall & Vinner, 1981), *conceptual change* (Posner, Strike, Hewson & Gert-
zog, 1982) oder das Konzept der *Grundvorstellungen* (Vom Hofe, 1992; 1995).
Gemeinsam haben die genannten Konzepte den Versuch, die Beziehung zwischen
mathematischem Inhalt und individueller Begriffsbildung zu beschreiben (Vom
Hofe, 1992; 1995). Das Konstrukt der Grundvorstellungen ist ein spezifisches für
den deutschen Sprachraum und wird im Folgenden ausgeführt. Dieses wird im
folgenden Abschnitt herangezogen, um das Übersetzen zwischen verschiedenen
Darstellungen näher zu beschreiben.

Rolle von Grundvorstellungen beim Darstellungswechsel
Grundvorstellungen können innerhalb verschiedener mathematischer Inhaltsbereiche als Deutungsmöglichkeiten eines Sachzusammenhangs beschrieben werden
(Vom Hofe, 1995, S. 123). Diese stehen als vermittelnde Elemente zwischen der
Mathematik, dem Individuum und der Realität und beschreiben deren Beziehungen. Es können Grundvorstellungen zu Rechenoperationen, Zahlen und Strategien
unterschieden werden (Wartha, 2010). Im Ansatz findet sich der Grundvorstellungs-
begriff schon bei Oehl (1962) wieder und taucht als konkreter Begriff erstmals bei
Griesel (1971, 1973, 1974) auf.

Blum, Vom Hofe, Jordan und Kleine (2004) betrachten Grundvorstellungen
an der Schnittstelle zwischen Realität und Mathematik. „Grundvorstellungen sind
unverzichtbar, wenn zwischen Realität und Mathematik übersetzt werden soll, das
heißt, wenn Realsituationen mathematisiert bzw. wenn mathematische Ergebnisse
real interpretiert werden sollen" (S. 146). Übersetzungsprozesse finden jedoch
nicht nur in realitätsbezogenen Kontexten statt. Wartha und Schulz (2011) wan-
deln den klassischen Modellierungskreislauf von Blum et al. (2004) ab. In ihrem

Modell ermöglicht die Aktivierung von Grundvorstellungen das Lösen einer mathematischen Problemstellung in einer anderen Darstellungsform (Abbildung 3.13).
Dies bezeichnen die Autoren auch als *Grundvorstellungsumweg* (S. 6). In diesem Zusammenhang werden Grundvorstellungen als mentale Modelle verstanden,
die Übersetzungen zwischen verschiedenen Darstellungen ermöglichen (Wartha &
Güse, 2009; Wartha, 2010; Wartha & Benz, 2015).

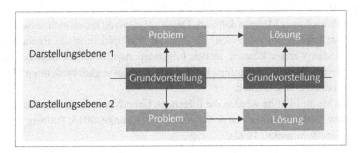

Abbildung 3.13 Grundvorstellungskreislauf aus Wartha und Schulz (2011, S. 5)

Die Autoren Vom Hofe und Blum (2016, S. 232) unterscheiden zwei Aspekte
von Grundvorstellungen:

- *Normative Grundvorstellungen*: Grundvorstellungen als inhaltlich adäquate
  Interpretation eines mathematischen Inhalts.
- *Deskriptive Grundvorstellungen*: mentale Vorstellungen zu mathematischen
  Inhalten von Individuen, die mehr oder weniger von den normativen Grund-
  vorstellungen abweichen (auch *individuelle Vorstellungen* genannt, vgl. Blum
  et al., 2004).

Normative Grundvorstellungen beschreiben, was sich Individuen aus fachlicher Perspektive vorstellen sollen und *deskriptive Grundvorstellungen*, was sich tatsächlich
vorgestellt wird. Hierbei stellen die beiden Kategorien keinen Widerspruch dar.
Das mehr oder weniger Übereinstimmen von sachadäquater Grundvorstellung und
individueller Vorstellung bzw. Fehlvorstellung kann genutzt werden, um mögliche
Diskrepanzen zwischen diesen aufzudecken. Die Betrachtung möglicher Diskrepanzen dient als Ausgangspunkt, um Überlegungen zu deren konstruktiven Behebung
anzustellen (Vom Hofe, 1992). Dieser Aspekt unterscheidet sich von anderen Kon-
zepten mentaler Repräsentationen (Fischbein et al., 1985; Posner et al., 1982;
Tall & Vinner, 1981), die ausschließlich einen deskriptiven Schwerpunkt legen.

Dadurch beinhalten diese Konzepte keine konstruktive Perspektive. Das ist ein charakteristisches Merkmal des Grundvorstellungskonzepts (Vom Hofe & Blum, 2016).

Normative Grundvorstellungen zur Multiplikation
In diesem Abschnitt werden Grundvorstellungen eng gefasst als anzubahnende normative Vorstellungen zur Multiplikation als Rechenoperation beschrieben. In Kapitel 1 der vorliegenden Arbeit wurde die Multiplikation über die Mengenvereinigung gleichmächtiger Mengen definiert. Daran anknüpfend lassen sich verschiedene Grundvorstellungen unterscheiden, die mit der Multiplikation als Rechenoperation verbunden werden können. In den folgenden Ausführungen liegt der Fokus auf Grundvorstellungen, die unterschiedliche Weisen, wie gleichmächtige Mengen vorliegen können, beschreiben.

Für die Multiplikation werden die folgenden Grundvorstellungen zusammengefasst (Bönig, 1995; Krauthausen & Scherer, 2014; Kuhnke, 2013; Padberg & Benz, 2011; Weiser & Schmidt, 1992):

– Vervielfachen/Vereinigung gleichmächtiger Mengen

   o *Zeitlich-sukzessiv* (oder *Wiederholungsstruktur* nach Weiser und Schmidt, 1992): die Aufmerksamkeit liegt auf einer mehrmals wiederholten gleichen Handlung, die Gesamtmenge entsteht im Prozess.
   o *Räumlich-simultan* (oder *Teil-Ganzes-Struktur* nach Weiser und Schmidt, 1992): räumliche Anordnung gleichmächtiger Mengen, der Fokus liegt auf dem Gesamtergebnis.

– Kartesisches Produkt (oder Kreuzprodukt): beschreibt die Anzahl paarweiser Kombinationsmöglichkeiten zweier Mengen.
– Vergrößerung: beschreibt die multiplikative Veränderung eines Objektes.

Die unterschiedlichen Grundvorstellungen zur Vereinigung gleichmächtiger Mengen hängen eng miteinander zusammen. Dies kann daran verdeutlicht werden, dass sich eine zeitlich-sukzessive Situation im Endprodukt auch räumlich-simultan vorgestellt werden kann oder umgekehrt eine räumlich-simultane Situation durch eine zeitlich-sukzessive Handlung entstehen kann. Die bei der Multiplikation natürlicher Zahlen durchaus tragfähige Vorstellung „Vervielfachen vergrößert" muss mit Blick auf die Multiplikation rationaler Zahlen erweitert werden. Damit sind Grundvorstellungen nicht als statische Konstrukte zu sehen, sondern als dynamische und anzupassende Interpretationen (Kuhnke, 2013; Prediger, 2009).

Der Aufbau von Grundvorstellungen basiert unter anderem auf der gezielten Auswahl geeigneter Darstellungen (Wartha, 2010). Bildliche Darstellungen stellen in diesem Zusammenhang einen Ausgangspunkt für die Entwicklung tragfähiger Vorstellungen dar (Hasemann & Gasteiger, 2014, S. 109; Radatz, Schipper & Ebeling, 1998, S. 83; Schipper et al., 2015, S. 103 f.). In diesem Kontext wurde in Abschnitt 3.1.3 das Rechteckmodell als besonders tragfähige Darstellung der Multiplikation und ihren Eigenschaften hervorgehoben. Auch mit Blick auf die vorgestellten Grundvorstellungen erweist sich das Rechteckmodell als vorteilhaft. Neben dem Vervielfachen gleichmächtiger Mengen kann am Rechteckmodell darüber hinaus auch der kombinatorische Aspekt der Multiplikation dargestellt werden.

3.2.2 Empirische Erkenntnisse zum Darstellungswechsel im Kontext der Multiplikation

Zahlreiche Studien beschäftigen sich auf direkte (Darstellungswechsel steht im Fokus der Forschung) oder indirekte Weise (Darstellungswechsel als Indikator für Operationsverständnis) mit dem Darstellungswechsel. In den folgenden Ausführungen werden empirische Erkenntnisse zum Darstellungswechsel bei der Multiplikation berichtet. Der Fokus der Ausführungen liegt auf dem Übersetzen zwischen mathematisch-symbolischen Multiplikationstermen und nicht-symbolischen Darstellungsformen. Da im vorliegenden Kapitel nicht das Lösen von Multiplikationsaufgaben, sondern die Darstellung der Multiplikation im Mittelpunkt steht, werden empirische Erkenntnisse zum Lösen von Multiplikationsaufgaben anhand der hervorgehobenen Rechteckmodelle separat in Abschnitt 4.3.4 erläutert.

Das Übersetzen eines mathematisch-symbolischen Terms des kleinen Einmaleins in eine andere Darstellungsform wurde als Teil einer Untersuchung von Bönig (1995) analysiert. In einer vierten Klasse untersucht die Autorin neben der Übersetzung in eine Rechengeschichte auch Übersetzungen in die bildliche und handelnde Darstellungsform. Im Vergleich zur Übersetzung in die bildliche oder handelnde Darstellungsform fällt den Kindern das Herstellen von Realitätsbezügen in Form von Rechengeschichten am schwersten (Bönig, 1995, S. 117). Außerdem beobachtet die Autorin in den angefertigten bildlichen Darstellungen der Kinder Unterschiede in der Art der enthaltenen Information über die Rechenoperation, wie es auch bei Lamping (1989) dargestellt wird. Angelehnt an eine Kategorisierung von Radatz (1989) im Bereich der Addition und Subtraktion, unterscheidet Lamping (1989) im Bereich der Multiplikation insgesamt drei Kategorien zur Einteilung von Kinderzeichnungen (zitiert nach Bönig, 1995, S. 70 ff.): *Handlungsdarstellung, Mengenoperation* und *Übertragung in eine andere Symbolform* (Tabelle 3.1).

Tabelle 3.1 Zeichnungen der Kinder zur Aufgabe 5 · 4 aus der Untersuchung von Lamping (1989), entnommen aus Bönig (1995, S. 70 ff.)

Kategorie	Häufigkeit	Fallbeispiel
Handlungsdarstellung	2 %	
Mengenoperation	39 %	
Übertragung in eine andere Symbolform	37 %	
Anderes oder nicht bearbeitet	21 %	

Auffällig ist der Anteil an Kindern, der keine tragfähige Vorstellung zur Multiplikation aktivieren kann und damit stark von den im vorangegangenen Abschnitt beschriebenen normativen Grundvorstellungen abweicht (37 %). Dabei handelt es sich um die Zeichnungen, die der Kategorie *Übertragung in eine andere Symbolform* zuzuordnen sind. Auch andere Studien berichten von einem hohen Anteil an Kinderzeichnungen dieser Kategorie, wie beispielsweise in einer Untersuchung von Schäfer (2005) mit rechenschwachen Fünftklässlern und Fünftklässlerinnen oder bei Ruwisch (2001) in der vierten und sechsten Jahrgangsstufe.

Auch Moser Opitz (2007, S. 205 f.) berichtet im Rahmen einer Untersuchung von ähnlichen Ergebnissen bezogen auf den Darstellungswechsel zwischen Multiplikationsterm und Sachsituation. Die Aufgabenstellung in der genannten Untersuchung lautete (zur Beispielaufgabe 3 · 7): „Stell dir vor, ein Kind (in der ersten Klasse) kann diese Aufgabe nicht lösen, versteht sie nicht. Versuche die Aufgabe für ein solches Kind zur erklären." (ebd. S. 206). In der fünften Jahrgangsstufe (N = 45) gelingt der Darstellungswechsel zwischen Multiplikationsterm und Sachkontext in 58 % der Fälle. Tabelle 3.2 enthält beispielhafte Fehlerkategorien bei der Übersetzung zwischen Multiplikationsterm (3 · 7) und Sachsituation, die in der Untersuchung von Moser Opitz dokumentiert wurden.

Tabelle 3.2 Beispielhafte Fehlerkategorien bei der Übersetzung eines Multiplikationsterms in einen Sachkontext aus Moser Opitz (2007, S. 205 ff.)

Fehlerkategorie	Beispielhafter Sachkontext am Beispiel der Aufgabe 3 · 7
Formale Erklärung bzw. Beschreibung Rechenweg	„Die Lehrerin sagte, rechne 3 · 7. Der Junge konnte es nicht und ging zur Lehrerin. Diese erklärte: Zusammenzählen. Der Junge macht das, das ergibt 21."
Einbettung in Sachkontext gelingt nicht	„Der Lehrer stellt 3 Leute auf. Er nimmt noch 7 dazu. Dazwischen stellt er einen Punkt. Die anderen müssen herausfinden, was für eine Malrechnung das ist."

Bei den bis hierhin vorgestellten Studien wurde der Darstellungswechsel aus produktorientierter Perspektive betrachtet. In diesem Zusammenhang wurde das entstehende Endprodukt beim Darstellungswechsel kategorisiert. Deutlich seltener wird der Darstellungswechsel in empirischen Studien aus prozessorientierter Sicht betrachtet. Vor diesem Hintergrund richtet Kuhnke (2013) die Aufmerksamkeit in ihrer Interviewstudie mit 15 Zweitklässlern auf das Vorgehen beim Darstellungswechsel. Die Autorin arbeitet in diesem Zusammenhang drei Fokussierungen heraus, die Kinder beim Prozess des Darstellungswechsels als Kriterium nutzen, um verschiedene Darstellungen einander als passend oder nicht passend zuzuordnen (ebd. S. 157):

– *Fokus auf das Ergebnis*: verschiedene Darstellungen passen zusammen, wenn sie beide dasselbe Endergebnis haben (Gleichmächtigkeit).
– *Fokus auf einzelne Elemente*: verschiedene Darstellungen passen zusammen, wenn einzelne gleiche Elemente in beiden Darstellungen enthalten sind.
– *Fokus auf die Relation der Elemente*: verschiedene Darstellungen passen zusammen, wenn beide dieselbe Relation ausdrücken (bei der Multiplikation sind das die zusammengesetzten Einheiten, z. B. drei Vierer).

Alle drei Fokussierungen spiegeln sich in den Übersetzungen der Kinder wider. Bei der Zuordnung von symbolischem Multiplikationsterm und vorgegebenen Bildern deuten die Kinder das Zusammenpassen zweier Darstellungen unterschiedlich. Wird dabei auf einzelne Elemente fokussiert, handelt es sich um keine tragfähige Vorstellung der Multiplikation. Bei dieser Form der Fokussierung passen Term und Bild umso mehr zusammen, je mehr die Zahlen des Terms im Bild erkennbar sind. Vergleichbar ist diese Fokussierung mit der Kategorie *Übertragung in eine andere Symbolform* nach Lamping (1989). Das in Abbildung 3.14 aufgeführte Fallbeispiel von Svenja verdeutlicht dies.

Interviewaufgabe: Passt das Bild zum Term (2 · 3)?

Transkriptausschnitt

11	I:	Das hat ein Drittklässler gemalt zu der Aufgabe *legt das Fischbild dazu* (.) könntest du dir vorstellen warum? was der sich gedacht hat?
12	S:	Drei grüne Fische zwei (braune)[*unverständlich*] und ein blauen.
13	I:	Mhm? Hast du ne Idee warum das dann zu der Aufgabe passt?
14	S:	Weil das zwei braune und drei grüne sind *zeigt auf die braunen Fische, dann auf die grünen Fische.*
15	I:	Ja (…) und der blaue?
16	S:	Als Malzeichen?

Abbildung 3.14 Fallbeispiel entnommen aus Kuhnke (2013, S. 172 f.)

Die empirischen Ausführungen des Abschnitts verdeutlichen Unterschiede in der Qualität des Übersetzens zwischen verschiedenen Darstellungsformen und machen insbesondere dabei Schwierigkeiten ersichtlich, die Faktoren eines Multiplikationsterms multiplikativ in Beziehung zu setzen. Dies ist unabhängig von der Erhebungsform der Studien (z. B. Interviews bei Kuhnke, 2013; schriftliche Tests bei Ruwisch, 2001) und durch unterschiedliche Altersgruppen hinweg (von der zweiten bis in die sechste Jahrgangsstufe) zu dokumentieren. Moser Opitz (2007, S. 208) argumentiert mit Blick auf nicht gelingende Darstellungswechsel, dass die Rechenoperation selbst nicht verstanden wurde und der Darstellungswechsel daher nicht erfolgreich gelingt.

Für die Unterschiede im Umgang mit dem Darstellungswechsel kann es verschiedene Ursachen geben. Bönig (1995, S. 157 f.) führt als einen möglichen Grund für Übersetzungsschwierigkeiten die Isoliertheit der einzelnen Darstellungsformen an und stützt diese Vermutung mit Fallbeispielen. Dabei bezieht sie sich auf den *frame*-Begriff von R. Davis und McKnight (1979) als Erklärungsansatz für Probleme beim Darstellungswechsel. Demnach können Wissensbereiche eines Kindes isoliert oder vernetzt bestehen. Als Beispiel führt sie die Autonomie der mathematisch symbolischen Ebene an (Bönig, 1995, S. 173). Die Autorin führt die Schwierigkeiten einiger Kinder darauf zurück, dass sich deren Verständnis der Multiplikation auf das Operieren in der mathematisch-symbolischen Darstellungsform beschränkt und nahezu unabhängig vom Verständnis innerhalb anderer Darstellungsformen existiert. Finden in diesen Fällen Übersetzungen statt, orientieren sich Kinder oft an den symbolischen Zeichen, ohne diese in Beziehung zu setzen (vgl. Abbildung 3.14).

3.3 Zusammenfassung

Um Vorstellungen zu abstrakten, mathematischen Inhalten aufzubauen, benötigt es Darstellungen als vermittelndes Element zwischen Individuum und mathematischem Inhalt. In diesem Zusammenhang wurden in Abschnitt 3.1.2 verschiedene Darstellungsformen der Multiplikation vorgestellt. Bei der anschließenden Fokussierung auf bildliche Darstellungen wurden insbesondere Rechteckmodelle zur Darstellung der Multiplikation und deren Eigenschaften thematisiert. In Abschnitt 3.1.3 wurde deren Bedeutung aus didaktischer Sicht erläutert.

Erkenntnisse dazu, wie Kinder die multiplikative Struktur des Rechteckmodells deuten zeigen, dass die didaktisch intendierte Struktur des Rechteckmodells von Kindern sehr unterschiedlich und nicht stets wie intendiert gedeutet wird. Wie Abschnitt 3.1.3 entnommen werden kann, untersuchen die vorgestellten Studien Deutungen am Rechteckmodell zu Schulbeginn und vor der Thematisierung der Multiplikation im Unterricht.

Der Wechsel zwischen verschiedenen Darstellungsformen wurde in Abschnitt 3.2 über das Konzept der Grundvorstellungen näher beschrieben. Bei der Zusammenschau der Forschungsergebnisse zum Darstellungswechsel lag der Fokus auf der Übersetzung eines Multiplikationsterms in eine andere Darstellungsform. Dabei wurden Ergebnisse aus Studien berichtet, die den Darstellungswechsel aus produkt- und prozessorientierter Sicht betrachten. Neben Vorstellungen, die den normativen Grundvorstellungen der Multiplikation entsprechen, konnten in verschiedenen Studien auch davon abweichende und fehlerhafte Vorstellungen beobachtet werden. Besonders prägnant ist in diesem Kontext eine fehlerhafte Denkweise beim Darstellungswechsel, bei der die mathematischen Symbole des Multiplikationsterms als Anzahlen dargestellt werden und der Malpunkt in eine andere Darstellungsform übersetzt wird (vgl. Bönig, 1995; Kuhnke, 2013; Lamping, 1989). Dabei bleibt die Bedeutung des Malpunkts unberücksichtigt und dementsprechend die multiplikative Beziehung der Faktoren. Schwierigkeiten mit Blick auf die relationale Deutung der Multiplikation sind unabhängig von den Rahmenbedingungen der aufgeführten Studien festzustellen.

Speziell in Untersuchungen zum Darstellungswechsel mit vorgegebenen bildlichen Darstellungen fällt auf, dass diese hauptsächlich auf lebenswirkliche, lineare oder gruppenweise Darstellungen zurückgreifen und sich auf das kleine Einmaleins beschränken. Die aus didaktischer Sicht tragfähigen Rechteckmodelle

stehen bisher kaum im Fokus empirischer Arbeiten zum Darstellungswechsel im
Kontext der Multiplikation. Wie in Abschnitt 3.1.3 beschrieben, sind diese ikonischen Modelle für die Darstellung der Multiplikation und deren Eigenschaften
im Zahlenraum über 100 besonders relevant.

Die vorliegende Untersuchung knüpft an den aufgezeigten Forschungsbedarf
an und gibt einen Einblick dazu, wie es um Vorstellungen zur Multiplikation im
großen Einmaleins bestellt ist. Dabei liegt der Fokus auf der Untersuchung des
Darstellungswechsels zwischen der mathematisch-symbolischen und bildlichen
Darstellungsform. In diesem Zusammenhang wird auf den Einsatz von Rechteckmodellen zurückgegriffen. Ziel ist es Erkenntnisse zur Sicht der befragten Kinder
auf die Rechenoperation und insbesondere auf ihre zentrale Eigenschaft – die
Distributivität – zu gewinnen.

Lösung von Multiplikationsaufgaben 4

Arithmetische Aufgabenstellungen und folglich auch Multiplikationsaufgaben können auf unterschiedlichen Wegen gelöst werden. Aus diesem Grund dient als Einstieg in das Kapitel ein Überblick über verschiedene Lösungsstrategien zur Bearbeitung von Multiplikationsaufgaben. Entsprechend zum Schwerpunkt dieser Arbeit, der Analyse der Strategieverwendung im großen Einmaleins, liegt der Fokus auf Rechenstrategien zur Aufgabenbearbeitung. Eine Vielzahl verschiedener Definitionen des Strategiebegriffs verdeutlicht die eher uneinheitliche Verwendung des Begriffs in der mathematikdidaktischen Diskussion. Die angestellten Überlegungen in diesem Zusammenhang bilden die Grundlage für die Ausschärfung des Strategiebegriffs in der vorliegenden Arbeit (Abschnitt 4.1). Die Betrachtung von Lösungswegen über Rechenstrategien erfolgt in diesem ersten Schritt losgelöst von Fehlern bei der Aufgabenbearbeitung, um zunächst zu beschreiben welche Strategien zur Lösung von Multiplikationsaufgaben herangezogen werden können.

Im darauffolgenden Schritt richtet sich der Fokus des Kapitels darauf, welche Fehler bei der Bearbeitung von Multiplikationsaufgaben unterschieden werden können. Im Anschluss an die Begriffsklärung, was aus mathematikdidaktischer Sicht als Fehler betrachtet wird, werden ausgewählte Klassifikationen dargestellt, die Fehler nach Kriterien zusammenfassen, beschreiben und voneinander unterscheiden (Abschnitt 4.2).

Anknüpfend an die zunächst theoriegeleitete Betrachtung von Rechenstrategien und Fehlern im Kontext der Multiplikation, verdeutlicht das Zusammentragen empirischer Ergebnisse, welche Rechenstrategien und Fehler bei der Bearbeitung von Multiplikationsaufgaben in den Lösungswegen zu beobachten sind (Abschnitt 4.3). Vor diesem Hintergrund wird abschließend in den Blick genommen, wie flexibel und adaptiv Rechenstrategien bei der Lösung von Multiplikationsaufgaben eingesetzt werden (Abschnitt 4.4).

© Der/die Autor(en), exklusiv lizenziert an Springer Fachmedien Wiesbaden GmbH, ein Teil von Springer Nature 2023
S. Kaun, *Strategieverwendung bei der Multiplikation zweistelliger Zahlen*,
https://doi.org/10.1007/978-3-658-42394-0_4

4.1   Rechenstrategien und andere Lösungsstrategien

Da bei der Bearbeitung von Multiplikationsaufgaben verschiedene Lösungswege unterschieden werden können, erfolgt zunächst ein Überblick über verschiedene Lösungsstrategien (Abschnitt 4.1.1), bevor Rechenstrategien in den Fokus der Ausführungen gestellt werden. Da der Strategiebegriff zahlreiche Facetten hat, wird auf ausgewählte Definitionen aus der mathematikdidaktischen Diskussion zurückgegriffen, um das Strategieverständnis für die vorliegende Arbeit festzulegen. In diesem Zusammenhang werden auch bestehende Klassifikationen von Rechenstrategien im Kontext der Multiplikation in den Blick genommen (Abschnitt 4.1.2–4.1.4).

4.1.1   Lösungsstrategien bei Aufgaben zur Multiplikation

Als Lösungsstrategie wird im Rahmen dieser Arbeit die Gesamtheit beobachtbarer und erschließbarer Akte bezeichnet, die angewandt werden um eine bestimmte Aufgabe zu bewältigen (vgl. Gaidoschik, 2010, S. 9 f.). An dieser Stelle sollen lediglich grundlegende Hauptkategorien von Lösungsstrategien unterschieden werden, um die Vielfalt an Lösungswegen der Multiplikation zu strukturieren und anschließend den Strategiebegriff in seinen zahlreichen Facetten genau zu beleuchten. Die unterschiedlichen Lösungsstrategien umfassen verschiedene Lösungswege die „verschiedene Grade an Eleganz und Effizienz" (Selter, 1994, S. 75) aufweisen. Der Begriff Lösungsweg bzw. Rechenweg beschreibt dabei die beobachtbaren Lösungsschritte vom Ausgangsterm bis zum Endergebnis. Welche Lösungswege im Einzelnen unterschieden werden können ist mit Blick auf den Schwerpunkt dieser Arbeit Gegenstand von Abschnitt 4.1.3.

Lösungsstrategien im kleinen Einmaleins
Trotz unterschiedlicher Ausdifferenzierungen und Bezeichnungen der Lösungswege in der mathematikdidaktischen Literatur können nach Selter (1994, S. 75 ff.) die folgenden Lösungsstrategien zur Lösung kleiner Einmaleinsaufgaben unterschieden werden:

- das *Zählen*,
- das *Addieren*,
- das *Ableiten aus bereits bekannten Einmaleinsaufgaben* sowie
- die *auswendige Verfügbarkeit des Einmaleinssatzes*.

Köhler (2019) fasst Selters erste beide Kategorien zusammen und stellt das Zählen und wiederholte Addieren (gleicher Summanden), das Ableiten aus bekannten Einmaleinssätzen und den Faktenabruf als Klassifikation der Lösungsstrategien im kleinen Einmaleins vor. Die Lösungswege der ersten Kategorie (Zählen und wiederholtes Addieren) werden auch als informelle Lösungsstrategien bezeichnet und als Lösungsmöglichkeiten vor der systematischen Erarbeitung der Multiplikation hervorgehoben (Padberg & Benz, 2011, S. 124 ff.). Das Lösen einer Rechenaufgabe über das Ableiten ist eine Lösungsstrategie unter Rückgriff auf Zahlbeziehungen und bereits bekannte Aufgaben. In der mathematikdidaktischen Literatur werden in diesem Zusammenhang verschiedene Lösungswege unterschieden. Diese werden unter dem Begriff Rechenstrategien zusammengefasst und werden aus Gründen der Übersichtlichkeit in Abschnitt 4.1.3 dargestellt.

Verschiedene Autoren und Autorinnen betrachten die vorgestellten Lösungsstrategien von zählenden Lösungswegen bis hin zum Auswendigwissen als Entwicklungsprozess. Dabei lassen sich lineare (Anghileri, 1989; Mulligan & Mitchelmore, 1997) und zahlspezifische (Sherin & Fuson, 2005) Theorien des Entwicklungsverlaufs unterscheiden. Die Theorien einer linearen Entwicklung gehen davon aus, dass eine Ablösung der vorangegangenen Lösungsstrategie (z. B. das Zählen) durch eine weiterentwickelte Lösungsstrategie (z. B. das wiederholte Addieren) stattfindet. Bei linearen Betrachtungsweisen wird betont, dass sich die Übergänge zwischen den einzelnen Stadien fließend gestalten und diese auch nebeneinanderstehen können. Zum Beispiel dann, wenn Kinder zum gleichen Zeitpunkt bei der Aufgabenbearbeitung verschiedene Lösungsstrategien anwenden (Gasteiger & Paluka-Grahm, 2013, S. 4). Sherin und Fuson (2005, S. 378) grenzen sich von der beschriebenen linearen Betrachtungsweise ab. Sie sehen den Grund für die Weiterentwicklung von zählenden hin zu effizienteren Lösungswegen in wachsendem zahlspezifischem Wissen. Dabei betrachten sie den Entwicklungsverlauf nicht als linearen Prozess, sondern sehen den eingesetzten Lösungsweg in Abhängigkeit zu den Zahlen der Aufgabe. Diese Abhängigkeit von zahlspezifischem Wissen erklärt, dass Individuen verschiedene Lösungsstrategien bei der Bearbeitung unterschiedlicher Aufgaben zu einem gleichen Zeitpunkt einsetzen können. Anders als bei der Beschreibung eines linearen Entwicklungsverlaufs findet hier nicht zwingend die Ablösung einer Lösungsstrategie durch die nächste statt.

Lösungsstrategien im großen Einmaleins
Die im vorangegangenen Absatz unterschiedenen Lösungsstrategien im kleinen Einmaleins können nicht ohne Weiteres für das große Einmaleins übernommen

werden. Im Unterschied zum kleinen Einmaleins wird die Vielfalt an Lösungswegen im großen Einmaleins häufig in Verbindung mit bestimmten Rechenmethoden berichtet. Im Folgenden werden diese überblicksartig dargestellt, bevor bezogen auf die Lösung von Multiplikationsaufgaben des großen Einmaleins vier grundlegende Lösungsstrategien zusammengefasst werden.

Gewöhnlich werden in der mathematikdidaktischen Literatur drei verschiedene Rechenmethoden unterschieden: das Kopfrechnen, das halbschriftliche Rechnen und das schriftliche Rechenverfahren (Krauthausen, 1993, 2018; Plunkett, 1979). Diese werden hauptsächlich darüber charakterisiert, inwieweit bei der Lösung eines Rechenterms schriftliche Notationen gemacht werden oder nicht. Die Unterscheidung zwischen den angeführten Rechenmethoden ist in der mathematikdidaktischen Literatur sehr verbreitet (Krauthausen, 2018; Padberg & Benz, 2011):

– Kopfrechnen:
   alle Schritte zur Lösung erfolgen mental und ohne jegliche Notation.
– Halbschriftliches Rechnen (auch gestütztes Kopfrechnen genannt):
   notwendige Zwischenschritte oder Teilergebnisse werden frei (ohne feste Regeln) notiert.
– Schriftliches Rechnen (auch Rechenverfahren oder Algorithmus genannt):
   das Ergebnis wird auf Basis der Stellenwertsystematik nach festgelegten Regeln (Algorithmen) ziffernweise ermittelt.

Kennzeichnend für das schriftliche Rechenverfahren ist, „daß [sic] Zahlganzheiten in *Ziffern* zerlegt werden, die dann mit Hilfe des Einspluseins und des Einmaleins gemäß *genau definierter Regeln* zu verknüpfen sind" (Selter, 2000, S. 228, Hervorhebung im Original). Vor diesem Hintergrund wird das schriftliche Rechenverfahren häufig auch als Methode des Ziffernrechnens bezeichnet.

Das halbschriftliche Rechnen und das Kopfrechnen werden häufig mit dem Begriff Zahlenrechnen charakterisiert und vom Ziffernrechnen abgegrenzt (z. B. Schipper, 2009). Methoden des Zahlenrechnens sind dadurch gekennzeichnet, dass „Schüler(innen) mit (zerlegten) *Zahlganzheiten* nach *nicht vollständig determinierten* Vorgehensweisen operieren" (Selter, 2000, S. 228, Hervorhebung im Original). Die Mehrzahl der Lösungswege beim Kopfrechnen und halbschriftlichen Rechnen (Zahlenrechnen) wird als Rechenstrategie bezeichnet. Im mathematikdidaktischen Diskurs werden Rechenstrategien als eine Lösungsstrategie zum Erreichen des Ergebnisses als besonders relevant herausgestellt, um Einblicke in individuelle Denk- und Lösungswege von Kindern zu erhalten (z. B. Krauthausen, 1993; Padberg & Benz, 2021).

Neben den angeführten Rechenmethoden zur Lösung von Rechenaufgaben werden auch Arbeitsmittel und Veranschaulichungen als Mittel zum Rechnen beschrieben (Krauthausen, 2018, S. 328). In diesem Zusammenhang betont Axel Schulz (2014), dass diese „nicht bloß auf ihre Funktion als Lösungshilfe reduziert werden sollten. Stattdessen sollten sich aus den konkreten Lösungs-findungen am Material individuelle Kopfrechenstrategien entwickeln können" (ebd. S. 74). In Verbindung dazu sei auf die Überlegungen zur Lösung von Multiplikationsaufgaben mittels Rechteckmodellen in Abschnitt 4.3 verwiesen.

Vor dem Hintergrund der vorangegangenen Ausführungen und den unter-schiedenen Lösungsstrategien im kleinen Einmaleins werden in der vorliegenden Arbeit vier Lösungsstrategien bei der Bearbeitung von Multiplikationsaufgaben des großen Einmaleins unterschieden:

- das wiederholte Addieren,
- das Verwenden von Rechenstrategien,
- das Verwenden des schriftlichen Multiplikationsverfahrens,
- das Auswendigwissen (z. B. bei Quadrataufgaben).

Im Unterschied zum kleinen Einmaleins wird im erweiterten Zahlenraum davon ausgegangen, dass eine Ablösung von rein zählenden Vorgehensweisen statt-gefunden hat (Rathgeb-Schnierer & Rechtsteiner, 2018). Zusätzlich kommt im Vergleich zu den unterschiedenen Lösungsstrategien im kleinen Einmaleins das schriftliche Rechenverfahren als neue Lösungsstrategie hinzu.

Mit Blick auf den Schwerpunkt der vorliegenden Arbeit, die Untersuchung der Strategieverwendung im großen Einmaleins, liegt der Fokus in den folgenden Abschnitten auf Rechenstrategien zur Bearbeitung von Multiplikationsaufga-ben. Aus diesem Grund erfolgt im folgenden Abschnitt zunächst ein Überblick über die Verwendung des Strategiebegriffs. Im Anschluss daran werden beste-hende Klassifikationen zur Unterscheidung verschiedener Rechenstrategien der Multiplikation einer genauen Betrachtung unterzogen.

4.1.2   Strategiebegriff

Im vorliegenden Abschnitt wird ein Überblick über die Verwendung des Strate-giebegriffs in (inter)nationalen Arbeiten gegeben. In der mathematikdidaktischen Literatur auftretende Begriffe wie *Rechenstrategie* (Gasteiger & Paluka-Grahm, 2013), *operative Strategie* (Schipper, 2009) oder im englischsprachigen Raum *calculation strategies* (Anghileri, 1989; Barmby et al., 2009; Mulligan & Mitchelmore, 1997), *computational strategies* (Sherin & Fuson, 2005) oder *approach strategy, number-transformation-strategy, calculation-strategy* (Threlfall, 2009) verdeutlichen die Begriffsvielfalt. In diesem Zusammenhang fassen Sherin und Fuson (2005) zusammen: „(...) researchers still differ greatly on the strategies described as well as in the terminology used" (S. 347). Aus diesem Grund werden im Folgenden Ausführungen einzelner ausgewählter Autoren und Autorinnen dargestellt, um die grundlegenden Unterschiede zwischen verschiedenen Definitionen deutlich zu machen.

An den Beginn der Ausführungen wird die Beschreibung des Strategiebegriffs nach Ashcraft (1990) gestellt, der „(...) any mental process or procedure (...)" (S. 207) unter den Strategiebegriff fasst. Allen Strategien gemein ist dabei eine zielgerichtete Absicht beziehungsweise ein „(...) goal-related purpose" (S. 207), um eine Aufgabenstellung zu bewältigen. Dabei werden von Ashcraft (1990) sowohl bewusst als auch unbewusst ablaufende Prozesse mit einbezogen. Somit sind auch nicht explizit durchdachte Prozesse Teil der Strategien. Den Gedanken des Autors folgend lassen sich anhand der relativ offenen Definition zwei grundlegende Merkmale zur Beschreibung des Strategiebegriffs ableiten: die Zielgerichtetheit und der Bewusstseinsgrad. Zu den aufgeführten Merkmalen finden sich im theoretischen Diskurs verschiedene Sichtweisen wieder. Diese werden in den folgenden Ausführungen dargestellt.

Werden Strategien zur Aufgabenbewältigung zielgerichtet eingesetzt, stellt sich die Frage nach dem Vorhandensein von explizitem Wissen um die eingesetzte Strategie. Sherin und Fuson (2005) beschreiben in diesem Zusammenhang: „Computational strategies, as we speak of them, are not knowledge; rather, a computational strategy is a pattern in computational activity – a pattern in the steps taken toward producing a numerical result" (S. 350). Damit beschreiben der Autor und die Autorin Rechenstrategien als das zugrundeliegende Muster eines Lösungswegs zum Ergebnis, welches nicht mit explizitem Wissen um die Strategie verknüpft sein muss. Wichtig ist an diesem Punkt, den Aspekt des Wissens um die Strategie selbst nicht fehl zu deuten, in dem Sinne, dass zur Verwendung von Strategien im Lösungsprozess keinerlei Wissen notwendig ist. Es spielen durchaus unterschiedliche Wissensbausteine eine Rolle, wenn Strategien im Lösungsprozess angewendet werden, wie beispielsweise zahlspezifische Fertigkeiten (Abschnitt 4.1.3).

Im Unterschied zu Sherin und Fuson (2005) stellen bei Bisanz und LeFevre (1990) Strategien und das Wissen um diese zusammenhängende Aspekte dar. Bisanz und LeFevre (1990) sprechen nur dann von Strategien, wenn vor der Berechnung einer Aufgabe zwischen verschiedenen Rechenstrategien gewählt werden kann. Die Auswahl einer Strategie nimmt in ihrem Strategieverständnis eine tragende Rolle ein und macht Strategiewissen bei der Entscheidung für eine Strategie explizit notwendig.

Der Blick auf Strategien unterscheidet sich demnach auch in der Betrachtung, ob diese auf Basis mehrerer verfügbarer Rechenstrategien ausgewählt und dann angewandt werden (Bisanz & LeFevre, 1990) oder sich in Abhängigkeit zu individuellem Wissen und der subjektiven Wahrnehmung erst im Lösungsprozess entwickeln (Threlfall, 2002). Auch Verschaffel, Luwel, Torbeyns und van Dooren (2009) widersprechen in diesem Zusammenhang Bisanz und LeFevre und betrachten Strategien nicht als von vornherein ausgewählte Lösungswege. Sie schreiben:

> [I]t is inappropriate to think of strategies as ready-made methods or techniques that are available in the repertoire of the children, waiting to be selected and applied in a particular situation – even if one does *not* envision choice as an explicit, mindful, top-down process. Especially with young children, a more plausible way of thinking might be that they base their computations on their familiarity with certain number relations. (ebd. S. 344)

Ähnlich wie Threllfall (2002) geht Rathgeb-Schnierer (2006) davon aus, dass Strategien nicht als durchgängiges Konstrukt vorliegen und verwendet den Begriff *strategische Werkzeuge*. Strategische Werkzeuge kommen zur Anwendung, wenn eine Aufgabe nicht zählend oder mit Rückgriff auf Basisfakten gelöst wird. Sie dienen dazu, Aufgaben auf Grundlage der Eigenschaften der Operation so zu verändern, dass sie auf bekannte Teilaufgaben zurückgeführt werden können und das Ergebnis aus diesen abgeleitet werden kann. Strategische Werkzeuge können im Lösungsprozess unterschiedlich zusammengesetzt (Rathgeb-Schnierer & Rechtsteiner, 2018, S. 50) oder auch gewechselt werden (Rathgeb-Schnierer, 2006, S. 56). Demnach handelt es sich im Verständnis von Rathgeb-Schnierer und Rechtsteiner (2018) nicht „um abgeschlossene Strategien im Sinne eines kompletten Lösungsvorgehens" (S. 50).

Eine über die bisher beschriebenen Definitionen hinausgehende Definition des Strategiebegriffs bietet Threlfall (2009). Dieser unterscheidet in seiner Spezifizierung insgesamt dreierlei Strategiebegriffe: *approach strategies, number-transformation-strategies* und *calculation-strategies*. Mit *approach strategies* beschreibt er das zugrundeliegende Gesamtkonzept beim Lösen einer Aufgabe. Dabei handelt es sich um allgemeine Formen des Vorgehens beim Lösen einer Problemstellung, wie beispielsweise das Zählen, das automatisierte Abrufen eines Ergebnisses, das Anwenden einer gelernten Methode, die Visualisierung eines Vorgangs oder das Nutzen von Zahlbeziehungen. Die konkrete und detaillierte Beschreibung, wie die Zahlen eines Terms zielgerichtet verändert werden um die Lösung zu bestimmen nennt Threlfall (2009) *number-transformation-strategy*. In diesem Zusammenhang merkt der Autor an, dass bestimmte *approach strategies* die *number-transformation-strategy* vorgeben, wohingegen andere dies nicht eindeutig tun. Liegt dem Lösungsweg beispielsweise eine gelernte Methode zugrunde (*approach-strategy*), wie das schriftliche Rechenverfahren, gibt dies die *number-transformation-strategy* fest vor. Im Gegensatz dazu lässt das Nutzen von Zahlbeziehungen als zugrundeliegendes Gesamtkonzept (*approach-strategy*) die konkrete *number-transformation-strategy* offen. Diese Form der *number-transformation-strategy* nennt Threlfall (2009) auch *calculation-strategy*. Nicht zu verwechseln ist dies damit, wenn *number-transformation-strategies* zwar Zahlbeziehungen nutzen, aber ein anderes Gesamtkonzept wie zum Beispiel das Anwenden einer gelernten Methode dahintersteckt. Mit den vorangegangenen Ausführungen wird deutlich, dass sich das Vorgehen bei der Aufgabenlösung trotz desselben Rechenwegs unterscheiden kann.

Ähnlich zu Threlfall (2009) unterscheiden auch Rathgeb-Schnierer und Rechtsteiner (2018) im Kontext des Strategiebegriffs, ob Strategien auf einem erlernten Verfahren basieren oder auf dem Nutzen von Zahlbeziehungen innerhalb des Lösungsprozesses. Die Autorinnen (ebd. S. 47) sprechen in diesem Zusammenhang von zweierlei *Referenzrahmen* im Lösungsprozess. Auch wenn theoretisch zwischen zwei Referenzrahmen unterschieden wird, ist dies empirisch nur schwer beobachtbar. „Ob Kinder beim Lösen von Aufgaben verfahrens- oder beziehungsorientiert vorgehen, ist nicht immer einfach herauszufinden." (Rathgeb-Schnierer & Rechtsteiner, 2018, S. 47).

Einen bisher noch ungenannten Aspekt greift Gaidoschik (2010) in seiner Definition auf und fasst unter Rechenstrategien „die Gesamtheit der *beobacht-baren* Handlungen und *erschließbaren* geistigen Akte" (S. 9, Hervorhebung im Original). Demnach gehen Rechenstrategien über das für den Betrachter direkt Sichtbare hinaus. Rathgeb-Schnierer (2010, S. 264) unterscheidet in diesem Zusammenhang *externe* und *interne Rechenwege*. Unter einem *internen Rechen-weg* (gedachten Rechenweg) versteht die Autorin eine mentale Struktur, welche vom individuellen Vorwissen geprägt ist. Bei einem *externen Rechenweg* handelt es sich um beobachtbare, artikulierte Rechenwege. Diese können Aufschluss über vorhandene Denkmuster geben.

Die bisher allgemeinen Ausführungen zum Strategiebegriff können mit Blick auf den Inhaltsbereich der Multiplikation spezifiziert werden. Gasteiger und Paluka-Grahm (2013) verwenden den Begriff Rechenstrategien im Kontext der Multiplikation und fassen darunter alle Strategien „(…) bei denen Zahlbeziehungen und bereits bekannte Einmaleinssätze zur Problemlösung genutzt werden." (S. 8). Schipper (2009) formuliert im Kontext der Multiplikation eine ähnliche Definition und verwendet in diesem Zusammenhang den Begriff *operative Strategien.* Diese „(…) nutzen die Zusammenhänge zwischen den verschiedenen Multiplikationsaufgaben sowie den Zusammenhang zwischen Multiplikation und Division. (….) Diese Ableitungen erfolgen unter (nicht unbedingt bewusster) Nutzung von Eigenschaften der Multiplikation und Division (…)" (ebd. S. 145).

Die Ausführungen des vorliegenden Abschnitts verdeutlichen die Uneinheitlichkeit in der Verwendung des Strategiebegriffs. Was unter einer Strategie verstanden wird und welche Lösungswege darunter gefasst werden, ist nicht einheitlich und trennscharf definiert. Die Ausschärfung des Strategiebegriffs auf Grundlage der vorangegangenen Ausführungen findet für die vorliegende Arbeit in Abschnitt 4.1.4 statt.

4.1.3 Rechenstrategien zur Lösung von Multiplikationsaufgaben

In Abschnitt 4.1.1 wurden verschiedene Lösungsstrategien beim Lösen von Multiplikationsaufgaben dargestellt. Im vorliegenden Abschnitt werden Rechenstrategien als eine besondere Lösungsstrategie bei der Aufgabenbearbeitung beschrieben. Dafür werden die in der mathematikdidaktischen Literatur aufgeführten Rechenstrategien, bezogen auf das kleine und große Einmaleins, dargestellt.

Für die vorliegende Untersuchung werden deutschsprachige Lehrwerke herangezogen, da diese einen systematischen Überblick über verschiedene Rechenstrategien bieten (z. B. Padberg & Benz, 2011). Außerdem nutzen auch empirische Studien zu diesem Bereich diese normativ formulierten Strategien zur Kategorisierung der beobachteten Rechenstrategien (z. B. Gasteiger & Paluka-Grahm, 2013; Hirsch, 2001; Köhler, 2019).

Kleines Einmaleins

Das Lösen von Einmaleinsaufgaben „über ein Ableiten aus bekannten Einmaleinsaufgaben repräsentiert eine Lösungsstrategie, die auf Zahlbeziehungen, bekannte Einmaleinssätze oder bestimmte Muster zur Problemlösung zurückgreift" (Köhler, 2019, S. 66). Padberg und Benz (2011, S. 141) unterscheiden fünf Rechenstrategien zur Lösung der Aufgaben des kleinen Einmaleins:

Nachbaraufgabe
Ein Faktor wird um eins verändert (additiv oder subtraktiv). So kann das Produkt über eine bereits bekannte oder leichter zu lösende Aufgabe bestimmt werden, indem anschließend der unveränderte Faktor wieder einmal addiert oder subtrahiert wird.

Verdopplung/Halbierung eines Faktors
Einmaleinsaufgaben einer Malreihe (z. B. $4 \cdot x$) lassen sich über die Verdopplung oder Halbierung einer anderen Reihe herleiten (z. B. $4 \cdot x$ über die Verdopplung von $2 \cdot x$).

Zerlegung eines Faktors (oder beider)
Der Faktor wird additiv oder subtraktiv zerlegt. Es entstehen zwei Teilaufgaben, die bereits bekannt oder leichter zu lösen sind. Die Nachbaraufgabe stellt damit einen Sonderfall dieser Kategorie dar.

Gegensinniges Verändern beider Faktoren
Wird ein Faktor mit einer natürlichen Zahl n multipliziert und kann der andere Faktor durch die gleiche Zahl ohne Rest geteilt werden, so bleibt das Produkt unverändert (Konstanz des Produktes).

Tauschaufgabe
Eine Aufgabe wird über ihre bereits bekannte Tauschaufgabe gelöst (z. B. $8 \cdot 6$ über $6 \cdot 8$).

Eine ähnliche Einteilung erfolgt bei Schipper (2009, S. 145 f.). Unter dem Begriff *operative Strategien* bzw. *Ableitungsstrategien* unterscheidet er verschiedene Rechenstrategien auf Grundlage der Eigenschaften der Multiplikation, die sich den beschriebenen Strategien bei Padberg und Benz (2011) gegenüberstellen lassen (Tabelle 4.1).

Tabelle 4.1 Gegenüberstellung unterschiedener Rechenstrategien zum kleinen Einmaleins nach Padberg und Benz (2001) und Schipper (2009)

Rechenstrategien nach Padberg und Benz (2011, S. 141)		Operative Strategien nach Schipper (2009, S. 145–146)
Nachbaraufgabe	↔	wird dem schrittweisen Rechnen untergeordnet
Verdopplung/Halbierung	↔	Verdoppeln bzw. Halbieren (Assoziativität)
Zerlegung eines Faktors (oder beider)	↔	Schrittweises Rechnen: Zerlegungsstrategien, Nachbaraufgaben (Distributivität)
Gegensinniges Verändern	↔	wird nicht explizit aufgeführt
Tauschaufgabe	↔	Tauschaufgabe (Kommutativität)

Großes Einmaleins

Bezogen auf das Lösen von Multiplikationsaufgaben des großen Einmaleins unterscheiden Padberg und Benz (2011, S. 184 f.) drei zentrale Rechenstrategien: das *schrittweise Rechnen*, das *stellenweise Rechnen* und das *Ableiten*. Diese werden im Folgenden einer genauen Betrachtung unterzogen.

Padberg und Benz (2011) führen als eine zentrale Strategie im großen Einmaleins das *schrittweise Rechnen* auf. Dabei wird ein Faktor additiv, subtraktiv oder multiplikativ zerlegt, um leichter zu berechnende Teilaufgaben zu erhalten. Über die auf diese Weise entstehenden Teilprodukte kann anschließend das Ergebnis der ursprünglichen Aufgaben bestimmt werden (Tabelle 4.2). Grundlage für das schrittweise Rechnen ist die Distributivität (vgl. Kapitel 1). Wie in Abschnitt 3.1.3 bereits veranschaulicht, kann das Prinzip der Distributivität und folglich auch das *schrittweise Rechnen* an Rechteckmodellen beispielgebunden begründet werden.

Tabelle 4.2 Verschiedene Zerlegungsformen beim schrittweisen Rechnen in Anlehnung an Padberg und Benz (2011, S. 185)

Additive Zerlegung	Subtraktive Zerlegung	Multiplikative Zerlegung
$9 \cdot 18 = 162$	$9 \cdot 18 = 162$	$9 \cdot 18 = 162$
$9 \cdot 10 = 90$	$10 \cdot 18 = 180$	$3 \cdot 18 = 54$
$9 \cdot 8 = 72$	$1 \cdot 18 = 18$	$54 \cdot 3 = 162$
$90 + 72 = 162$	$160 - 18 = 142$	

Neben dem *schrittweisen Rechnen* führen Padberg und Benz (2011) als weitere Strategie das *stellenweise Rechnen* auf. Dafür werden beide Faktoren des Multiplikationsterms in ihre Stellenwerte zerlegt. Durch das Anwenden der Distributivität in Form der Zerlegung beider Faktoren entstehen vier Teilprodukte: $10 \cdot 10 + 6 \cdot 10 + 10 \cdot 3 + 6 \cdot 3$. Als übersichtliche Notationsform schlagen Wittmann und Müller (2012) oder Padberg und Benz (2011) das *Malkreuz* vor. Wie in Abbildung 4.1 dargestellt können die Teilprodukte im so genannten Malkreuz zeilen- oder spaltenweise addiert werden, um das Produkt der ursprünglichen Aufgabe zu bestimmen.

Abbildung 4.1
Stellenweises Rechnen in
Form des Malkreuzes am
Beispiel 13 · 16

·	10	3	
10	100	30	130
6	60	18	78
	160	48	208

Als dritte Hauptkategorie zur Unterscheidung verschiedener Rechenstrategien im großen Einmaleins führen Padberg und Benz (2011) das *Ableiten* auf. Darunter werden jene Strategien zusammengefasst, bei denen operative Beziehungen genutzt werden. Aufgeführt werden in diesem Zusammenhang die *Hilfsaufgabe* und das *Vereinfachen*. Bei der *Hilfsaufgabe* wird das Ergebnis aus einer leichter zu berechnenden Aufgabe abgeleitet (Tabelle 4.3).

Tabelle 4.3 Beispiel für eine Hilfsaufgabe zum Ableiten in Anlehnung an Padberg und Benz (2011, S. 187)

Hilfsaufgabe	
$8 \cdot 19 = 152$	$8 \cdot 21 = 168$
$8 \cdot 20 = 160$	$8 \cdot 20 = 160$
$8 \cdot 1 = 8$	$8 \cdot 1 = 8$
$160 - 8 = 152$	$160 + 8 = 168$

Damit stellt die *Hilfsaufgabe* bei Padberg und Benz (2011) eine Variante des subtraktiven oder additiven Zerlegens beim *schrittweisen Rechnen* dar.

Wegen der Assoziativität können Multiplikationsaufgaben des großen Einmaleins im Sinne der Konstanz des Produktes, beispielsweise über die Verdopplung beziehungsweise Halbierung eines Faktors gelöst werden (vgl. Kapitel 1). Hierzu muss ein Faktor des Ausgangsterms durch eine Zahl > 1 teilbar sein (im Beispiel die Zahl 2), mit der bei Multiplikation mit dem anderen Faktor ein leichter zu berechnender Term entsteht (Tabelle 4.4). Dies ist im Bereich der natürlichen Zahlen nur bei bestimmten Aufgaben möglich beziehungsweise naheliegend.

Tabelle 4.4 Beispiel für das Vereinfachen beim Ableiten in Anlehnung an Padberg und Benz (2011, S. 187)

Vereinfachen
$12 \cdot 25$
$\downarrow :2 \quad \downarrow \cdot 2$
$6 \cdot 50$
$\downarrow :2 \quad \downarrow \cdot 2$
$3 \cdot 100$

Beim Vergleich der normativ beschriebenen Rechenstrategien im kleinen und großen Einmaleins fällt auf, dass die gleichen Rechenstrategien beschrieben werden – abgesehen von Unterschieden in der Bezeichnung der Strategien (z. B. *Vereinfachen* im großen Einmaleins und *gegensinniges Verändern* im kleinen Einmaleins). Allerdings erfährt im großen Einmaleins das Nutzen der Zerlegung eines oder beider Faktoren in Form des *schrittweisen* und *stellenweisen Rechnens* eine besondere Betonung.

Bei den in diesem Abschnitt spezifizierten Rechenstrategien handelt es sich ausschließlich um tragfähige Rechenstrategien. Im Unterschied dazu erfolgt die Beschreibung möglicher fehlerhafter Rechenwege in der mathematikdidaktischen Literatur eher vereinzelt (Abschnitt 4.2.2). In der vorliegenden Untersuchung werden Rechenstrategien zur Lösung von Multiplikationsaufgaben des großen Einmaleins umfassend kategorisiert. Dafür bilden die in diesem Abschnitt beschriebenen Strategien einen ersten Ausgangspunkt. Das im Rahmen der vorliegenden Untersuchung entwickelte Kategoriensystem wird in Abschnitt 5.2.2 dieser Arbeit vorgestellt.

Voraussetzungen für einen zielführenden Strategieeinsatz im großen Einmaleins

Die im vorangegangenen Absatz dargestellten Rechenwege können zur Lösung von Multiplikationsaufgaben über 100 nur dann erfolgreich genutzt werden, wenn gewisse Voraussetzungen gegeben sind. Lösungswege sind neben dem Zahlenmaterial der Aufgabe vor allem von den Vorkenntnissen der Kinder abhängig (z. B. Heirdsfield, 2003; Axel Schulz, 2014, S. 113 f.; Threlfall, 2002, 2009). Welche Aufgabenmerkmale sich im Kontext der Multiplikation auf das Gelingen von Lösungswegen auswirken können wird in Abschnitt 4.3.1 aufgezeigt.

Bei den folgenden Ausführungen handelt es sich um die Zusammenfassung verschiedener Voraussetzungen mit Blick auf die Lösung von Multiplikationsaufgaben des großen Einmaleins. In diesem Zusammenhang findet eine Beschränkung auf den Bereich mathematischer Kompetenzen statt. Von der Beschreibung weiterer Aspekte, die Voraussetzungen für das Nutzen der beschriebenen Strategien darstellen, wie beispielsweise metakognitive Kompetenzen, emotionale Zustände oder der erlebte Unterricht, wird an dieser Stelle abgesehen (z. B. Heirdsfield & Cooper, 2002; Tietze, 1988).

Insbesondere bei der Lösung mehrstelliger Multiplikationsaufgaben können durch das Nutzen der Eigenschaften der Multiplikation Verbindungen zwischen Multiplikationsaufgaben hergestellt und für den Lösungsweg genutzt werden. Die Umwandlung einer Aufgabe in einfacher zu berechnende Teilaufgaben (hier: Grundaufgaben des kleinen Einmaleins) über eine Rechenstrategie umfasst verschiedene Voraussetzungen.

In der mathematikdidaktischen Literatur werden in diesem Zusammenhang verschiedene Voraussetzungen beschrieben (Ambrose, Baek & Carpenter, 2003; Baiker & Götze, 2019; Kinzer & Stanford, 2014; Rottmann, 2011; Vermeulen, Olivier & Human, 1996). Den Überlegungen der aufgeführten Autoren und Autorinnen folgend können die zuvor beschriebenen Rechenstrategien dann erfolgreich genutzt werden, wenn zusammengefasst Folgendes gegeben ist: (1) das Erkennen und Nutzen operativer Zusammenhänge bezogen auf die im Term enthaltenen Zahlen sowie (2) das Erkennen und Nutzen der Eigenschaften der Operation und (3) das Verfügen über Grundaufgaben (Tabelle 4.5).

In diesem Zusammenhang sei angemerkt, dass die leichter zu berechnenden Grundaufgaben nur dann für den Rechenweg genutzt werden können, wenn der operative Zusammenhang zwischen diesen und der ursprünglichen Aufgabe erkannt und genutzt wird (Axel Schulz, 2014, S. 113). Sind nicht alle notwendigen Voraussetzungen für einen Lösungsweg gegeben, kann dieser auch nicht sicher bei der Aufgabenlösung genutzt werden (Threlfall, 2002, S. 39).

Tabelle 4.5 Voraussetzungen für das Lösen von Multiplikationsaufgaben des großen Einmaleins über Rechenstrategien

Voraussetzungen auf operativer Ebene
Erkennen und Nutzen operativer Zusammenhänge, bezogen auf…
… das Zerlegen bzw. Ergänzen der im Term enthaltenen Zahlen.
… die Eigenschaften der Multiplikation (Kommutativität, Assoziativität, Distributivität).
Voraussetzungen auf rechnerischer Ebene
Verfügen über Grundaufgaben, bezogen auf…
… das Multiplizieren innerhalb der Teilschritte.
… das Addieren bzw. Subtrahieren der Teilprodukte.

4.1.4 Verständnis von Strategien in dieser Arbeit

In Abschnitt 4.1.2 wurden verschiedene Auffassungen des Strategiebegriffs vor-gestellt. Anhand der dort diskutierten Merkmale erfolgt in diesem Abschnitt eine Festlegung, was in der vorliegenden Arbeit unter einer Strategie verstanden wird. Die individuelle Folge von Rechenschritten bei der Lösung einer Multiplikati-onsaufgabe, z. B. bei Verwendung einer Rechenstrategie, wird in den folgenden Ausführungen auch als Lösungs- oder Rechenweg bezeichnet.

In der vorliegenden Arbeit werden unter dem Begriff *Strategie* oder synonym *Rechenstrategie*, in Anlehnung an Gasteiger und Paluka-Grahm (2013), all die Lösungswege gefasst, bei denen Zusammenhänge zwischen Multiplikationsauf-gaben oder Zahlbeziehungen genutzt werden. Gaidoschik (2010) folgend, werden in diesem Zusammenhang unter den Strategiebegriff ausschließlich beobachtbare Handlungen und daran erschließbare geistige Akte gefasst. Ein charakterisie-rendes Merkmal des zugrundeliegenden Strategieverständnisses ist dabei die Zielgerichtetheit einer Strategie bezogen auf die Lösung einer Aufgabenstellung.

Wird im Lösungsprozess eine Strategie verwendet, wird dabei stets die ursprünglich zu lösende Aufgabe verändert, um das Ergebnis der Aufgabe zu bestimmen. Vor dem Hintergrund der beschriebenen Rechenstrategien in Abschnitt 4.1.3 kann sich die Veränderung der Faktoren bei der Aufgabenlö-sung über einen Zerlegungsvorgang mit anschließendem wieder Zusammensetzen der entstandenen Teilprodukte vollziehen. Des Weiteren kann das Ableiten des Ergebnisses von einem anderen Multiplikationsterm eine Veränderung darstel-len (Tabelle 4.6). Grundlage dafür sind die beschriebenen Eigenschaften der Operation.

Tabelle 4.6 Veränderung der Faktoren beim Einsatz einer Rechenstrategie zur Lösung der Aufgabe 25 · 19

Zerlegen und anschließendes Zusammensetzen	Ableiten von einem anderen Multiplikationsterm
$25 \cdot 10 = 250$ $\\ 25 \cdot 9 = 225$ $\\ 250 + 225 = 475$ $\\ 25 \cdot 19 = 675$	$25 \cdot 19$ $\\ 25 \cdot 20 = 500 \quad 500$ $\\ 25 \cdot 1 = 25 \quad -25$ $\\ \overline{475}$
Der zweite Faktor der Terms (19) wird in seine Stellenwerte zerlegt und mit dem ersten Faktor (25) multipliziert. Anschließend werden die Teilprodukte addiert, um das Endergebnis zu bestimmen. Grundlage dafür ist die Distributivität der Multiplikation.	Statt des ursprünglichen Faktors (hier 19) wird die Nachbarzahl (20) mit dem anderen Faktor (25) multipliziert. Anschließend wird das Ergebnis des Ausgangsterms von der veränderten Aufgabe abgeleitet (hier − 1 · 25). Grundlage dafür ist die Distributivität der Multiplikation.

Anmerkung. Die abgebildeten Beispiele stammen aus der vorliegenden Untersuchung.

Die in Abschnitt 4.1.1 angeführten Lösungsstrategien bei der Bearbeitung von Multiplikationsaufgaben in Form von Zählprozessen, der wiederholten Addition, das Auswendigbeherrschen einer Multiplikationsaufgabe sowie das schriftliche Multiplikationsverfahren stellen aus den genannten Definitionskriterien keine Rechenstrategien dar und werden im Rahmen dieser Arbeit von diesen abgegrenzt. Die in Abschnitt 4.1.3 beschriebenen Rechenstrategien entsprechen dem Strategieverständnis dieser Arbeit.

In Anlehnung an die theoretischen Ausführungen in Abschnitt 4.1.2 werden für den Strategiebegriff der vorliegenden Arbeit weitere Festlegungen getroffen. In der vorliegenden Arbeit wird unabhängig davon, ob deren Anwendung orientiert an einem erlernten Verfahren oder auf Basis erkannter Zahl-, Aufgaben- oder Termbeziehungen erfolgt von Rechenstrategien gesprochen (Rathgeb-Schnierer & Rechtsteiner, 2018; Threlfall, 2009). Außerdem ist für das Strategieverständnis dieser Arbeit nicht relevant, ob eine Strategie bei ihrer Anwendung vorab aus mehreren Alternativen ausgewählt wird im Sinne von Bisanz und LeFevre (1990) oder erst im Lösungsprozess in Abhängigkeit zu individuellem Wissen entsteht (Threlfall, 2002).

Nach Sherin und Fuson (2005) ist explizites Wissen um eine Strategie bei deren Anwendung nicht zwingend notwendig. Abgegrenzt davon spielen durchaus unterschiedliche Wissensbausteine eine Rolle, wenn Strategien im Lösungsprozess angewendet werden. Im Rahmen der detaillierten Beschreibung von Rechenstrategien zur Lösung von Multiplikationsaufgaben des großen Einmaleins wurden verschiedene Wissensbausteine für einen gelungenen Strategieeinsatz ersichtlich (vgl. Abschnitt 4.1.3).

Die folgenden Ausführungen der Arbeit orientieren sich am hier dargestellten Strategiebegriff. Abweichungen vom hier definierten Strategieverständnis im Zusammenhang mit der Vorstellung empirischer Forschungsergebnisse zur Strategieverwendung werden an den entsprechenden Stellen kenntlich gemacht.

4.2   Fehler und Fehleranalyse

Im vorangegangenen Abschnitt wurden Rechenstrategien zunächst unabhängig von auftretenden Fehlern innerhalb der Lösungswege betrachtet. In diesem Abschnitt richtet sich der Fokus auf Fehler bei der Multiplikation. Neben der Begriffsklärung, was aus mathematikdidaktischer Sicht als Fehler betrachtet wird (Abschnitt 4.2.1), werden anhand ausgewählter Klassifikationen Möglichkeiten aufgezeigt, Fehler zu beschreiben und zu unterscheiden (Abschnitt 4.2.2). Bevor auf dieser Grundlage Festlegungen für den Rahmen der vorliegenden Arbeit getroffen werden, werden Überlegungen zu Fehlerursachen dargestellt (Abschnitt 4.2.3).

4.2.1   Fehlerbegriff

Im Rahmen mathematikdidaktischer Untersuchungen wird der Fehlerbegriff selten näher bestimmt, sondern in seiner alltäglichen Bedeutung verwendet (Wittmann, 2007). Aus Sicht der pädagogischen Psychologie beschreiben Oser, Hascher und Spychiger (1999, S. 11) Fehler als „von einer Norm abweichende Sachverhalte oder von einer Norm abweichende Prozesse […]. Normen stellen das Bezugssystem dar, und ohne Normen und Regeln wäre es nicht möglich, fehlerhafte und fehlerfreie Leistungen, das Richtige vom Falschen zu unterscheiden". Demnach können Fehler bei Produkten und Prozessen auftreten.

Heinze (2004, S. 223) zieht Osers Definition heran und konkretisiert diese für den Mathematikunterricht: „Ein Fehler ist eine Äußerung, die gegen die allgemeingültigen Aussagen und Definitionen der Mathematik sowie gegen allgemein akzeptiertes mathematisch-methodisches Vorgehen verstößt." Diesem Gedanken folgend werden Fehler in dieser Arbeit aus inhaltlicher Perspektive betrachtet. Die positive Funktion von Fehlern innerhalb eines Lernprozesses steht vor dem Hintergrund des Untersuchungsziels dieser Arbeit nicht im Fokus der theoretischen Überlegungen.

Sichtbar werden Fehler in der verbalen Kommunikation oder schriftlichen Bearbeitungen als Produkt eines Wahrnehmungs- und Denkprozesses. Prediger und Wittmann (2009) verwenden in diesem Zusammenhang den Begriff *Fehlerphänomen*. Mit Blick auf die Untersuchung von Fehlleistungen prägt Radatz (1980b) den Begriff der *Fehlertechnik*. Damit bezeichnet er das an einer Fehllösung analysierbare Vorgehen. Bei jenen direkt sichtbaren Fehlerphänomenen oder -techniken handelt es sich um Produkte, hinter denen verschiedene Fehlerursachen stehen können (Abschnitt 4.2.3).

Fehleranalysen stellen einen wichtigen Ausgangspunkt dar, um fehlerhafte Gedankengänge nachzuvollziehen und zu beschreiben (Wittmann, 2007). „Schülerfehler sind die ‚Bilder' individueller Schwierigkeiten und fehlerhafter Lösungsstrategien; sie zeigen, daß [sic] der Schüler bestimmte mathematische Begriffe, Definitionen, Techniken u. a. nicht wissenschaftlich oder erwachsengemäß verstanden hat" (Radatz, 1985, S. 18).

Ansätze zur Erklärung der „Psychologie des Fehlers" finden sich nach Oser et al. (1999) in der pädagogischen Psychologie bereits in den 20er Jahren des 19. Jahrhunderts wieder (Weimer, 1925). Ein historischer Exkurs der verschiedenen Beiträge zur Fehleranalyse findet sich bei Radatz (1980a) oder Oser et al. (1999). Mithilfe von Fehleranalysen werden verschiedene Zielsetzungen verfolgt. Diese reichen von der präzisen Beschreibung verschiedener Fehler und der Diagnose von Ursachen, die zu Fehlern führen, bis zur Ableitung von Konsequenzen für den Umgang mit Fehlern (Radatz, 1980a; Schoy-Lutz, 2005; Tietze, 1988; Wellenreuther, 1986).

4.2.2 Beschreibung von Fehlern

Es besteht eine ganze Reihe unterschiedlicher Klassifikationen von Fehlern, um diese nach gemeinsamen Kriterien zusammenzufassen und zu beschreiben. In den folgenden Ausführungen werden ausgewählte Klassifikationen, insbesondere mit Blick auf die Multiplikation, näher beleuchtet. Damit zusammenhängende Festlegungen für die vorliegende Arbeit werden in Abschnitt 4.2.4 getroffen.

Allgemeine Fehlerklassifikationen

Mit allgemeinen Fehlerklassifikationen werden Fehler beschrieben, die sich nicht auf ein spezifisches Themenfeld beschränken. Prediger und Wittmann (2009) unterscheiden in diesem Zusammenhang die syntaktische von der semantischen Ebene. *Syntaktische Fehler* sind Fehler, die beim Rechnen nach festen Regeln auftreten und *semantische Fehler* betreffen die Bedeutungsebene mathematischer Inhalte. Diese grobe Unterteilung kann noch weiter differenziert werden, wobei verschiedene Fehlerklassifikationen entstehen.

Jost, Erni und Schmassmann (1992, S. 36) unterscheiden im Rahmen ihrer Fehleranalysen in der Grundschule fünf Fehlertypen: Schnittstellenfehler (Aufnahme-, Wiedergabe-, Notationsfehler), Verständnisfehler bei Begriffen, Verständnisfehler bei Operationen, Automatisierungsfehler und Umsetzungsfehler (beim Transfer). Mindnich, Wuttke und Seifried (2008) kommen in der Sekundarstufe zu einer ähnlichen Einteilung in Form einer Dreiteilung und unterscheiden zwischen:

- Reproduktionsfehlern, beim Erinnern oder Abrufen von bereits gelernten Inhalten.
- Verständnisfehlern, beim Aufzeigen des Bedeutungsgehalts oder der Beziehung zwischen Wissenselementen.
- Anwendungsfehlern, bei der Anwendung bereits vorhandenen Wissens in (neuen) Situationen.

Auch Geering (1996) wählt eine Dreiteilung für eine allgemeine Fehlerklassifikation beim Bearbeiten mathematischer Aufgabenstellungen. Zunächst unterscheidet er *Fertigkeitsfehler*, die vorliegen, wenn eine bereits bekannte und automatisierte Fertigkeit fehlerhaft angewandt wird. Davon grenzt er *Wissensfehler* ab, wenn vorhandene Wissenselemente nicht oder fehlerhaft eingesetzt werden. Der letzte unterschiedene Fehler nach Geering (1996) ist der *Strategiefehler*. Fehler dieser Form liegen dann vor, wenn eine Strategie zur Lösungsfindung fehlt oder fehlerhaft angewandt wird. In diesem Fall zählt folglich auch „Nichtwissen" als Fehler.

Systematische Fehler

Ein kognitionspsychologischer Ansatz bei der Fehlerklassifikation ist die Unterscheidung zwischen Fehlern konzeptueller bzw. systematischer Art und Flüchtigkeitsfehlern (Radatz, 1980a; Schoy-Lutz, 2005; Wittmann, 2007). Bei Flüchtigkeitsfehlern handelt es sich um Fehler „welche die Betroffenen sofort korrigieren können, sobald sie darauf hingewiesen werden" (Prediger & Wittmann, 2009, S. 4). Systematische Fehler weisen auf ein fehlendes Verständnis mathematischer Begriffe oder Verfahren hin und liegen dann vor „wenn jemand bei Aufgaben desselben Typs wiederholt dasselbe Fehlermuster erkennen lässt" (Prediger & Wittmann, 2009, S. 4). Von großem Interesse für die Mathematikdidaktik sind insbesondere Erkenntnisse über systematische Fehler, da diese für den Lernprozess große Bedeutung haben.

Bei der Beschreibung der Regelhaftigkeit des Auftretens eines Fehlers in den Lösungswegen einer Person wird in mathematikdidaktischen Publikationen auch von der Konsistenz eines Fehlers gesprochen (z. B. Tietze, 1988). Obwohl vor dem Hintergrund der Fehleranalyse die hohe Konsistenz eines Fehlers zur Beschreibung systematischer Fehler als zentral hervorgehoben wird, bleibt es weitestgehend eine offene Frage, ab wann ein Fehler tatsächlich als systematisch gilt.

Eine Festlegung findet sich bei Padberg (1986; Stiewe & Padberg, 1986) im Rahmen empirischer Untersuchungen im Kontext der Bruchrechnung und der schriftlichen Multiplikation. In diesem Zusammenhang werden jene Fehler als *systematische Fehler* beschrieben, die bei mindestens 50 % der entsprechenden Aufgaben von einem einzelnen Kind gemacht werden. Von systematischen Fehlern unterscheidet Padberg (1986) außerdem *typische Fehler*, die allgemein häufig auftretende Fehler bei einer Rechenoperation beschreiben (über die Gesamtpopulation hinweg). Auch in einer von Stiewe und Padberg (1986) zitierten Untersuchung von Cox (1975) zu Fehlern bei der schriftlichen Multiplikation wird ein Fehler dann als systematisch bezeichnet, wenn er bei einem Kind in drei von fünf Aufgaben und damit bei über der Hälfte der Aufgaben auftritt.

Fehlerklassifikationen bei der Multiplikation

Von besonderem Interesse für die vorliegende Arbeit sind Fehlerklassifikationen mit Fokus auf die Lösung von Multiplikationsaufgaben. Bestehende Klassifikationen, die Fehler bezogen auf den schriftlichen Multiplikationsalgorithmus beschreiben, wie beispielsweise bei Winter (2011) oder Stiewe und Padberg (1986), werden mit Blick auf das Untersuchungsziel an dieser Stelle nicht berücksichtigt. Die dort unterschiedenen und beschriebenen Fehler sind spezifisch für

Lösungswege über das schriftliche Multiplizieren und sind daher für die vorliegende Arbeit nicht relevant. In diesem Abschnitt werden zuerst Fehler in Folge einer Übergeneralisierung beleuchtet, da diese von verschiedenen Autoren und Autorinnen besonders hervorgehoben werden. Anschließend werden weitere Fehlerklassifikationen im Kontext der Multiplikation berichtet.

Prediger und Wittmann (2009, S. 5) beschreiben das Übergeneralisieren allgemein als das Übertragen von Schemata der einen Rechenoperation auf eine andere Operation. Fehler in Folge einer Übergeneralisierung sind inhaltsübergreifend beobachtbar, wie beispielsweise in der Bruchrechnung (z. B. bei Prediger & Wittmann, 2009) oder im Kontext der Algebra (Tietze, 1988). Im Bereich der Multiplikation über 100 beschreibt Greiler-Zauchner (2019) als Fehler in Folge einer Übergeneralisierung die fehlerhafte Übertragung des gegensinnigen Veränderns der Addition. Bei dieser Strategie wird über die Vergrößerung des einen Summanden um eins und die Verkleinerung des anderen Faktors um eins die Summe des Ausgangsterms bestimmt. Dieses Vorgehen wird analog auf die Lösung einer Multiplikationsaufgabe übertragen, wodurch eine vermeintlich leichtere Aufgabe entsteht, die jedoch zu einer fehlerhaften Lösung führt (Abbildung 4.2).

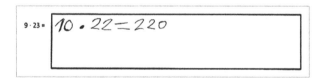

Abbildung 4.2 Fehler infolge der Übergeneralisierung einer Rechenstrategie der Addition aus Greiler-Zauchner (2019, S. 388)

In den folgenden Ausführungen werden neben Fehlern in Folge einer Übergeneralisierung weitere Fehler im Kontext der Multiplikation unterschieden und zusammengefasst. Diese werden, in Anlehnung an die aufgeführte Literatur, stichpunktartig zusammengefasst (Chaudhuri, 2009, S. 38 f.; Lorenz & Radatz, 1993, S. 142 f.; Padberg & Benz, 2011, S. 147 f.; Schipper, 2009, S. 161):

Tabelle 4.7 Fehlerklassifikationen im Kontext der Multiplikation

Strategieunabhängige Fehler	*Rechenfehler*	Die Operation wird fehlerhaft ausgeführt, z. B. $12 \cdot 2 = 28$.
	Stellenwertfehler	Vernachlässigen von Nullen bei der Multiplikation, z. B. $600 \cdot 30 = 1800$.
	Perseverationsfehler	Nachwirken von einzelnen Ziffern der Aufgabenstellung, z. B. $4 \cdot 4 = 14$.
	Fehler bei der Multiplikation mit 0	Bei der Multiplikation mit Null bleibt der andere Faktor unverändert, z. B. $6 \cdot 0 = 6$.
	Fehler durch Verwechslung der Operation	Es wird nicht multipliziert, sondern addiert, z. B. $6 \cdot 3 = 9$.
Strategieabhängige Fehler	*Zählfehler*	Fehler beim Aufsagen der Einmaleinsreihe bzw. bei der wiederholten Addition, z. B. einen Summanden zu viel addieren wie $6 \cdot 3 = 21$.
	Fehlerhaftes Zerlegen	Fehler bei der Anwendung der Distributivität, z. B. $9 \cdot 6 = 10 \cdot 6 - 9 = 51$. Verkürztes stellenweises Multiplizieren, z. B. $19 \cdot 16 = 10 \cdot 10 + 9 \cdot 6 = 154$.
	Ziffernweises Rechnen	Anstelle von Zahlen wird mit den Ziffern eines Faktors oder beider Faktoren gerechnet, z. B. $16 \cdot 3 = 1 \cdot 3 + 6 \cdot 3 = 21$. Es wird schriftlich im Kopf gerechnet ohne Berücksichtigung des Übertrags, z. B. $16 \cdot 3 = 38$ da, $3 \cdot 6 = 18$ schreibe 8 und $3 \cdot 1 = 3$ schreibe 3.
	Mischung aus Ziffern- und Zahlenrechnen	Es kommt zur Vermischung von Ziffern- und Zahlenrechnen, z. B. $12 \cdot 15 = 1 \cdot 15 + 2 \cdot 15 = 45$.

Auf Grundlage der theoretischen Auseinandersetzung werden die aufgeführten Fehler in zwei Haupttypen unterschieden: strategieunabhängige und strategieabhängige Fehler. Bei den ersten fünf aufgelisteten Fehlern in Tabelle 4.7 handelt es sich um Fehler, die unabhängig vom eingesetzten Rechenweg beschrieben werden können (strategieunabhängige Fehler). Dabei wird die Rechenoperation nicht korrekt ausgeführt. Bei den anderen Fehlern sind die zugrundeliegenden Rechenschritte des Lösungswegs an sich fehlerhaft, folglich ist die zugrundeliegende Strategie fehlerhaft (strategieabhängige Fehler). Bestehende Forschungsergebnisse zum Auftreten der unterschiedenen Fehler im Kontext der Multiplikation werden in Abschnitt 4.3.3 berichtet.

4.2.3 Fehlerursachen und ausgewählte Erklärungsansätze

In Zusammenhang mit der Überlegung, wie ein Fehler zustande kommt, tritt die Frage nach der Fehlerursache in den Vordergrund. Radatz (1980a) beschreibt die Analyse von Fehlerursachen als komplexen Prozess:

> Fehlleistungen im Mathematikunterricht bedeuten nicht allein das Fehlen einer richtigen Antwort, sie sind vielmehr das Ergebnis eines sehr komplexen Prozesses. [...] Das Produkt allein (z. B. die Fehlantwort in einem Leistungstest) liefert nicht immer ausreichende Informationen für die Analyse der Ursachen. So können identische Fehlerergebnisse aus sehr divergenten Lösungsprozessen resultieren. (ebd. S. 4)

Wellenreuther (1986) charakterisiert Ursachen im Rahmen der Fehleranalyse in der mathematikdidaktischen Forschung als „vorausgehende, das fragliche Verhalten auslösende, bedingende Faktoren" (S. 21). Folglich sind Fehlerursachen in der Regel auf anderer Ebene zu suchen als die daraus resultierenden Fehler. Ursachen eines Fehlers können auf der Ebene der Unterrichtsgestaltung, des schulischen Umfelds oder der Voraussetzungen und Schwierigkeiten der Lernenden liegen (Hock, 2021; Prediger & Wittmann, 2009; Radatz, 1980a). Zudem kommt hinzu, dass ein und demselben Fehler verschiedene Fehlerursachen zugrunde liegen können und Fehlerursachen in enger Wechselbeziehung stehen und damit nur schwer klar voneinander abzugrenzen sind (Prediger & Wittmann, 2009; Tietze, 1988; Wellenreuther, 1986). Um einen Beitrag zur Aufklärung von Ursachen zu Fehlern leisten zu können, sind komplexe methodologische Überlegungen im Rahmen der Fehleranalyse notwendig, die die beschriebene Komplexität des Ursachengeflechts berücksichtigen (Wellenreuther, 1986). Bezugnehmend auf systematische Fehler, wie sie in Abschnitt 4.2.2 beschrieben wurden, werden als häufige Ursachen stabile fehlerhafte Konzepte oder ein falsches tieferliegendes Verständnis mathematischer Begriffe und Verfahren angeführt (Prediger & Wittmann, 2009; Wittmann, 2007).

Tietze (1988) unterscheidet zur Erklärung von Fehlern und Lernschwierigkeiten zwischen Ursachen primärer Art und sekundärer Art. Unter Ursachen primärer

Art fasst er „[...] die allgemeinen, nicht auf spezifische Inhalte bezogenen Erklärungsaspekte wie Gedächtnisschwächen, Teilleistungsschwächen, entwicklungsbedingte Ursachen, Einstellungen, Ängste, organische Schäden etc." (ebd. S. 99). Bei Ursachen sekundärer Art handelt es sich im Gegensatz dazu um subjektive und inhaltsspezifische Prozesse beim individuellen Lösungsvorgang, die einem Fehler zugrunde liegen. Diese beziehen sich auf die Aufnahme und Verarbeitung von Informationen.

Auch Radatz (1980b) fasst inhaltsunspezifische Ursachenfelder zusammen und begrenzt sich dabei bewusst auf einzelne Aspekte der Informationsaufnahme und -verarbeitung bei der Auseinandersetzung mit mathematischen Aufgabenstellungen. Seinen Überlegungen stellt er jedoch zunächst die Beschreibung zweier Probleme in diesem Zusammenhang voran, die bereits zu Beginn dieses Abschnitts angedeutet wurden. Zum Einen weist Radatz (1980b) darauf hin, dass eine Ursachenklärung auf kognitiver Ebene des Kindes nicht vollständig sein kann, da Schülerfehlern oft auch andere am Mathematikunterricht beteiligte Variablen zugrunde liegen. Außerdem merkt der Autor an, dass oberflächlich identisch aussehende Fehler aus unterschiedlichen Ursachen resultieren können. Trotz der angeführten Einschränkungen unternimmt Radatz (1980b, S. 221) den Versuch, Ursachenfelder bei der Informationsaufnahme und -verarbeitung zusammenzufassen und unterscheidet:

– Fehlerursachen im Sprach- und Textverständnis der Schüler;
– Fehlerursachen in der Analyse von Veranschaulichungen oder Darstellungen im Mathematikcurriculum;
– falsche Assoziationen und Einstellungen während des Informationsverarbeitungsprozesses als Fehlerursachen;
– Fehler aufgrund des Gebundenseins einer Begrifflichkeit an sehr einseitige Repräsentationen und Vorstellungen;
– relevante Bedingungen eines mathematischen Problems werden bewußt [sic] oder unbewußt [sic] berücksichtigt;
– Störungen des Kurzzeitgedächtnisses während des Problemlösungsprozesses;
– nicht ausreichendes Reflektieren der Lösungshypothesen bzw. auch Versuch-Irrtum-Lösungsstrategie;
– Nicht-Abschließen der Informationsverarbeitung bzw. unvollständiges Anwenden einer „Regel".

Vor dem Hintergrund der beiden vorgestellten Ansätze zur allgemeinen Ursachenbeschreibung kann zusammengefasst werden, dass Fehler bezogen auf die

Ebene des Lernenden auf entwicklungsbedingte Abweichungen, individuelle Wissensdefizite und Verständnisschwierigkeiten sowie Fehlvorstellungen hinweisen können.

4.2.4 Verständnis von Fehlern in dieser Arbeit

In der vorliegenden Forschungsarbeit werden Fehler als Abweichung von der mathematischen Norm verstanden. Angelehnt an bestehende Beschreibungen von Fehlern werden auftretende Fehler bei der Lösung von Multiplikationsaufgaben zunächst in zwei Fehlertypen unterschieden: *strategieabhängige* und *strategieunabhängige Fehler*. Zur Veranschaulichung der verwendeten Begrifflichkeiten in dieser Arbeit werden in Tabelle 4.8 beispielhafte Lösungswege herangezogen.

Tabelle 4.8
Unterschiedene Fehlertypen bei Lösungswegen über Rechenstrategien am Aufgabenbeispiel $12 \cdot 25$

Strategieabhängige Fehler	Strategieunabhängige Fehler
$10 \cdot 20 = 200$ $2 \cdot 5 = 10$ $200 + 10 = 210$	$12 \cdot 20 = 280$ $12 \cdot 5 = 60$ $60 + 280 = 340$
In diesem Fall wird von einem *strategieabhängigen Fehler* oder einer *Fehlerstrategie* gesprochen. Der Lösungsweg führt zum falschen Endergebnis, da die Rechenschritte (Anwendung der Strategie) an sich fehlerhaft sind.	In diesem Fall wird von einer *tragfähigen Rechenstrategie* gesprochen. Der Lösungsweg führt durch *strategieunabhängige Fehler* beim Ausführen der Rechenstrategie zum falschen Endergebnis. Der strategieunabhängige Fehler tritt im Beispiel beim Ausrechnen des ersten Teilprodukts auf.

Anmerkung. Die abgebildeten Beispiele stammen aus der vorliegenden Untersuchung.

Vor diesem Hintergrund werden Rechenstrategien, wie sie in Abschnitt 4.1.2 definiert wurden, tiefergehend differenziert in tragfähige Rechenstrategien und Fehlerstrategien. Führen Rechenstrategien durch strategieabhängige Fehler zu einem falschen Ergebnis, wird in dieser Arbeit auch synonym von Fehlerstrategien gesprochen. Rechenstrategien, deren Rechenschritte auf Grundlage der Eigenschaften der Multiplikation basieren, werden als tragfähige Rechenstrategien bezeichnet. Bei den in Abschnitt 4.1.3 beschriebenen Rechenstrategien handelt es sich demnach um tragfähige Rechenstrategien. Strategieunabhängige Fehler können sowohl bei tragfähigen Rechenstrategien als auch bei Fehlerstrategien auftreten.

Innerhalb eines Lösungswegs sind durch die Unterscheidung in strategieabhängige und strategieunabhängige Fehler auch Fehlerkombinationen möglich. Es können ausschließlich strategieabhängige oder strategieunabhängige Fehler auftreten – oder beides und damit eine Kombination aus den vorgestellten Fehlertypen. Ausschließlich über Lösungswege in Form von tragfähigen Rechenstrategien ohne weitere strategieunabhängige Fehler kann das korrekte Endergebnis bestimmt werden. Der vorliegenden Untersuchung wird eine differenzierte Fehlerkategorisierung zugrunde gelegt, für die auch auf die beschriebenen Fehler aus Abschnitt 4.2.2 zurückgegriffen wird. Diese wird in Kapitel 5 ausführlich beschrieben.

Zur Beschreibung der Konsistenz von Fehlern wird sich im Rahmen der vorliegenden Arbeit an der Unterscheidung von typischen und systematischen Fehlern nach Stiewe und Padberg (1986) orientiert (vgl. Abschnitt 4.2.2). Demnach wird von einem *typischen Fehler* gesprochen, wenn dieser über die Lösungswege hinweg häufig (konsistent) vorkommt und daher als typisch für die Multiplikation über 100 bezeichnet wird. Von einem *systematischen Fehler* wird gesprochen, um zu beschreiben, wie konsistent ein Fehler innerhalb der Lösungswege eines Kindes (auf Individualebene) auftritt.

4.3 Empirischer Forschungsstand zu Rechenstrategien und Fehlern bei der Lösung von Multiplikationsaufgaben

In den folgenden Unterkapiteln werden empirische Erkenntnisse zur Verwendung von Rechenstrategien und dem Auftreten von Fehlern bei der Lösung von Multiplikationsaufgaben vorgestellt. Dies geschieht im Hinblick darauf, die bisher normative Betrachtung von Rechenstrategien und Fehlern durch empirische Forschungsergebnisse zu beleuchten.

Dafür werden zunächst empirische Befunde zu Einfluss- und Schwierigkeitsfaktoren in den Blick genommen, die den Strategieeinsatz zur Aufgabenbearbeitung beeinflussen können (Abschnitt 4.3.1). Anschließend demonstriert eine

Auswahl an Studien, inwieweit die normativ beschriebenen Rechenstrategien und Fehler bei der Bearbeitung von Multiplikationsaufgaben des kleinen und großen Einmaleins auftreten (Abschnitt 4.3.2 – 4.3.4). Die dargestellten empirischen Ergebnisse geben einen Überblick über den Inhaltsbereich der vorliegenden Arbeit und zeigen zeitgleich den bestehenden Forschungsbedarf auf.

4.3.1 Einflussfaktoren und Schwierigkeitsmerkmale

„Ob und welche Rechenstrategien zum Einsatz kommen, kann von verschiedenen Faktoren abhängen" (Gasteiger & Paluka-Grahm, 2013, S. 9). Bisher konnten empirisch verschiedene Bereiche ausgemacht werden, welche die Strategiewahl grundlegend beeinflussen. Verschaffel et al. (2009) fasst in diesem Zusammenhang dreierlei Aspekte zusammen:

- *soziomathematische Normen*, wie z. B. bewusst formulierte oder unbewusste Erwartungen im Kontext des Mathematikunterrichts und seitens der Lehrkraft,
- *subjektive Kriterien*, wie beispielsweise das Wählen der am einfachsten empfundenen Strategie oder
- *aufgabenbezogene Kriterien*, bei denen Zahl- und Aufgabeneigenschaften die Grundlage für die Strategiewahl bilden.

In den von Verschaffel et al. (2009) vorgestellten Kriterien lassen sich dreierlei Einflussfaktoren erkennen. Mit anderen Worten können diese auch als Unterricht, Individuum und Aufgabencharakteristik umschrieben werden. Gasteiger (2011) formuliert in diesem Zusammenhang:

> Das Zahlenmaterial in der Aufgabenstellung wird von manchen Kindern berücksichtigt und als Entscheidungsgrundlage für die Wahl der Strategie herangezogen. Ebenso gibt es individuell bedingte Entscheidungskriterien. Dazu gehören z.B. die Sicherheit und Schnelligkeit, mit der eine Aufgabe mit einer bestimmten Strategie gelöst werden kann, aber auch die individuell verfügbaren Basisfakten. Auch soziomathematische Normen oder unterrichtliche Gegebenheiten, wie z.B. die explizite Vermittlung einer Strategie, spielen eine Rolle bei der Strategiewahl (...). (ebd. S. 288 f.)

Diesen Gedanken folgend können sowohl interne (Individuum) als auch externe Faktoren (Aufgabencharakteristik, Unterricht) die Wahl einer Strategie beeinflussen. Auch der Einsatz von Rechenstrategien zur Lösung von Multiplikationsaufgaben befindet sich damit in einem Spannungsfeld der aufgezeigten Faktoren. Vor

diesem Hintergrund werden in den folgenden Ausführungen vorhandene empirische Ergebnisse zu den drei genannten Faktoren im Kontext der Multiplikation
zusammengefasst.

Individuum
Bei der Strategieverwendung beeinflussen allgemeine individuelle Bedürfnisse die
Wahl einer Strategie, wie z. B. die erlebte Zuverlässigkeit einer Strategie oder das
Wählen einer als einfach empfundenen Strategie (Threlfall, 2009). Genauso hat
das Vertrauen in den Erfolg einer Strategie Einfluss auf die Strategieverwendung
(Lemaire & Siegler, 1995).

In ihrer Untersuchung von Rechenwegen bei der Multiplikation gibt Greiler-
Zauchner (2019, S. 327 ff.) Einblicke in Begründungen von Kindern, warum
ein Rechenweg bei Nennung mehrerer Rechenwege der einfachste zur Lösung
einer Multiplikationsaufgabe ist. Darin wird deutlich, dass die Einfachheit eines
Rechenwegs von den befragten Kindern unterschiedlich interpretiert wird. Kinder,
die den Universalrechenweg (Zerlegung in eine Summe) als einfachsten nennen
begründen dies mit Argumenten, die das Vertrauen in den Erfolg hervorheben.
Beispielhafte Begründungen der Kinder sind:

– Man kann rechnen, ohne viel nachzudenken.
– Der Rechenweg ist sehr sicher.

Kinder, die das Nutzen besonderer Aufgabenmerkmale als leichtesten Rechenweg benennen (Ableiten) begründen dies hauptsächlich über die Leichtigkeit
und Kürze des Rechenwegs. Die Argumente können wie folgt zusammengefasst
werden:

– Der Rechenweg ist leicht.
– Der Rechenweg hat wenige Teilschritte.
– Man muss weniger aufschreiben.
– Besonderheiten der Zahlen können genützt werden.

Neben individuellen Bedürfnissen wird die Strategieverwendung auch vom Vorhandensein oder dem Fehlen von Voraussetzungen beeinflusst. „Some possible
strategies for some students are not feasible because of what they know, or more
precisely do not know" (Threlfall, 2009, S. 548). Um Multiplikationsaufgaben
mithilfe von Rechenstrategien erfolgreich lösen zu können sind verschiedene Voraussetzungen nötig, wie beispielsweise das Kennen operativer Zusammenhänge

zwischen mehreren Multiplikationsaufgaben auf Grundlage der Eigenschaften der Operation (vgl. Abschnitt 4.1.3).

Unterricht

Auch dem Unterricht wird eine entscheidende Rolle bei der Strategiewahl zugeschrieben (Sherin & Fuson, 2005). Unabhängig vom Inhalt des Mathematikunterrichts beeinflussen soziomathematische Normen die Strategiewahl. „The basis for choice at this level can also be social. Although often students do just what they are instructed to do, they do sometimes follow recent teaching, or do what is usually expected in the class (…) or fit in with what their peers are doing (…)" (Threlfall, 2009,S. 545).

Aber auch das unterrichtliche Vorgehen selbst stellt einen beeinflussenden Faktor der Strategiewahl dar. So zeigt sich, dass die explizite Behandlung von Rechenstrategien im Gegensatz zu einem Fokus auf das Auswendigbeherrschen der Einmaleinssätze Auswirkungen auf die Strategiewahl haben kann. Untersuchungen belegen, dass das Ausmaß der Behandlung von Rechenstrategien im Unterricht positive Auswirkungen auf den Transfer in den höheren Zahlenraum (Woodward, 2006) und die Vielfalt eingesetzter Rechenstrategien haben kann (Köhler, 2019, S. 319).

Aufgabencharakteristik

An dieser Stelle werden vor dem Hintergrund unterschiedlicher Aufgabenmerkmale Faktoren betrachtet, die die Schwierigkeit von Multiplikationsaufgaben beeinflussen können. Ergebnisse von Studien, die die Abhängigkeit zwischen eingesetzter Rechenstrategie und Aufgabenmerkmalen im Kontext der Multiplikation untersuchen, werden in Abschnitt 4.4.3 als ein Aspekt des adaptiven Rechnens aufgegriffen und dargestellt.

Sherin und Fuson (2005) fassen drei Faktoren zusammen, welche die Schwierigkeit einer Malaufgabe aus dem kleinen Einmaleins betreffen. Folgende Faktoren werden in diesem Kontext aufgeführt:

- *Problem-size effect*: Aufgaben mit kleinen Operanden sind für Kinder leichter zu lösen und werden eher über Faktenwissen gelöst.
- *Ties effect*: Aufgaben mit gleichen Faktoren (Quadrataufgaben wie 6 · 6) fallen Kindern leichter als angesichts des *problem-size effects* zu erwarten wäre und werden auch eher über Faktenwissen gelöst. Damit fallen sie leichter als Aufgaben mit unterschiedlichen Faktoren.

– *5-operand advantage*: Aufgaben mit einer 5 als Faktor fallen den Kindern leichter und werden eher über Faktenwissen gelöst.

Auch Steel und Funnell (2001) berichten von Ergebnissen, die den *problem-size effect* bestätigen. In ihrer Untersuchung mit Zehn- bis Zwölfjährigen stellen sie signifikante Unterschiede zwischen der Bearbeitung von Aufgaben mit *low operands* (1 bis 6) und *high operands* (7 bis 12) fest. Bei Aufgaben mit *high operands* lassen sich signifikant längere Bearbeitungszeiten sowie eine signifikant höhere Fehlerrate als bei *low operands* beobachten.

Ob die im kleinen Einmaleins beobachteten Effekte auf das große Einmaleins übertragen werden können, untersuchen van der Ven et al. (2015) in einer softwaregestützten Analyse zum Kopfrechnen mit ein- und mehrstelligen Faktoren. Dafür stellen sie der analogen Hypothese (die Schwierigkeitsfaktoren im kleinen und großen Einmaleins sind identisch) eine zweite Hypothese gegenüber. Diese umfasst die Annahme, dass mehrstellige Faktoren innerhalb des Lösungsprozesses zerlegt werden und dadurch andere Schwierigkeitsfaktoren entstehen, wie beispielsweise die Anzahl der Teiloperationen und nötigen Teilschritte, das Vorhandensein eines einstelligen Faktors, die Anzahl an Nullen, Einsen und Zweien sowie die Kraft der Zehnerpotenzen (10, 100, 1000...). Bei der durchgeführten Untersuchung handelt es sich um eine äußerst umfangreiche Stichprobe (N = 26.753 Schüler und Schülerinnen aus den Klassen 1 bis 6), deren Bearbeitungszeiten und Ergebnisse zu unterschiedlichen Multiplikationsaufgaben erfasst wurden. Dabei gingen van der Ven et al. (2015) computergestützt vor. Im Mittelpunkt des Computerprogramms *Math Garden* stehen die individuellen Fähigkeiten des Kindes und die Itemschwierigkeiten der einzelnen Aufgaben. Jede einzelne bearbeitete Aufgabe eines Kindes wird verwendet, um die Schätzungen der individuellen Fähigkeit und Itemschwierigkeit mithilfe eines computeradaptiven Algorithmus (auf der Grundlage der Item Response Theory) zu aktualisieren. Diese ständig aktualisierten Schätzungen werden verwendet, um die für jedes Kind geeigneten Aufgaben auszuwählen. Allerdings ist anzumerken, dass es sich bei allen verwendeten Aufgaben mit mehrstelligen Faktoren um eher weniger komplexe große Einmaleinsaufgaben handelt (bei 40 % der Aufgaben ist ein Faktor einstellig und 41 % enthalten eine 10er Potenz als Faktor). Durch die vorgestellte Untersuchung kommen van der Ven et al. (2015) zu dem Schluss, dass die zweite aufgestellte Hypothese die erfassten Daten besser erklärt als die analoge Hypothese (die Schwierigkeitsfaktoren im kleinen und großen Einmaleins sind identisch). Folglich entstehen bei der Lösung mehrstelliger Multiplikationsaufgaben andere Schwierigkeitsfaktoren als bei der Lösung einstelliger Malaufgaben.

4.3.2   Rechenstrategien

In Abschnitt 4.1.2 wurde die uneinheitliche Verwendung des Strategiebegriffs dargestellt. Vor diesem Hintergrund stellt sich mit Blick auf die Betrachtung empirischer Forschungsarbeiten und deren Ergebnisse die Frage, welche Strategien in diesem Zusammenhang unterschieden werden. Wie den Ausführungen in Abschnitt 4.1.2 entnommen werden kann, wird der Strategiebegriff in internationalen Veröffentlichungen in der Regel offener definiert als in deutschsprachigen Arbeiten. Entsprechend dazu werden in den jeweiligen Arbeiten die Kategorisierungen zur Erfassung verschiedener Lösungswege entwickelt. Aus diesem und weiteren Gründen, wie beispielsweise unterschiedliche Altersgruppen der Stichproben, sind die Ergebnisse internationaler und deutschsprachiger Untersuchungen nur schwer miteinander vergleichbar. Im vorliegenden Abschnitt wird sich daher auf die Ergebnisse der empirischen Untersuchungen fokussiert, die das Strategieverständnis der vorliegenden Arbeit teilen.

Kleines Einmaleins

Der Großteil an Studien aus dem englischsprachigen Raum nimmt bei der Kategorisierung der Lösungswege im kleinen Einmaleins eine duale Unterteilung vor. In den meisten Fällen findet eine Unterteilung zwischen *retrieval* (automatisiertes Abrufen des Produkts) und *back up strategies* statt (z. B. Lemaire & Siegler, 1995). Letztere stellen eine sehr umfassende Kategorie dar und beinhalten auch Lösungswege wie die wiederholte Addition oder zählende Vorgehensweisen (z. B. Lemaire & Siegler, 1995; Mulligan & Mitchelmore, 1997).

Die nach dem Verständnis dieser Arbeit als Strategien beschriebenen Lösungswege treten in diesem *retrieval*-fokussierten Forschungsbereich entweder als Teil einer umfassenderen Kategorie auf (*back up strategies*) oder werden in seltenen Fällen vereinzelt betrachtet, wie beispielsweise bei Mulligan und Mitchelmore (1997) als *derived fact*. Verschiedene Studien berichten vor diesem Hintergrund im kleinen Einmaleins von hohen Prozentsätzen an Lösungen in Form eines Faktenabrufs und nur von einem geringem Auftreten von Rechenstrategien (z. B. bei Lemaire & Siegler, 1995; Siegler, 1988).

Im Unterschied zu den Erkenntnissen internationaler Forschungen konnten Gasteiger und Paluka-Grahm (2013) in einer Interviewstudie mit 22 Kindern der dritten Jahrgangsstufe belegen, dass im Lösungsprozess kleiner Einmaleinsaufgaben häufig Rechenstrategien verwendet werden. In der zitierten Studie wurde die Strategieverwendung durch die Analyse von Lösungswegen zu fünf Aufgaben des kleinen Einmaleins operationalisiert. In Anlehnung an die in Abschnitt 4.1.3 dargestellte Kategorisierung von Rechenstrategien im kleinen Einmaleins von

Padberg und Benz (2011) beobachten Gasteiger und Paluka-Grahm (2013) folgende Strategien:

- die wiederholte Addition (14 %),
- Nachbaraufgabe additiv/subtraktiv (41 %),
- Zerlegung Faktor additiv/subtraktiv (8 %),
- das Verdoppeln/Halbieren (15 %) und
- das gegensinnige Verändern (2 %).

Inklusive der wiederholten Addition berichten Gasteiger und Paluka-Grahm (2013), dass 80 % der Einmaleinsaufgaben über Rechenstrategien gelöst wurden. Abzüglich des Anteils der Aufgaben, die über die wiederholte Addition gelöst wurden (14 %), werden nach dem Strategieverständnis dieser Arbeit 66 % der Aufgaben über Rechenstrategien gelöst. Die Autorinnen selbst sprechen unter dem Aspekt der Strategieverwendung bei der wiederholten Addition von einem Grenzfall. Unter dem Kriterium der Nutzung operativer Zusammenhänge grenzen Gasteiger und Paluka-Grahm (2013) die anderen beobachteten Strategien bewusst von der wiederholten Addition ab. Die Nachbaraufgabe ist mit 41 % die am häufigsten verwendete Rechenstrategie. Neben dem Lösen der Einmaleinsaufgaben über Strategien wurden außerdem 20 % der Aufgaben von den befragten Kindern als gewusst angegeben. In diesem Zusammenhang merken Gasteiger und Paluka-Grahm (2013) kritisch an, dass Aussagen der Kinder wie "das habe ich gewusst" nicht mit einem Faktenabruf gleichzusetzen sind. Es kann ebenso der Fall sein, dass Kinder ihren tatsächlichen Rechenweg nicht verbalisieren können oder wollen. Damit weisen die Autorinnen auf methodische Schwierigkeiten hin, den Lösungsprozess über einen Faktenabruf von einem inneren, gedachten Lösungsweg zu trennen.

In einer weiteren Untersuchung zu Lösungsstrategien im kleinen Einmaleins (N = 143 Schüler und Schülerinnen der dritten Jahrgangsstufe) liefert Köhler (2019, S. 306 f.) ähnliche Ergebnisse wie die Autorinnen Gasteiger und Paluka-Grahm (2013). Ihre Analyse von Lösungswegen bei sechs Einmaleinsaufgaben zeigt, dass 69 % der Aufgaben über Rechenstrategien gelöst werden. Auch hier tritt die Nachbaraufgabe als häufigste Strategie auf (bei 42 % aller Aufgaben).

Die Ausführungen zeigen, dass Studien die ein vergleichbares Strategieverständnis wie die vorliegende Arbeit zugrunde legen, eine hohe Strategieverwendung im kleinen Einmaleins dokumentieren konnten.

Großes Einmaleins

Verschiedene Studien berichten bei der Lösung von Multiplikationsaufgaben des großen Einmaleins von einer Dominanz des schriftlichen Rechenverfahrens (Hirsch, 2001; Andreas Schulz, 2015). Es gibt kaum empirische Ergebnisse im Kontext des großen Einmaleins mit denen das Auftreten von Rechenstrategien im großen Einmaleins umfassend beschrieben werden kann.

Im Folgenden werden die Ergebnisse zweier Untersuchungen herangezogen, um einen Einblick in die Verwendung von Strategien bei der Lösung von Multiplikationsaufgaben des großen Einmaleins zu erhalten (Greiler-Zauchner, 2016; Andreas Schulz, 2018). Um die Ergebnisse der Untersuchungen besser einordnen zu können, wird in Tabelle 4.9 zunächst das Untersuchungsdesign beider Studien gegenübergestellt.

Tabelle 4.9 Gegenüberstellung des Untersuchungsdesigns von Schulz (2018) und Greiler-Zauchner (2016) zu Aufgaben aus dem großen Einmaleins

	Schulz (2018)	Greiler-Zauchner (2016)
Stichprobengröße	N = 221	N = 96
Untersuchungszeitpunkt	Ende Jahrgangsstufe 4	Anfang Jahrgangsstufe 3
Erhebungsform	paper and pencil	Interview mit Notizmöglichkeit
Instruktion	Angabe von bis zu drei Lösungswegen zu den Multiplikationsaufgaben	Lösung der Multiplikationsaufgaben
Multiplikationsaufgaben	$9 \cdot 21, 14 \cdot 15$	$5 \cdot 14, 4 \cdot 16, 19 \cdot 6, 12 \cdot 15$
Erfassung	Korrektes Endergebnis, Lösungsweg	Erfassung Endergebnis unklar, Lösungsweg

Einen Unterschied zwischen den beiden betrachteten Untersuchungen stellt der Untersuchungszeitpunkt dar. Anfangs der dritten Jahrgangsstufe ist im Unterschied zum Ende der vierten Jahrgangsstufe das schriftliche Rechenverfahren der Multiplikation noch nicht im Unterricht thematisiert worden. Folglich kann dieses in der Untersuchung von Greiler-Zauchner (2016) nicht zur Lösung herangezogen werden. Während sich die Untersuchung von Andreas Schulz (2018) ausschließlich auf die erhobenen Rechenwege bezieht, in denen ein korrektes Endergebnis angegeben wurde, erfasst Greiler-Zauchner (2016) auch fehlerhafte Strategien. Die nachfolgend berichteten Häufigkeiten aus der Studie von Greiler-Zauchner (2016) spiegeln sich ebenfalls in den Tendenzen ihres breiter angelegten

(N = 126) Dissertationsprojektes (2019) wider, zum Zeitpunkt vor der Umsetzung eines Lernarrangements zum Zahlenrechnen bei der Multiplikation im Unterricht. Trotz der aufgeführten Unterschiede im Untersuchungsdesign lassen sich anhand der Ergebnisse der genannten Studien einige Grundtendenzen ableiten. In beiden Untersuchungen werden Lösungswege über die wiederholte Addition beobachtet. Bei Greiler-Zauchner (2016) kommt diese bei 14 % der Aufgaben zum Einsatz, bei Andreas Schulz (2018) lediglich bei 4 % der Lösungswege. Greiler-Zauchner (2016) unterscheidet außerdem weitere Lösungswege in Verbindung mit der wiederholten Addition, bei denen eine Ankeraufgabe verwendet und anschließend additiv weitergerechnet wird. Zum Beispiel wird bei der Aufgabe $5 \cdot 14$ die Verzehnfachung genutzt und anschließend die 5 viermal zur Verzehnfachung dazu addiert. So wird die Aufgabe über $5 \cdot 14 = 50 + 5 + 5 + 5 + 5$ gelöst.

Werden die Lösungswege bei der Betrachtung der Ergebnisse ausgenommen, die orientiert am Strategieverständnis dieser Arbeit keine Rechenstrategien darstellen (wie bspw. die wiederholte Addition oder das schriftliche Rechenverfahren), werden in beiden Untersuchungen etwas über die Hälfte der Lösungswege im großen Einmaleins über Rechenstrategien gelöst. In beiden Untersuchungen treten Zerlegungsstrategien am häufigsten auf. Neben den bereits in Abschnitt 4.1.3 beschriebenen Rechenstrategien führt Schulz (2018) eine weitere Zerlegungsstrategie (*split and add*) auf. Dabei wird einer der Faktoren des Multiplikationsterms individuell zerlegt, um zwei oder mehrere leichter zu berechnende Aufgaben zu erhalten (z. B. $16 \cdot 13 = 5 \cdot 13 + 5 \cdot 13 + 6 \cdot 13$). Rechenstrategien, die das Ergebnis von einem anderen Multiplikationsterm ableiten, sind nur vereinzelt zu beobachten. Am häufigsten greifen die Kinder bei der Aufgabenlösung im großen Einmaleins bei Andreas Schulz (2018) auf das schriftliche Rechenverfahren zurück.

Auffallend in beiden Studien ist, dass hohe Anteile fehlerhafter Lösungswege dokumentiert wurden oder Aufgaben des großen Einmaleins von den befragten Kindern teilweise gar nicht gelöst werden konnten. Weiterführende Erkenntnisse in diesem Zusammenhang werden in Abschnitt 4.3.3 unter dem Aspekt auftretender Fehler berichtet.

Neben den angeführten Untersuchungen, die die Strategieverwendung bei der Lösung von Aufgaben des großen Einmaleins auf symbolischer Ebene analysieren finden sich auch Forschungsarbeiten, die die Lösung mehrstelliger Multiplikationsaufgaben anhand der in Abschnitt 3.1.3 beschriebenen Rechteckmodelle untersuchen (Barmby et al., 2009; Harries & Barmby, 2007; Young-Loveridge & Mills, 2009). Ausgewählte Ergebnisse dieser Studien werden in Abschnitt 4.3.4 berichtet.

Zusammenfassung

In den vorangegangenen Ausführungen wurde deutlich, dass sich empirische Ergebnisse zum kleinen und großen Einmaleins unterscheiden. Bei der Lösung von Multiplikationsaufgaben des kleinen Einmaleins können am häufigsten Strategien beobachtet werden, bei denen das Ergebnis von einer einfacher zu berechnenden oder bereits bekannten Nachbaraufgabe abgeleitet wird. In diesen Fällen wird die Beziehung zu einer benachbarten Aufgabe für den Lösungsprozess genutzt. Wie Abschnitt 4.1.3 entnommen werden kann, handelt es sich dabei um einen Sonderfall der Zerlegung eines Faktors.

Mit Blick auf die Lösung von Multiplikationsaufgaben des großen Einmaleins zeigt sich, dass die als Hauptstrategien beschriebenen Zerlegungsstrategien eine zentrale Rolle einnehmen. Dabei wird ein Faktor oder beide Faktoren gemäß den Stellenwerten oder individuell zerlegt, um leichter zu berechnende Teilaufgaben zu erhalten. Im Unterschied zum kleinen Einmaleins wird das Ableiten des Ergebnisses von einer benachbarten Aufgabe kaum beobachtet.

Darüber hinaus wurde bei der Lösung von Multiplikationsaufgaben des großen Einmaleins ein vermehrtes Auftreten fehlerhafter Lösungswege dokumentiert. Diese werden im folgenden Abschnitt einer genauen Betrachtung unterzogen.

4.3.3 Fehler

In Verbindung zu Forschungsergebnissen zur Lösung von Multiplikationsaufgaben des großen Einmaleins wurde im vorangegangenen Abschnitt bereits angedeutet, dass fehlerhafte Lösungswege dabei einen hohen Anteil einnehmen. Im Folgenden werden daher bislang vorliegende empirische Befunde zu Fehlern bei der Multiplikation zusammengefasst.

Bei der Lösung von Multiplikationsaufgaben des kleinen Einmaleins fällt der Anteil fehlerhafter Lösungen eher gering aus. In einer Untersuchung zur Lösung kleiner Einmaleinsaufgaben ($N = 144$), unterscheidet Köhler (2019, S. 277) *Rechenfehler* und *Strategiefehler*. Die Unterscheidung ist vergleichbar mit dem Verständnis strategieunabhängiger und strategieabhängiger Fehler in dieser Arbeit (vgl. Abschnitt 4.2.4). Insgesamt wird der Großteil kleiner Einmaleinsaufgaben korrekt gelöst (87 %). Werden fehlerhafte Lösungen beobachtet (12 %), treten Strategiefehler (8 %) doppelt so häufig auf wie Rechenfehler (4 %).

Auch Moser Opitz (2007, S. 198) berichtet, dass die Lösung kleiner Einmaleinsaufgaben in der fünften Jahrgangsstufe kaum Schwierigkeiten bereitet. Im Gegensatz dazu spricht die Autorin bei der Lösung von Multiplikationsaufgaben mit mehrstelligen Faktoren von widersprüchlichen Ergebnissen und berichtet in diesem Zusammenhang von großen Schwierigkeiten.

Schäfer (2005, S. 360 f.) beobachtet innerhalb einer Lernstandsanalyse in der fünften Klasse (N = 688 Schülerinnen und Schüler) verschiedene Fehler bei der Lösung unterschiedlicher Multiplikationsaufgaben. Von den gestellten Multiplikationsaufgaben (E · E, E · Z, E · ZE, E · HE) zeigen sich vor allem Aufgaben des Typs E · ZE und E · HE als besonders fehleranfällig (etwa 50 % dieser Aufgaben werden falsch gelöst). Es zeigen sich hauptsächlich drei Problembereiche (ebd. S. 379 f.):

- *Problematisches oder unsicheres Termverständnis* (30 % aller Fehler): falsche Automatisierungen des kleinen Einmaleins.
- *Fehlerhafte Analogiebildung* (28 % aller Fehler): diese Fehler resultieren daraus, dass aus der Addition und Subtraktion bekannte Konzepte auf die Multiplikation übertragen werden.
- *Problematisches Zahl- und Stellenwertverständnis* (13 % aller Fehler): diese Fehler entstehen, wenn Kinder nicht mit Zahlen, sondern Ziffern rechnen und dadurch Teilprodukte nicht stellengerecht zusammengefasst werden.

Zu Kindern, die bei der Aufgabenlösung fehlerhafte Analogien bilden, merkt Schäfer (2005) zusätzlich an, dass diese nicht in der Lage sind, die entsprechenden Aufgaben in eine andere Darstellung zu übersetzen. Diese Beobachtung deutet Schäfer (2005), gemeinsam mit den auftretenden fehlerhaften Analogiebildungen, als das Fehlen grundlegender Begriffe und Vorstellungen zur Multiplikation bei den betroffenen Kindern. Wie bei Schäfer (2005) bereits angedeutet, verdeutlichen auch die Forschungsergebnisse weiterer Untersuchungen, dass Lösungswege im Kontext der Multiplikation mit größer werdenden Faktoren fehleranfälliger werden.

In einer Untersuchung von Andreas Schulz (2018) kann etwa ein Drittel der befragten 221 Viertklässler und Viertklässlerinnen zu einer Multiplikationsaufgabe des Types E · ZE keinen korrekten Lösungsweg angeben (Tabelle 4.10). Beim Aufgabentyp ZE · ZE verdoppelt sich die Anzahl der Kinder, die keinen korrekten Lösungsweg angeben können nahezu (61 %). Im Rahmen der zitierten Untersuchung von Schulz (2018) werden jedoch keine Ergebnisse dazu berichtet, aus welchen Fehlern die nicht korrekten Lösungswege resultieren.

Tabelle 4.10 Anzahl korrekter Lösungswege in Bezug auf verschiedene Aufgabentypen bei der Multiplikation bei Schulz (2018)

Kinder mit...	E · ZE (9 · 21)		ZE · ZE (14 · 15)	
	absolut	relativ	absolut	relativ
keinem korrekten Lösungsweg	75	34 %	135	61 %
mindestens einem korrekten Lösungsweg	146	66 %	86	39 %
Gesamt	221	100 %	221	100 %

Anmerkung. Lösungswege über das schriftliche Rechenverfahren sind in der Tabelle ausgenommen.

Auch in einer Untersuchung von Greiler-Zauchner (2016) in der dritten Jahrgangsstufe wird eine ähnliche Tendenz ersichtlich. Werden die berichteten Ergebnisse zu den beobachteten Lösungswegen zusammengefasst betrachtet, treten bei Multiplikationsaufgaben des Typs E · ZE in 17 % der Fälle Fehler in Form von fehlerhaften Strategien auf (Tabelle 4.11). Bei der Lösung des Aufgabentyps ZE · ZE verdoppelt sich das Auftreten (40 %). Zusätzlich bleibt dieser Aufgabentyp in einem Viertel der Fälle ungelöst.

Tabelle 4.11 Auftreten fehlerhafter Strategien in Bezug auf verschiedene Aufgabentypen bei Greiler-Zauchner (2016)

Lösungswege in Form von...	E · ZE (5 · 14, 4 · 16, 19 · 6)		ZE · ZE (12 · 15)	
	absolut	relativ	absolut	relativ
fehlerhaften Strategien	50	17 %	38	40 %
ungelösten Aufgaben	21	7 %	24	25 %
anderen Lösungsstrategien	217	76 %	34	35 %
Gesamt	288	100 %	96	100 %

Die beobachteten fehlerhaften Strategien werden von Greiler-Zauchner (2016) in der zitierten Publikation zusammengefasst betrachtet und nicht weiter ausdifferenziert. Im Rahmen ihres Dissertationsprojekts zur Entwicklung und Erprobung eines Lernarrangements zur Multiplikation erläutert die Autorin auftretende fehlerhafte Rechenwege im Zuge der Auswertung und unterscheidet zusammengefasst: Fehler beim Zerlegen in eine Summe oder Differenz, Fehler beim gegensinnigen Verändern und Fehler beim Verdoppeln (Greiler-Zauchner, 2019,

S. 380 f.). Die berichteten Forschungsergebnisse machen ein erhöhtes Fehlerauftreten im Kontext des großen Einmaleins im Vergleich zum kleinen Einmaleins ersichtlich.

Trotz intensiver Recherchen kann bislang von keinen Forschungsergebnissen berichtet werden, die die Konsistenz des Auftretens von Fehlern im großen Einmaleins untersuchen (vgl. Abschnitt 4.2.2). Dokumentierte systematische Fehler liegen bei der Multiplikation bislang nur zu spezifischen Bereichen wie der schriftlichen Multiplikation vor (Stiewe & Padberg, 1986). An Erkenntnissen zu systematischen Fehlern bei der Lösung von Multiplikationsaufgaben über Rechenstrategien fehlt es. Mit Blick auf die berichteten empirischen Befunde zu Schülerfehlern bei der Multiplikation kann festgehalten werden, „(...), dass bislang nur wenige Ergebnisse für die Multiplikation (...)" vorliegen (Padberg & Benz, 2011, S. 199–200).

4.3.4 Strategien und Fehler am Rechteckmodell

Im vorangegangenen Abschnitt wurde deutlich, dass empirische Studien ein erhöhtes Fehlerauftreten bei der Lösung von Multiplikationsaufgaben im Zahlenbereich über 100 dokumentieren. Gleichzeitig wurde dargestellt, dass Forschungsergebnisse dazu, welche Fehler in den symbolischen Lösungswegen auftreten, gering sind. In den nachfolgenden Ausführungen werden zwei Studien herangezogen, welche die in Abschnitt 3.1.3 beschriebenen Rechteckmodelle (hier: Punktefelder) einsetzen, um die Darstellung und Lösung von Multiplikationsaufgaben des großen Einmaleins zu untersuchen. Dies geschieht in Hinblick darauf, insbesondere über fehlerhafte Denkweisen der Kinder im Kontext des großen Einmaleins zusätzliche Erkenntnisse zur Forschungslage auf symbolischer Ebene zu gewinnen.

Barmby et al. (2009)
In ihrer Studie untersuchen Barmby et al. (2009), wie das Punktefeld (*array*) zur Lösung von Multiplikationsaufgaben genutzt wird. Dafür arbeiten sie mit 20 acht- bis neunjährigen Schülern und Schülerinnen (Year 4) und 14 zehn- bis elfjährigen Kindern (Year 6) einer englischen Grundschule. Das Untersuchungsdesign der Studie ist so konzipiert, dass die Kinder in Tandems zur Datenerhebung an einem Laptop arbeiten. Dabei wird das Punktefeld mithilfe einer Software dargestellt. Sowohl die dynamischen Mausbewegungen auf dem Laptopscreen als auch die Dialoge zwischen den Kindern eines Tandems werden zur Auswertung aufgezeichnet. Aufgrund des vorgegebenen Punktefelds (15 Reihen und

20 Spalten) stellt die Multiplikationsaufgabe 15 · 20 die größtmögliche darstell-
bare Aufgabe dar. Den teilnehmenden Schülern und Schülerinnen wurden in
zwei separaten Unterrichtsstunden Aufgabenstellungen präsentiert. Im Folgenden
werden die Ergebnisse aus der zweiten Sitzung vorgestellt, in der den Kindern
ausschließlich Multiplikationsaufgaben des großen Einmaleins gestellt wurden.
    Zur Darstellung der gestellten Malaufgabe wurden die Kinder aufgefordert,
einen vorgegebenen Winkel am Punktefeld zu verschieben. Anschließend sollte
das Ergebnis der Aufgabe (die Anzahl der Punkte) von den Kindern bestimmt
werden (Abbildung 4.3).

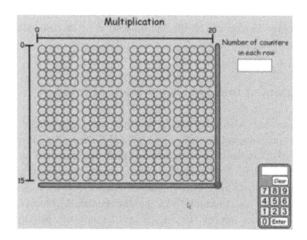

Abbildung 4.3 Screenshot des Punktefelds aus Barmby et al., 2009, S. 12

    Durch die Darstellung mithilfe des Winkels wurde das Vorgehen bei der
Darstellung der Aufgabe eingeschränkt, da dieser eine rechteckige Struktur fest
vorgibt. Schwierigkeiten traten in diesem Zusammenhang bei sechs der zehn Tandems der jüngeren Altersgruppe auf. Bei der älteren Kindergruppe wurde diese
Schwierigkeit nicht beobachtet. Abbildung 4.4 zeigt einen Transkriptausschnitt,
der die Schwierigkeiten der Kinder beim Umgang mit dem Winkel deutlich
macht, insbesondere dann, wenn die Kinder das Ergebnis der Aufgabe bereits
kennen und versuchen, das Ergebnis mit dem Winkel darzustellen.

Pupil 1: To work out 66 ... 11 ... So hang on, 50, 100... On no, we need 50 ... and then, come here ...
50, then we need to get 66.
Pupil 2: Hang on ... right, hang on, hang on, hang on...
Pupil 1: We need to get 66 in there. I don't know how we are going to do it though.
Pupil 2: OK, right, hang on, we need 50, 66...
Pupil 1: We need a 50 block... But we need a 66.
Pupil 2: Right, hang on, hang on, hang on. We've got 25 and 25 is 50. Then we need a 6...
Pupil 1: How are we going to get that?
Pupil 2: We need a 66...
Pupil 1: How?
Pupil 2: I don't know.

Abbildung 4.4 Transkriptausschnitt aus Barmby (2009, S. 18) zur Multiplikationsaufgabe
11 · 6

Das Beispiel verdeutlicht, dass die Kinder Schwierigkeiten haben, die Faktoren des vorgegebenen Terms am Punktefeld zweidimensional in Beziehung zu setzen. „We also observed an interesting lack of understanding about the structure of the array and what it represented, in that quite a number of the Year 4 pupils could not represent a calculation in the two dimensions of the array" (Barmby et al., 2009, S. 19).

Im Gegensatz zu ihren früheren Untersuchungen (Harries & Barmby, 2006, 2007) wird neben Fallbeispielen auch eine Kategorisierung der beobachteten Lösungswege zur Ergebnisbestimmung am Punktefeld vorgestellt. In diesem Zusammenhang unterscheiden Barmby et al. (2009, S. 13 ff.):

– zählende Vorgehensweisen (*counting strategies*),
– zerlegende Vorgehensweisen, bei denen die 25er-Päckchen des Punktefelds genutzt werden (*distributive strategies*),
– Vorgehensweisen, bei denen die dargestellten Punkte mental so umgeordnet werden, dass möglichst vieler 25er- Päckchen zur Anzahlbestimmung entstehen (*rearranging strategies*) und
– Vorgehensweisen, bei denen eine größere Multiplikationsaufgabe genutzt wird und durch Abziehen der überschüssigen Punkte die ursprüngliche Anzahl bestimmt wird (*completing strategies*).

Bei der Betrachtung der vier unterschiedlichen Lösungswege wird deutlich, dass diese nur zum Teil mathematisch-symbolischen Lösungswegen zu Multiplikationsaufgaben entsprechen (vgl. Abschnitt 4.1.3). Die von Barmby et al. (2009) beobachteten *distributive* und *rearranging strategies* nutzen die 25er-Struktur des eingesetzten Rechteckmodells, was darstellungsgebunden nachvollziehbar

ist, in der mathematisch-symbolischen Darstellungsform jedoch keinen geeig-
neten Lösungsweg darstellt. Ausschließlich *completing strategies* spiegeln einen
Lösungsweg wider, der sowohl am Rechteckmodell als auch auf symbolischer
Ebene eine tragfähige Rechenstrategie darstellt.

Young-Loveridge und Mills (2009)

Young-Loveridge (2008) beobachtet bei der Analyse der Daten des neuseeländi-
schen *Numeracy Development Projects 2007*, dass nur ein Drittel der neuseeländi-
schen Achtklässler ein gefestigtes Verständnis zu multiplikativen Strukturen hat.
Darauf Bezug nehmend führen Young-Loveridge und Mills (2009) eine längs-
schnittlich angelegte Untersuchung mit 47 elf- bis dreizehnjährigen Kindern und
sieben Lehrerinnen durch. In diesem Zusammenhang führten die Lehrerinnen mit
ihrer Kindergruppe eine Unterrichtsstunde zum großen Einmaleins mithilfe eines
Punktefelds durch. Dabei handelte es sich bei allen Lehrerinnen um die gleiche,
curriculumsbasierte Unterrichtsstunde (Ministry of education, 2007, S. 67–70),
die videographiert und anschließend von den Forscherinnen analysiert wurde.

In der durchgeführten Unterrichtsstunde wurden von den Lehrerinnen Punktefelder (*dotty arrays*) mit einer Hunderterstruktur verwendet (alle zehn Punkte
wechselt die Farbe als Strukturierungshilfe). Im Folgenden werden unterschiedliche Vorgehensweisen der Kinder zur Lösung zweistelliger Multiplikationsaufgaben am Punktefeld auszugsweise vorgestellt. Im Unterschied zur Untersuchung
von Barmby et al. (2009) waren die Kinder beim Darstellen der Multiplikationsaufgabe am Punktefeld frei.

Abbildung 4.5 zeigt exemplarisch eine erfolgreiche Aufgabenlösung anhand
des Punktefelds zur Aufgabe $23 \cdot 37$. Das Kind umrahmt die darzustellende
Aufgabe und bestimmt anschließend durch Zerlegen des eingezeichneten Rechtecks die Anzahl der Punkte einzelner Teilpakete. Folgende Teilprodukte werden
gekennzeichnet: $20 \cdot 30 = 600$, $3 \cdot 30 = 90$, $7 \cdot 20 = 140$ und $3 \cdot 7 = 21$. Durch
die anschließende Addition der so entstandenen Teilprodukte wird die Gesamtzahl
der umrahmten Punkte und damit das Ergebnis der Aufgabe bestimmt.

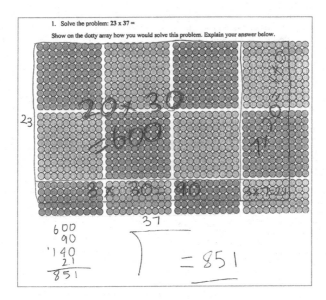

Abbildung 4.5 Exemplarischer Lösungsweg am Punktefeld zur Aufgabe 23 · 37 mit Erläuterungen des Kindes aus Young-Loveridge und Mills (2009, S. 638)

Neben erfolgreichen Aufgabenlösungen wurden in der Studie von Young-Loveridge und Mills (2009) auch fehlerhafte Vorgehensweisen beobachtet. Diese drücken sich durch Schwierigkeiten mit den Stellenwerten (Verwechslung von Zehnern mit Hundertern) und das Vertauschen der Rechenoperation (Addition anstelle der Multiplikation) aus. Abbildung 4.6 zeigt einen beispielhaften Lösungsweg am Punktefeld, bei dem die Zehnerstellen der Faktoren als Hunderter dargestellt werden. Dafür werden für den Faktor 37 drei nebeneinanderliegende Hunderterfelder markiert und sieben einzelne Punkte und darunter für den Faktor 23 entsprechend zwei Hunderterfelder und drei einzelne Punkte. Jeder Faktor wird auf diese Weise separat am Punktefeld dargestellt und dabei nicht multiplikativ in Beziehung gesetzt. Die Faktoren werden addiert und nicht multipliziert. Das auf diese Weise fehlerhaft bestimmte Ergebnis 60 verdeutlicht, dass die Struktur des Punktefelds nicht richtig gedeutet wurde, da Hunderterfelder als Zehner interpretiert wurden.

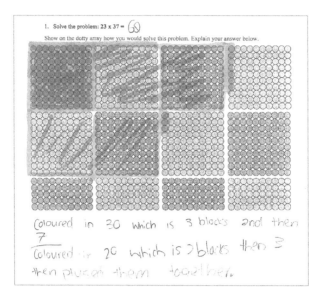

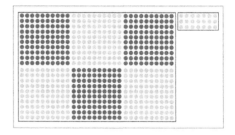

Abbildung 4.6 Fehlerhafter Lösungsweg am Punktefeld zur Aufgabe 23 · 37 mit Erläuterung des Kindes aus Young-Loveridge und Mills (2009, S. 640)

Als weiteres fehlerhaftes Vorgehen am Punktefeld wurde das Einzeichnen zweier rechteckiger Rahmen beobachtet: Ein erster Rahmen für die Multiplikation der Zehnerstellen und ein zweiter Rahmen für die Multiplikation der Einerstellen der Faktoren (Abbildung 4.7).

Abbildung 4.7
Skizzierter fehlerhafter
Lösungsweg am Punktefeld
zur Aufgabe 23 · 37 in
Anlehnung an
Young-Loveridge und Mills
(2009, S. 640)

Dabei werden zunächst sechs Hunderterblöcken umrandet (drei nach rechts und zwei nach unten, zur Darstellung von 30 · 20 = 600) und anschließend ein separater Rahmen um 21 Punkte eingezeichnet (in Form eines Rechtecks mit 3 · 7 Punkten).

Zusammenfassung

Trotz Unterschieden im Einsatz der Rechteckmodelle (in der Strukturierung der eingesetzten Punktefelder und dem Einsatz eines Winkels) können in den Studien von Barmby et al. (2009) und Young-Loveridge und Mills (2009) ähnliche Schwierigkeiten bei den befragten Kindern identifiziert werden, die zu fehlerhaften Denkweisen bei der Darstellung und Lösung der Multiplikationsaufgaben führen.

Aus beiden Studien geht hervor, dass Schwierigkeiten insbesondere dabei auftreten, die Faktoren am Punktefeld multiplikativ in Beziehung zu setzen. Dies drückt sich darin aus, dass es vielen Kindern nicht gelingt, die Multiplikationsaufgaben in Form eines Rechtecks darzustellen. In Verbindung zu der Lösung der Aufgaben zeigt sich zudem die Schwierigkeit, auf die Distributivität als Eigenschaft der Multiplikation zurückzugreifen. In der Untersuchung von Young-Loveridge und Mills (2009) wurden in diesem Zusammenhang verschiedene fehlerhafte Zerlegungen eines Multiplikationsterms beobachtet und beschrieben.

Dennoch kommen Barmby et al. (2009) zu dem Schluss, dass das Punktefeld bei der Multiplikation den Einsatz tragfähiger Strategien fördern kann. Zugleich gilt es zu bedenken, dass es jedoch ebenfalls zu zählenden und stark an die Darstellung gebundenen Vorgehensweisen ermutigen kann. Insbesondere sehen Barmby et al. (2009) im Punktefeld die Möglichkeit, dieses zur Analyse von Verständnislücken einzusetzen, wie beispielsweise beim in Beziehung Setzen der Faktoren in Form eines Rechtecks.

Auch Young-Loveridge und Mills (2009) vertreten die Ansicht, dass Punktefelder Kinder dabei unterstützen können, das Verständnis für die Multiplikation mehrstelliger Faktoren zu verbessern. Als relevanten Aspekt heben sie dabei die beigemessene Bedeutung der Umrandung der Punkte hervor, um den Multiplikationsterm zunächst in seiner Gesamtheit am Punktefeld darstellen.

4.4 Flexibilität und Adaptivität

In den vorangegangenen Ausführungen wurden verschiedene Rechenstrategien beschrieben und Erkenntnisse dazu berichtet, welche Strategien bei der Lösung von Multiplikationsaufgaben auftreten. Im vorliegenden Abschnitt wird abschließend in den Blick genommen, wie flexibel und adaptiv Strategien im Kontext der Multiplikation zur Aufgabenbearbeitung eingesetzt werden.

Den Ausgangspunkt dafür bildet die theoretische Auseinandersetzung damit, was in der mathematikdidaktischen Diskussion unter einem flexiblen und adaptiven Strategieeinsatz verstanden wird (Abschnitt 4.4.1). Auf dieser Grundlage wird das Verständnis von flexiblem und adaptiven Rechnen für den Rahmen der vorliegenden Arbeit festgelegt (Abschnitt 4.4.2). Anschließend wird beleuchtet, welche empirischen Erkenntnisse zum flexiblen und adaptiven Rechnen bezüglich des Inhaltsbereichs der Multiplikation vorliegen (Abschnitt 4.4.3).

4.4.1 Sichtweisen auf das flexible und adaptive Rechnen

Der Einsatz verschiedener Strategien wird in der mathematikdidaktischen Literatur mit den Begriffen Flexibilität und Adaptivität bzw. Adäquatheit beschrieben. In der englischsprachigen Literatur finden sich entsprechend dazu die Begriffe *flexibility* und *adaptivity* wieder. In der mathematikdidaktischen Diskussion zeigt sich dahingehend Einigkeit, dass beide Begriffe, jedoch insbesondere die Adaptivität, aufgrund ihrer Vielschichtigkeit nicht einfach zu beschreiben sind (Star, 2005; Star & Newton, 2009; Verschaffel et al., 2009).

Eine erste Orientierung geben Verschaffel et al. (2009), die anhand einer differenzierten Literaturanalyse beschreiben, wie die Begriffe Flexibilität und Adaptivität in den meisten Fällen genutzt werden. „Surveying the literature, it seems that the term 'flexibility' is primarily used to refer to *switching (smoothly) between different strategies*, whereas the term 'adaptivity' puts more emphasis on *selecting the most appropriate strategy*" (S. 337, Hervorhebung im Original). In ihrer eigenen Definition nehmen sie die zweigeteilte Bedeutung auf und beschreiben mit *flexibility* „the use of multiple strategies" und mit *adaptivity* „appropriate strategy choices" (S. 338).

Nicht alle Autoren und Autorinnen, die beide oder eine der Begrifflichkeiten verwenden, teilen die obenstehende Bedeutung. Dies wird anhand eines Überblicks in den nachfolgenden Ausführungen deutlich gemacht.

Flexibilität
Ähnlich zu Verschaffel et al. (2009) beschreiben auch Heirdsfield und Cooper (2002) Flexibilität als das Nutzen verschiedener Rechenstrategien („a variety of mental strategies", ebd. S. 1) bei der Aufgabenlösung. Auch bei Star, Rittle-Johnson, Lynch und Perova (2009) ist ein vergleichbarer Schwerpunkt zu finden: sie beschreiben die Kenntnis verschiedener Rechenstrategien als Grundlage für Flexibilität.

Ergänzend dazu differenzieren Elia, van den Heuvel-Panhuizen und Kolovou (2009) Flexibilität weiter aus, indem sie beim Wechsel zwischen verschiedenen Strategien zweierlei Muster unterscheiden. Sie differenzieren zwischen „inter-task flexibility (changing strategies across problems) and intra-task flexibility (changing strategies within problems)" (S. 605), um den flexiblen Strategie-einsatz innerhalb einer Aufgabenstellung oder zwischen mehreren Aufgaben zu beschreiben.

In Einklang zu Verschaffel et al. (2009) und Star et al. (2009) bezeichnet Köhler (2019, S. 182) den Strategieeinsatz bezogen auf die Multiplikation dann als flexibel, wenn dieser auf Basis mehrerer alternativer Rechenstrategien erfolgt (Strategierepertoire). Mit Blick auf das Strategierepertoire führt die Autorin an, dass die verfügbaren Rechenstrategien nicht im Vorhinein in Gänze vorliegen müssen, sondern auch im Lösungsprozess selbst entwickelt werden können. Diese Ansicht greift zwei sich unterscheidende Erklärungsmodelle von Flexibilität auf, die in der mathematikdidaktischen Literatur unterschieden und im Folgenden erläutert werden.

Ein Modell zur Erklärung von flexiblem Rechnen ist die Annahme, dass eine Rechenstrategie zur Lösung einer Aufgabe vorab aus mehreren verfügba-ren Rechenstrategien ausgewählt wird (z. B. Blöte, Klein & Beishuizen, 2000; Siegler & Lemaire, 1997). In diesem Zusammenhang wird auch vom Strategie-wahlansatz gesprochen (Schütte, 2004). Im Gegensatz dazu halten es Verschaffel et al. (2009) für unpassend anzunehmen, dass Rechenstrategien „(...) waiting to be selected and applied in a particular situation (...)" (S. 344). Auch Threlfall (2002, 2009) sieht im Strategiewahlansatz ein nur begrenzt gültiges Modell, um Flexibilität umfassend erklären zu können. Eine Schwäche des Modells sieht er vor allem in den Fällen, wenn im Lösungsprozess spezifische Zahleigenschaf-ten genutzt werden und die Strategie demnach nicht vorab ausgewählt worden sein kann. In seinem alternativen Erklärungsmodell beschreibt Threlfall (2002, 2009), dass während des Lösungsprozesses in Abhängigkeit von individuellem Wissen und der Zahlwahrnehmung eine Strategie entsteht oder konstruiert und nicht durch eine bewusste Analyse von Alternativen und einer anschließenden Strategiewahl ausgewählt wird.

In this way, flexible mental calculation can be seen as an individual and personal reac-tion with knowledge, manifested in the subjective sense of what is noticed about the specific problem. As a result of this interaction between noticing and knowledge each solution 'method' is in a sense unique to that case, and is invented in the context of the particular calculation – although clearly influenced by experience. It is not learned as a general approach and then applied to particular cases. The solution path taken may be interpreted later as being the result of a decision or choice, and be called a 'strategy', but the labels are misleading. The 'strategy' (in the holistic sense of the entire solution path) is not decided, it emerges. (Threlfall, 2002, S. 42)

Wie bei Threlfall (2002, 2009) beschrieben liegt ein Lösungsweg damit nicht, wie beim Strategiewahlansatz, im Vorhinein holistisch vor. Angelehnt an das hervorgehobene Entstehen einer Strategie wird im deutschsprachigen Raum auch vom Emergenzansatz gesprochen (z. B. bei Rathgeb-Schnierer, 2010; 2011).

Rathgeb-Schnierer (2006, 2010, 2011) unterscheidet sich mit ihrem Verständnis von Flexibilität von den bisherigen Ausführungen und betrachtet den Wechsel zwischen mehreren Strategien nur als einen Indikator für flexibles Rechnen und unterscheidet nicht zwischen den Begriffen Flexibilität und Adaptivität. Im Rahmen einer Untersuchung arbeitet sie verschiedene Merkmale von flexiblen Rechnern heraus, die unterschiedlich intensiv ausgeprägt sein können. Dabei nimmt sie neben dem Kennen verschiedener Rechenwege auch das Erkennen von Aufgabeneigenschaften und Zahlbeziehungen in den Blick. „Flexibles Rechnen ist dementsprechend kein „Alles-oder-Nichts-Phänomen", sondern ein Entwicklungsprozess, innerhalb dessen verschiedene Flexibilitätsgrade auftauchen können" (Rathgeb-Schnierer, 2010, S. 271). Eine ähnliche Überlegung findet sich bei Star und Newton (2009). Diese betrachten Flexibilität als ein Kontinuum: Als Beginn des Aufbaus von Flexibilität kann das Anwachsen des Strategierepertoires gesehen werden, gefolgt von bestimmten Strategiepräferenzen bei der Aufgabenlösung und abschließend dem adaptiven Gebrauch dieser bevorzugten Strategien.

Adaptivität

Bezüglich der Adaptivität finden sich in der mathematikdidaktischen Literatur unterschiedliche Überlegungen dazu, was unter *„selecting the most appropriate strategy"* (Verschaffel et al., 2009, S. 337) verstanden wird und was folglich für einen Lösungsweg bedeutet, geeignet bzw. *appropriate* zu sein.

Verschaffel et al. (2009) und Rechtsteiner-Merz (2013) tragen vorhandene Überlegungen zu diesem Bereich zusammen und strukturieren diese jeweils nach Kriterien, die zur Bewertung der Adaptivität herangezogen werden. In diesem Zusammenhang unterscheiden Verschaffel et al. (2009, S. 339–343) *adaptivity to task variables, adaptivity to subject variables* und *adaptivity to context variables*. Rechtsteiner-Merz (2013, S. 74) nimmt eine ähnliche Unterteilung vor und unterscheidet die Adäquatheit von *Aufgabencharakteristik und Lösungsweg*, die Adäquatheit von *Lösungsgeschwindigkeit und Akkuratheit* und die Adäquatheit des *Referenzrahmens*.

Die angeführten Kriterien werden in Tabelle 4.12 gegenübergestellt und stark zusammengefasst inhaltlich beschrieben. Es geht deutlich hervor, dass unterschiedliche Auffassungen vorliegen können, was unter einem adaptiven bzw. adäquaten Strategieeinsatz verstanden werden kann.

Tabelle 4.12 Gegenüberstellung der Kriterien zur Bewertung von Adaptivität nach Verschaffel et al. (2009) und Rechtsteiner-Merz (2013)

Verschaffel et al. (2009)	Rechtsteiner-Merz (2013)	Bedeutungsunterschiede
task variables	Aufgabencharakteristik und Lösungsweg	Adäquatheit von Aufgabeneigenschaften und eingesetzter Rechenstrategie
subject variables	Lösungsgeschwindigkeit und Akkuratheit	Adäquatheit von Geschwindigkeit und Akkuratheit der verwendeten Strategie
context variables		Adäquatheit innerhalb des soziokulturellen Kontextes: Es werden Strategien gewählt, die nach subjektiver Einschätzung erwartet werden (z. B. im Unterricht)
	Referenzrahmen (Verfahrens-/ Beziehungsorientierung)	Adäquatheit des Referenzrahmens: adäquates Handeln als Rechnen unter Rückgriff auf Zahl-, Term- und Aufgabenbeziehungen

Den adaptiven Strategieeinsatz allein an den Aufgabeneigenschaften festzumachen sehen verschiedene Autoren und Autorinnen kritisch (Threlfall, 2002; Verschaffel et al., 2009).

As in a number of other decision contexts, it is difficult to determine what the criteria for choice of mental calculation method might actually be. Even though some problems do seem to suit some 'strategies' more than others, 'choice' could not be just about the number characteristics of the problem. The knowledge of the individual must also be very important. (Threlfall, 2002, S. 39)

Die Betrachtungsweise von Adaptivität als Adäquatheit von Aufgabeneigenschaften und eingesetzter Rechenstrategien setzt voraus, dass die Eigenschaften einer Aufgabe manche Lösungswege näher legen als andere. In diesem Zusammenhang muss vorab festgelegt werden, welche Lösungswege sich zur Bearbeitung einer Aufgabe eignen – oder umgekehrt: welche Eigenschaften einer Aufgabe sich für welche Strategien eignen (Threlfall, 2002).

Bezugnehmend auf das Kriterium des Referenzrahmens kann festgestellt werden, dass dieser im Vergleich zu den anderen Kriterien eine zusätzliche Ebene bei der Betrachtung von Adaptivität mit einbezieht. Werden die Aufgabeneigenschaften oder subjektive Variablen in den Blick genommen, so wird die Adäquatheit ausschließlich auf die Ebene des eingesetzten Lösungsweges bezogen. Bei der Berücksichtigung des Referenzrahmens wird das gesamte Lösungsverhalten mit berücksichtigt (Rathgeb-Schnierer, 2010, S. 261). In diesem Zusammenhang wird als adäquates Handeln verstanden, wenn im Lösungsprozess auf Zahl- und Aufgabenbeziehungen zurückgegriffen wird. Wird ein erlernter oder automatisierter Lösungsweg eingesetzt, ist dies nach dieser Definition ein Ausschlusskriterium für adäquates Handeln (Rathgeb-Schnierer & Green, 2013; Rechtsteiner-Merz, 2013, S. 78 f.; Threlfall, 2009, S. 542). Entscheidend ist also, ob beim Lösen der Aufgabe verfahrens- oder beziehungsorientiert vorgegangen wird. Ausgehend vom beschriebenen Verständnis wird bei der Betrachtung des Referenzrahmens „die Verwendung eines bestimmten Lösungswegs für eine bestimmte Aufgabe nicht als Indikator für flexibles Rechnen herangezogen" (Rathgeb-Schnierer, 2010, S. 261). Demnach ist das Kriterium des Referenzrahmens trotz zunächst ähnlich wirkender Kriterien nicht mit dem Kriterium der Adäquatheit von Aufgabeneigenschaften und eingesetzter Rechenstrategie zu verwechseln.

Neben den in Tabelle 4.12 angeführten Aspekten wird auch die Effizienz einer Strategie zur Beschreibung der Adaptivität herangezogen. Unter einem adaptiven Strategieeinsatz verstehen Marschick und Heinze (2011) „die Wahl einer effizienten Rechenstrategie für eine gegebene Rechenaufgabe. (…) *Effizienz* wird dabei aus mathematischer Sicht betrachtet: Eine Strategie gilt als *effizient*, wenn sie aus mathematischer Sicht vorteilhaft ist, d. h. wenige und möglichst einfache Lösungsschritte umfasst" (S. 4, Hervorhebung im Original). Zur Festlegung der Effizienz einer Strategie nehmen sie eine mathematisch normative Perspektive ein. Dabei berücksichtigen Heinze, Marschick und Lipowsky (2009, S. 592) folgende Faktoren: *number of solution steps* und *mental effort* (bei letzterem handelt es sich um den erwarteten mentalen Aufwand bei der Aufgabenlösung bezogen auf die Zielgruppe). Subjektive Kriterien (wie das schnelle und akkurate Anwenden einer Strategie) oder Kontextvariablen werden in der angeführten Definition bewusst nicht berücksichtigt. Des Weiteren sehen Heinze et al. (2009) die Akkuratheit einer Strategie unabhängig von der Adaptivität. Als Beispiel führen sie an, dass eine Strategie adaptiv ausgewählt und durch einen Rechenfehler zu einem falschen Ergebnis führen kann oder umgekehrt eine nicht adaptiv ausgewählte Strategie fehlerfrei und damit akkurat ausgeführt werden kann.

Der Vergleich der hier angeführten Definitionen verdeutlicht, welch unterschiedliche Bedeutungen dafür bestehen, was als adäquat oder *appropriate* angesehen wird. Unter Berücksichtigung der beschriebenen Verständnisse von Flexibilität und Adaptivität schlägt Selter (2009) folgende Definition vor: „Adaptivity is the ability to creatively develop or to flexibly select and use an appropriate solution strategy in a (un)conscious way on a given mathematical item or problem, for a given individual, in a given sociocultural context" (S. 624). Damit fasst er unter Adaptivität sowohl das Entwickeln und Auswählen einer geeigneten Strategie und verbindet die Eignung einer Strategie mit der Aufgabe, dem lösenden Individuum und dem soziokulturellen Kontext. Diese Definition beinhaltet die Gesamtheit der dokumentierten Sichtweisen auf das flexible und adaptive Rechnen.

4.4.2 Verständnis von Flexibilität und Adäquatheit in dieser Arbeit

Die Begriff Flexibilität wird in der vorliegenden Arbeit, orientiert an Köhler (2019, S. 182) im Kontext des kleinen Einmaleins, wie folgt verwendet: Der Strategieeinsatz wird als flexibel bezeichnet, wenn dieser auf Basis eines Strategierepertoires aus verschiedenen Rechenstrategien erfolgt. Dieses Verständnis steht auch in Einklang mit den Überlegungen von Verschaffel et al. (2009). Vor dem Hintergrund der beschriebenen Erklärungsmodelle für flexibles Rechnen müssen die Strategien in diesem Zusammenhang nicht im Strategierepertoire gespeichert vorliegen, sondern können sich auch im Lösungsprozess entwickeln (Threlfall, 2002). Offen bleibt zunächst, aus wie vielen Rechenstrategien ein Strategierepertoire bestehen muss, um von einem flexiblen Strategieeinsatz sprechen zu können.

Die Beschreibung des Strategierepertoires erfolgt in der vorliegenden Arbeit nur teilweise unter Berücksichtigung der Akkuratheit einer Strategie. In diesem Zusammenhang werden die für diese Arbeit unterschiedenen Fehlertypen herangezogen (vgl. Abschnitt 4.2.1). Demnach werden tragfähige Rechenstrategien auch dann zur Beschreibung des Strategierepertoires hinzugezogen, wenn diese durch strategieunabhängige Fehler zu einem falschen Ergebnis führen. Im Unterschied dazu werden Fehlerstrategien nicht als Teil des Strategierepertoires betrachtet, um den flexiblen Strategieeinsatz zu beschreiben.

Von einem adäquaten Strategieeinsatz wird in der vorliegenden Arbeit dann gesprochen, wenn bei der Lösung einer Aufgabe eine geeignete Rechenstrategie in Beziehung zu den Aufgabeneigenschaften eingesetzt wird. Daher werden die Begriffe adäquat und aufgabenadäquat in den folgenden Ausführungen synonym verwendet. Vor diesem Hintergrund erfolgt in Abschnitt 5.2.2 eine Festlegung, welche Rechenstrategien mit Blick auf welche Multiplikationsaufgaben geeignet erscheinen. Leitend bei der Festlegung der Eignung einer Strategie ist ihre Effizienz, das heißt, wenn sie aus mathematischer Sicht vorteilhaft ist und Aufgaben- und Zahlbeziehungen genutzt werden (Marschick & Heinze, 2011). Auf diese Weise können mehrere Rechenstrategien zur Lösung einer Aufgabe geeignet sein. Wie in bereits bestehenden Studien zum kleinen Einmaleins erfolgt die Festlegung der Eignung einer Strategie folglich aus normativer Perspektive (Gasteiger & Paluka-Grahm, 2013; Köhler, 2019).

Entsprechend zur Beschreibung des Strategierepertoires werden auch zur Beschreibung des adäquaten Strategieeinsatzes ausschließlich tragfähige Rechenstrategien herangezogen – unabhängig davon, ob die Strategien durch strategieunabhängige Fehler zu einem falschen Ergebnis führen (Heinze et al., 2009).

Die Aufgabenadäquatheit wird in dieser Arbeit als ein möglicher Aspekt betrachtet, um zu beschreiben, wie adäquat Rechenstrategien bei der Lösung von Multiplikationsaufgaben des großen Einmaleins eingesetzt werden. Subjektive Variablen werden in der vorliegenden Arbeit nicht fokussiert, da das Nutzen von Zahl- und Aufgabenbeziehungen im Fokus steht und nicht die schnellstmögliche und akkurate Lösung einer Aufgabe. Fragen zum zugrundeliegenden Referenzkontext können aufgrund des Untersuchungsdesigns in dieser Arbeit kaum beantwortet werden. Rathgeb-Schnierer (2011) selbst merkt an, dass der Referenzkontext anhand eines Lösungswegs oft nur schwer rekonstruierbar ist und Aussagen darüber, ob erlernte Verfahren oder erkannte Aufgabenmerkmale zur Lösung geführt haben nur schwer möglich sind. Im besten Fall liegt dem Einsatz von Rechenstrategien der Rückgriff auf erkannte Zahl- und Aufgabenbeziehungen zugrunde und nicht ein automatisiertes, erlerntes Verfahren.

Im Sinne des beschriebenen Verständnisses werden der flexible und adäquate Strategieeinsatz separat betrachtet. So kann unterschieden werden, ob Strategien im Kontext der Multiplikation flexibel oder nicht flexibel und aufgabenadäquat oder nicht aufgabenadäquat eingesetzt werden. Auch sind Kombinationen beider Aspekte denkbar.

4.4.3 Empirische Erkenntnisse zum flexiblen und adaptiven Rechnen

Wird flexibles Rechnen nach Verschaffel et al. (2009, S. 338) als „the use of multiple strategies" definiert, bestehen im Kontext der Multiplikation verschiedene Forschungsergebnisse, die von der Anzahl verfügbarer Rechenstrategien berichten. Köhler (2019, S. 318 f.) liefert in ihrem Dissertationsprojekt zu mathematischen Herangehensweisen im kleinen Einmaleins detaillierte Erkenntnisse zum flexiblen Strategieeinsatz der befragten Kinder (N = 144 Drittklässler und Drittklässlerinnen). Die Autorin unterscheidet in ihrer Untersuchung zwei Flexibilitätsgrade bei der Bearbeitung von sechs Einmaleinsaufgaben: einmal den Einsatz von zwei verschiedenen Strategien sowie den Einsatz von drei oder mehr Rechenstrategien. Nach dieser Kategorisierung sind 71 % der Kinder in der Lage, zwischen zwei verschiedenen Strategien zu wechseln. Der flexible Einsatz von drei oder mehr Strategien gelingt 24 % der teilnehmenden Kinder bei der Lösung von Aufgaben des kleinen Einmaleins. Des Weiteren macht Köhler (2019) Beobachtungen zu individuellen Strategiepräferenzen. Von einer individuellen Strategiepräferenz wird im Rahmen der Untersuchung dann ausgegangen, wenn drei von sechs Einmaleinsaufgaben über dieselbe Rechenstrategie gelöst werden. Dies trifft auf über die Hälfte der befragten Kinder zu (59 %).

Im Unterschied dazu berichten Gasteiger und Paluka-Grahm (2013) im Rahmen ihrer Untersuchung zur Strategieverwendung im kleinen Einmaleins mit 22 Drittklässlern und Drittklässlerinnen, dass sich bei der Lösung von Multiplikationsaufgaben des kleinen Einmaleins kaum Strategiepräferenzen auf individueller Ebene abzeichnen – in dem Sinne, dass zur Lösung aller Aufgaben eine Rechenstrategie herangezogen wird.

Zum flexiblen Umgang mit Rechenstrategien im großen Einmaleins liegen bisher kaum Erkenntnisse vor. Vorhandene Untersuchungen weisen im Vergleich zum kleinen Einmaleins eher gegensätzliche Ergebnisse auf. Andreas Schulz (2015) erfasst in seiner Studie zu Lösungswegen im großen Einmaleins den Einsatz verschiedener Strategien beim Lösen einer Aufgabe und berichtet Ergebnisse dazu, ob bis zu drei verschiedene Rechenstrategien (inklusive Kopfrechnen) zur Lösung derselben Multiplikationsaufgabe angegeben werden können. Das beschriebene Vorgehen unterscheidet sich damit von den vorgestellten Untersuchungen im kleinen Einmaleins, in denen der Einsatz verschiedener Strategien über mehrere Aufgaben hinweg untersucht wurde. Der erfolgreiche Einsatz (hier: in Zusammenhang mit der Angabe eines korrekten Ergebnisses) von mindestens zwei Rechenstrategien gelingt beim Aufgabentyp E · ZE nur 33 der 221

Viertklässler und Viertklässlerinnen (ca. 15 %) und beim Aufgabentyp ZE · ZE
lediglich 24 Kindern (ca. 11 %). Im Vergleich zur beobachteten Strategievielfalt
im kleinen Einmaleins fällt diese im großen Einmaleins damit deutlich geringer aus. Mendes, Brocardo und Oliveira (2012) stellen darüber hinaus fest, dass
einige Kinder Präferenzen für bestimmte Strategien haben und immer dieselbe
Rechenstrategie zur Aufgabenlösung heranziehen, auch wenn es für die Aufgaben
geeignetere Lösungswege gäbe.

Inwiefern ein Strategieeinsatz als adaptiv bewertet wird, hängt davon
ab, welche Kriterien in diesem Zusammenhang herangezogen werden (vgl.
Abschnitt 4.4.1). Die Vorstellung der Forschungsergebnisse zum adaptiven Rechnen erfolgt angelehnt an die unterschiedlichen Kriterien zur Bewertung der
Adaptivität nach Rechtsteiner-Merz (2013). Nicht zu allen angeführten Aspekten
sind detaillierte Forschungsergebnisse im Kontext der Multiplikation vorhanden.

Adäquatheit von Aufgabenstellung und Rechenstrategie
Als eine von wenigen Studien zum aufgabenadäquaten Einsatz von Rechenstrategien liefern Gasteiger und Paluka-Grahm (2013) im Kontext des kleinen
Einmaleins erste Erkenntnisse. Die Autorinnen berichten, dass zur Lösung von
Multiplikationsaufgaben des kleinen Einmaleins aufgabenadäquate Strategien eingesetzt werden. Dafür wurde die Adäquatheit einer Strategie von den Autorinnen
auf Grundlage normativer Überlegungen festgelegt.

Ein vergleichbares Vorgehen zur Untersuchung der Adaptivität wählt Köhler (2019), jedoch führt sie die Beobachtungen schließlich noch weiter aus. In
ihrer Untersuchung zum kleinen Einmaleins werden 69 % der Einmaleinsaufgaben über aufgabenadäquate Strategien gelöst (ebd., S. 332). An dieses Ergebnis
anknüpfend führt sie Überlegungen dazu an, wann im Zusammenhang mit Blick
auf das Individuum von einer adaptiven Strategiewahl gesprochen werden kann.
Im Rahmen ihrer Arbeit legt Köhler (2019, S. 333 f.) fest, dass erst dann von
einer adaptiven Strategiewahl ausgegangen wird, wenn alle Aufgaben (in diesem Fall sechs) über eine aufgabenadäquate Strategie gelöst werden und dies auf
Basis eines Strategierepertoires von mindestens zwei Strategien erfolgt. Nach dieser Festlegung wurde im kleinen Einmaleins bei 29 % der befragten Kinder eine
adaptive Strategiewahl identifiziert.

Vor dem Hintergrund der berichteten Forschungsergebnisse zur Untersuchung
der Adäquatheit von Aufgabenstellung und Rechenstrategie im Kontext der Multiplikation kann insbesondere mit Blick auf das große Einmaleins zusammengefasst
werden: „Here, the existing literature is somewhat sparse; there have not been
systematic attempts to map, in detail, how children's strategy use varies across
all multiplicand values" (Sherin & Fuson, 2005, S. 380).

Adäquatheit von Lösungskorrektheit und Lösungsgeschwindigkeit
Rücken individuelle Kriterien in den Vordergrund der Bewertung von Adaptivität, werden diejenigen Rechenstrategien als adäquat angesehen, die das Subjekt am schnellsten zur korrekten Lösung führen. Wird davon ausgegangen, dass adaptive Rechner und Rechnerinnen die schnellste Strategie zur Bestimmung des korrekten Ergebnisses einsetzen, braucht es eine unvoreingenommene Einschätzung zur Performance einzelner Strategien (Geschwindigkeit und Akkuratheit). Diese kann dann als Kriterium für den Vergleich mit der tatsächlichen Strategieentscheidung herangezogen werden, um Adaptivität zu bewerten.

Um die Adäquatheit einer eingesetzten Strategie unter den beschriebenen Voraussetzungen zu bewerten, entwickelten Siegler und Lemaire (1997) die *choice/ no-choice method*. Bei dieser Methode werden Personen unter zwei Bedingungen getestet. In der *choice condition* soll aus einem gegebenen Repertoire an Rechenstrategien eine Strategie für den Lösungsprozess der Aufgabe frei ausgewählt werden. Dies wird für mehrere Aufgaben wiederholt. Anschließend werden dieselben Aufgaben in der *no-choice condition* bearbeitet. Dabei wird die Strategie zur Aufgabenbearbeitung vorgegeben. Anschließend kann die Performance beim Einsatz der Strategien unter beiden Bedingungen verglichen werden, um Aussagen über die Adäquatheit der eingesetzten Strategien treffen zu können.

Threlfall (2009, S. 550) kritisiert an der *choice/no-choice method* die Künstlichkeit und klinischen Bedingungen der Situation. Als problematisch gewertet werden kann ebenso, dass die Beschränkung auf einzelne zugelassene Strategien innerhalb der Methode die Validität der Messung bezüglich der Strategieoptionen reduzieren kann.

Taking into account the rich diversity of strategies that people (can) use to solve cognitive tasks (Siegler, 1996) on one hand and the practical limitations of most studies on the other hand, most researchers will have to restrict the number of strategies available in the choice condition so as to replace the free-choice condition by a restricted-choice condition (e.g., Luwel, Verschaffel, Onghena, & De Corte, 2003; Siegler & Lemaire, 1997). Consequently, most studies will not be able to characterize completely the dynamics of human strategy choices in such a restricted-choice condition. (Torbeyns, Verschaffel & Ghesquiere, 2005, S. 16)

Im Bereich der Multiplikation sind kaum Studien vorhanden, die die Adäquatheit des Einsatzes von Rechenstrategien untersuchen und in diesem Zusammenhang die Lösungskorrektheit und die Lösungsgeschwindigkeit analysieren. Vorhandene Untersuchungen (z. B. von Imbo & Vandierendonck, 2007; Siegler & Lemaire,

1997) fokussieren die Analyse des adaptiven Strategieeinsatzes junger Erwach-
sener und werden aufgrund fehlender Relevanz für die vorliegende Arbeit keiner
näheren Betrachtung unterzogen.

Ein gänzlich anderes Bild mit Blick auf den Einsatz der *choice/no-choice
method* zeigt sich im Inhaltsbereich der Addition und Subtraktion, in dem der
Großteil existierender Untersuchungen zur Adäquatheit auf Grundlage individueller Kriterien angesiedelt ist. In diesem Zusammenhang sei auf Luwel, Onghena, Torbeyns, Schillemans und Verschaffel (2009) verwiesen, die vorhandene
empirische Studien mit der vorgestellten *choice/no-choice method* schematisch
zusammenfassen und gegenüberstellen.

Adäquatheit des Referenzrahmens
Die bisherigen Ausführungen zur Adaptivität zeigen, dass zur Adäquatheit
von Aufgabenstellung und Rechenstrategie, genauso wie zur Adäquatheit von
Lösungsgeschwindigkeit und Akkuratheit nur vereinzelte Studien im Bereich der
Multiplikation vorliegen.

Zum Zeitpunkt der Zusammenschau der Forschungsergebnisse im Rahmen
der vorliegenden Arbeit lassen sich keine Studien finden, die den Referenzrahmen zur Bewertung von Adäquatheit im Kontext der Multiplikation heranziehen.
Ein möglicher Grund dafür könnte sein, dass die theoretisch unterschiedenen
Referenzrahmen (Rathgeb-Schnierer & Rechtsteiner, 2018) – das Stützen auf *Verfahren (Verfahrensorientierung)* und das Stützen auf *Merkmale und Beziehungen
von Zahlen und Aufgaben (Beziehungsorientierung)* – in verbalen und symbolischen Beschreibungen des Lösungsprozesses nur schwer zu beobachten sind. „Ob
Kinder beim Lösen von Aufgaben verfahrens- oder beziehungsorientiert vorgehen, ist nicht immer einfach herauszufinden." (Rathgeb-Schnierer & Rechtsteiner,
2018, S. 47)

Die Ausführungen dieses Abschnitts zeigen, dass zu den theoretisch unterschiedenen Kriterien zur Bewertung der Adaptivität nur wenige Forschungsergebnisse im Bereich der Multiplikation vorliegen. Ähnlich verhält es sich mit Blick
auf vorhandene Forschungsergebnisse zum flexiblen Strategieeinsatz und insbesondere bezüglich der Multiplikation im großen Einmaleins. Bisherige Untersuchungen, die Rechenstrategien bei der Lösung von Multiplikationsaufgaben des
großen Einmaleins erfassen legen andere Schwerpunkte (vgl. Abschnitt 4.3).

4.5 Zusammenfassung

Im dritten Kapitel des Theorieteils stand die Beschreibung der Lösung von Multiplikationsaufgaben im Mittelpunkt. Nach einem Überblick über mögliche Lösungsstrategien bei der Aufgabenbearbeitung wurden Rechenstrategien als eine besondere Lösungsstrategie herausgearbeitet. In diesem Zusammenhang wurden unterschiedliche Bedeutungen des Strategiebegriffs diskutiert und bestehende Klassifikationen von Rechenstrategien im Kontext der Multiplikation beschrieben. Abschnitt 4.1.2 kann entnommen werden, dass sich der Strategiebegriff im englischsprachigen Raum stark von der Verwendung im deutschsprachigen Raum unterscheidet. Dies führt innerhalb des Inhaltsbereichs dazu, dass empirische Erkenntnisse aus dem internationalen und nationalen Raum nur schwer miteinander vergleichbar sind. Aus diesem Grund wurden hauptsächlich deutschsprachige Untersuchungen zum Gewinnen empirischer Einblicke herangezogen (Abschnitt 4.3). Außerdem teilen diese Untersuchungen ein vergleichbares Strategieverständnis wie die vorliegende Arbeit und sind daher geeigneter, um die empirischen Ergebnisse der vorliegenden Untersuchung einordnen zu können. Neben Rechenstrategien wurden in den Ausführungen des dritten Kapitels auch Fehler bei der Lösung von Multiplikationsaufgaben fokussiert (Abschnitt 4.2). Auf Grundlage bestehender Fehlerklassifikationen zum Inhalt der Multiplikation wurden für die vorliegende Arbeit zwei Fehlertypen unterschieden: strategieabhängige und strategieunabhängige Fehler (Abschnitt 4.2.4).

Aus der Analyse bestehender Forschungsergebnisse zur Strategieverwendung und Fehlern bei der Multiplikation lassen sich zentrale Konsequenzen für die vorliegende Arbeit ableiten, die den weiteren Forschungsbedarf verdeutlichen. Kommen bei der Lösung von Aufgaben des großen Einmaleins Rechenstrategien zum Einsatz, spielen insbesondere die in der Fachliteratur als Hauptstrategien beschriebenen Zerlegungsstrategien eine Rolle. Allerdings kann ein großer Teil der empirisch beobachteten Lösungswege nicht anhand der in Abschnitt 4.1.3 vorgestellten Klassifikation von Rechenstrategien beschrieben werden. Grund dafür ist das hohe Fehlerauftreten im großen Einmaleins. Die Sichtung vorhandener Forschungsergebnisse zeigt, dass sich mit der Größe der Faktoren das Fehlerauftreten bei der Lösung von Multiplikationsaufgaben erhöht (vgl. Abschnitt 4.3.3). In diesem Zusammenhang machen die Ergebnisse zur Lösung von Multiplikationsaufgaben anhand von Rechteckmodellen deutlich, dass insbesondere dabei Schwierigkeiten bestehen, die multiplikative Beziehung zwischen den Faktoren eines Multiplikationsterms zu erkennen und zu deuten (vgl. Abschnitt 4.3.4). Zu den fehlerhaften Lösungswegen im großen Einmaleins liegen zum aktuellen Zeitpunkt nur vereinzelte Erkenntnisse vor. Vor dem theoretischen Hintergrund in Abschnitt 4.2 stellt sich die Frage, auf welche spezifischen Fehler die fehlerhaften Lösungswege rückführbar sind und wie konsistent die beobachteten Fehler in den Lösungswegen auftreten. Auf diese Weise können Erkenntnisse dazu gewonnen werden, woran Rechenwege zur Lösung von Multiplikationsaufgaben über 100 scheitern.

In Abschnitt 4.4 stand der flexible und adaptive Strategieeinsatz im Fokus. Neben theoretischen Sichtweisen auf die Konstrukte Flexibilität und Adaptivität wurden empirische Erkenntnisse aus dem Bereich der Multiplikation zusammengetragen. Die Ausführungen in Abschnitt 4.4.3 machen deutlich, dass nur wenige Erkenntnisse dazu vorliegen wie flexibel Strategien, insbesondere im großen Einmaleins, eingesetzt werden. Noch weniger ist über die Adaptivität des Strategieeinsatzes im Kontext der Multiplikation bekannt. Vorhandene empirische Ergebnisse verdeutlichen, dass Kinder nur selten über mehrere Rechenstrategien zur Lösung einer Multiplikationsaufgabe des großen Einmaleins verfügen. Vergleichbare Ergebnisse zu Untersuchungen im kleinen Einmaleins, die den flexiblen Strategieeinsatz über mehrere Aufgaben hinweg analysieren und in diesem Zusammenhang auch den aufgabenadäquaten Einsatz von Strategien betrachten, liegen zum aktuellen Zeitpunkt nicht vor. Im kleinen Einmaleins wurde ein weitestgehend flexibler und aufgabenadäquater Strategieeinsatz dokumentiert.

Die vorliegende Arbeit knüpft an den aufgezeigten Forschungsbedarf an mit dem Ziel, weiterführende Erkenntnisse und Perspektiven für das Forschungsfeld zu gewinnen. Die aufgestellten Forschungsfragen und die Konzeption der Untersuchung werden im folgenden Kapitel vorgestellt.

Forschungsfragen und Untersuchungsdesign

5

Ziel dieser Arbeit ist die differenzierte Beschreibung der Strategieverwendung bei der Lösung von Multiplikationsaufgaben mit zweistelligen Faktoren am Ende der Grundschulzeit. Der Schwerpunkt liegt dabei auf der Beschreibung eingesetzter Rechenstrategien und auftretender Fehler bei der Aufgabenbearbeitung. Ausgehend von der Auseinandersetzung mit bestehenden theoretischen und empirischen Erkenntnissen werden in diesem Kapitel Forschungsfragen für die vorliegende empirische Arbeit konkretisiert (Abschnitt 5.1). Anschließend wird das Design der Untersuchung vorgestellt, wobei auch auf die Besonderheit der Rahmenbedingungen der Untersuchung eingegangen wird (Abschnitt 5.2). Das Kapitel schließt mit der Darstellung der gewählten Auswertungsmethoden und Überlegungen zu den Gütekriterien in Bezug auf die vorliegende Forschungsarbeit (Abschnitt 5.3).

5.1 Forschungsfragen

Die vorliegende Untersuchung konzentriert sich auf die Analyse des Einsatzes von Rechenstrategien anhand von Rechenwegen, die im Theorieteil als eine Lösungsstrategie zur Bearbeitung von Multiplikationsaufgaben herausgearbeitet wurden. Zusätzlich sollen in dieser Arbeit auch auftretende Fehler innerhalb der Rechenwege berücksichtigt werden. Wie die Ausführungen in Abschnitt 4.3 verdeutlichen, fehlt es im Kontext des großen Einmaleins an empirischen Erkenntnissen, um das Auftreten von Rechenstrategien und insbesondere das Auftreten von Fehlern bei der Multiplikation zweistelliger Faktoren differenziert beschreiben zu können.

Zunächst wird der Frage nachgegangen, wie große Datenmengen (hier: erhobene Rechenwege) im Hinblick auf das Auftreten von Rechenstrategien und

Fehlern bei der Multiplikation zweistelliger Zahlen analysiert werden können.
Es wurde folgende Fragestellung formuliert:

FF1   *Wie können Rechenstrategien und Fehler bei der Lösung von Multiplika-*
tionsaufgaben des großen Einmaleins systematisch beschrieben werden,
sodass sie für weiterführende Analysen herangezogen werden können?

In diesem Zusammenhang wird auf Basis der Literatur eine erste Differenzierung
vorgenommen. Im Laufe der Rechenweganalysen werden dann anhand des Datenmaterials induktiv weitere Kategorien generiert, um eine detaillierte Beschreibung
auftretender Rechenstrategien und Fehler zu ermöglichen.

Auf Grundlage der systematischen Beschreibung der Rechenwege der befragten Kinder schließt sich folgende Fragestellung an:

FF2   *Wie häufig treten die kategorisierten Rechenstrategien und Fehler bei der*
Lösung von Multiplikationsaufgaben des großen Einmaleins auf?

Mit dem Ziel, das Auftreten von Rechenstrategien und Fehlern bei der Lösung
zweistelliger Multiplikationsaufgaben auf empirischer Basis umfassend abzubilden soll unter dieser Fragestellung auch untersucht werden, wie sich der Strategieeinsatz und das Fehlerauftreten auf Ebene der befragten Kinder gestaltet und
inwieweit sich das Auftreten bezogen auf die gestellten Multiplikationsaufgaben
unterscheidet.

Vor dem Hintergrund der Ausführungen zum flexiblen und adaptiven Strategieeinsatz und dem dargestellten Forschungsbedarf mit Blick auf das große
Einmaleins (vgl. Abschnitt 4.4.3), schließt sich eine weitere Fragestellung an:

FF3   *Wie gestaltet sich das Strategierepertoire der Kinder bei der Lösung von*
Multiplikationsaufgaben des großen Einmaleins?

Mit Blick auf diese Fragestellung wurden für die vorliegende Untersuchung zwei
Folgefragen formuliert:

FF3a   Inwiefern werden von den Kindern verschiedene Strategien zur
Aufgabenlösung verwendet?

FF3b   Wie flexibel und adäquat werden Rechenstrategien zur Lösung von
Multiplikationsaufgaben des großen Einmaleins von den Kindern
eingesetzt?

Wie in Abschnitt 4.3.3 ausgeführt liefern einzelne Forschungsergebnisse Indizien für ein erhöhtes Fehlerauftreten bei der Lösung von Multiplikationsaufgaben über 100. Bislang sind die Erkenntnisse zum Fehlerauftreten auf empirischer Basis jedoch begrenzt. Um die bestehenden Unschärfen zu klären, soll in der vorliegenden Arbeit neben der inhaltlichen Beschreibung auftretender Fehler im großen Einmaleins auch die Konsistenz auftretender Fehler analysiert werden. Wissen über konsistent auftretende Fehler beim Einsatz von Rechenstrategien im großen Einmaleins kann dabei helfen, zukünftig diagnose- und förderbezogene Maßnahmen abzuleiten. Es wird folgende Frage für die vorliegende Arbeit formuliert:

FF4   *Welche typischen und systematischen Fehler können in Bezug auf die Multiplikation zweistelliger Zahlen identifiziert werden?*

Neben der Lösung von Multiplikationsaufgaben wurde in Kapitel 2 die Bedeutung bildlicher Darstellungen und die Vernetzung verschiedener Darstellungen (Darstellungswechsel) für das Ausbilden tragfähiger Operationsvorstellungen ausgeführt. In der vorliegenden Arbeit werden daher neben der Untersuchung der symbolischen Lösungswege auch ausgewählte bildliche Darstellungen zur Multiplikation zweistelliger Faktoren betrachtet.

Als Ergänzung zur Untersuchung der mathematisch-symbolischen Lösungswege im großen Einmaleins sollen auf diese Weise Einblicke in die Tragfähigkeit der Vorstellungen zur Multiplikation über 100 gegeben werden. Aus Abschnitt 3.2.2 des Theorieteils geht mit Blick auf das große Einmaleins hervor, dass bezogen auf den deutschsprachigen Raum kaum empirische Erkenntnisse dazu vorliegen, inwieweit ikonische Modelle zur Darstellung der Multiplikation und der Distributivität erkannt werden. Ausgehend davon wird für die vorliegende Arbeit die Fragestellung abgeleitet:

FF5   *Wie werden ikonische Modelle zur Multiplikation und der Distributivität im großen Einmaleins erkannt?*

Darauf aufbauend werden die Ergebnisse zum Erkennen der ikonischen Modelle und die Ergebnisse der Analyse der symbolischen Rechenwege gegenübergestellt, um mögliche Zusammenhänge zwischen den Bearbeitungen herstellen und beschreiben zu können:

FF6   *Inwiefern können Zusammenhänge zwischen dem Erkennen ikonischer*
          Modelle und dem symbolischen Lösungsweg zur Beispielaufgabe 13 · 16
          hergestellt werden?

Die Untersuchung des Erkennens der ikonischen Modelle stellt dabei nicht den
Schwerpunkt der vorliegenden Studie dar, sondern soll ergänzende Einblicke zur
Analyse der Lösungswege im Kontext des großen Einmaleins ermöglichen. Die
Ergebnisse dienen als Hintergrund dazu, wie es um die Vorstellungen der Kinder
in diesem Kontext bestellt ist.

5.2   Untersuchungsdesign

Die durchgeführte Untersuchung fand im Rahmen des Projektes „Individuelle
Lernstandsanalysen plus" (ILeA plus, Teil III – Mathematik) statt. Die Einbettung in das Projekt und die Rahmenbedingungen werden in Abschnitt 5.2.1
dargestellt. Die Erhebungsinstrumente, welche für den empirischen Teil der vorliegenden Arbeit genutzt werden, werden in Abschnitt 5.2.2 vorgestellt. Die der
Untersuchung zugrundeliegende Stichprobe wird in Abschnitt 5.2.3 beschrieben.

5.2.1   Rahmenbedingungen

Die vorliegende Untersuchung ist in das Projekt „Individuelle Lernstandsanalysen plus, Teil III – Mathematik" (im Folgenden: ILeA plus) eingebettet.
ILeA plus entstand im Auftrag durch das Landesinstitut für Schule und Medien
Berlin-Brandenburg (im Folgenden: LISUM) und in Zusammenarbeit mit der
Pädagogischen Hochschule Karlsruhe und der Universität Bielefeld. Finanziert
wurde ILeA plus durch den Auftraggeber. Dabei handelt es sich um ein soft-
waregestütztes Instrument, welches die individuellen Lernstände der Schüler
und Schülerinnen im Fach Mathematik analysiert und auf Grundlage dessen
entsprechende Förderempfehlungen anbietet.
    Ziel des Projektes war die Entwicklung eines digitalen Diagnoseinstruments
zur Erhebung der Lernausgangslage in Verbindung mit dem aktuell gültigen Rahmenlehrplan Berlin-Brandenburgs, um die Lehrpersonen bei der Einschätzung der
Kompetenzen ihrer Lerngruppe und in ihrem professionellen Handeln zu unterstützen. Um die Lernausgangslage der Schüler und Schülerinnen zu erheben und

auf Grundlage dessen ein erfolgreiches Weiterlernen zu ermöglichen ist ILeA plus jeweils zu Schuljahresbeginn in den Klassenstufen 1, 3, und 5 verpflichtend durchzuführen. Seit dem Schuljahr 2019/2020 wird ILeA Plus in Brandenburg und seit dem Schuljahr 2020/2021 auch in Berlin in den Schulen eingesetzt.

Das Diagnoseinstrument ILeA plus im Bereich Mathematik entstand in einem mehrschrittigen Prozess der Aufgaben- sowie Auswertungsentwicklung, Erprobung und Normierung. In diesem Zusammenhang wurden Diagnoseinstrumente zu den mathematischen Inhaltsbereichen *Zahlen und Operationen* und *Raum und Form* des Rahmenlehrplans für die Jahrgangsstufen 1, 3, 5 und 7 entwickelt (Landesinstitut für Schule und Medien Berlin-Brandenburg, 2015). Im Mathematikbereich des Projektes stand bei der Aufgabenentwicklung keine Leistungsfeststellung im Sinne eines summativen Assessments im Fokus. Ziel war vielmehr die Entwicklung einer prozessorientierten Diagnose, um Rückschlüsse über mögliche Bearbeitungsprozesse ziehen zu können und um inhaltlich qualitative Aussagen zu auftretenden Fehlern während der Bearbeitung zu gewinnen.

Im Anschluss an die Durchführung der computergestützten Diagnose stehen der jeweiligen Lehrperson schüler- und klassenbezogene Auswertungsseiten zur Lernausgangslage der Kinder zur Verfügung. Vor dem Hintergrund der Anforderungen des Rahmenlehrplans und auf Grundlage der Normierungsdaten werden bei besonders schwachen Leistungen Förderinhalte (zu Lernschwerpunkten) ausgegeben. Ergänzt wird die Ausgabe der Förderinhalte durch weiterführende Diagnoseaufgaben und Beobachtungsschwerpunkte sowie konkrete Fördervorschläge. Die für die Auswertung verwendeten Werte basieren auf den Normierungsdaten zu den entwickelten Aufgabenpaketen für die Jahrgangsstufen 1, 3 und 5. Diese wurden zu Schuljahresbeginn im Zeitraum vom 20.08.2018 bis 28.09.2018 erhoben. Der genannte Zeitraum war projektbedingt festgelegt.

Eine umfassende Darstellung des ILeA plus-Projekts mit zahlreichen Informationen rund um das Projekt findet sich im *Handbuch für Lehrerinnen und Lehrer* wieder (Landesinstitut für Schule und Medien Berlin-Brandenburg [LISUM], 2019). Mit Blick auf die Rahmenbedingungen der vorliegenden Arbeit werden in den folgenden Ausführungen einzelne Aspekte des Projekts herausgestellt.

Testinstrumente zum Inhaltsbereich Zahlen und Operationen
Die vorliegende Untersuchung nutzt die erhobenen Normierungsdaten des Diagnoseinstruments zum Inhaltsbereich Zahlen und Operationen. Daher beschränkt sich die folgende Beschreibung auf dieses Diagnoseinstrument.

Die Aufgabenentwicklung entlang der Inhalte des Rahmenlehrplans wurde
im Bereich Zahlen und Operationen soweit möglich softwaregestützt umgesetzt.
Insgesamt kamen im Normierungszeitraum drei Testinstrumente zum Einsatz:

- Diagnosesoftware (in den Jahrgangsstufen 1, 3 und 5)
- Vollstandardisiertes Kurzinterview zur Zählkompetenz (in Jahrgangsstufe 1)
- Schriftliche Befragung zur Erhebung von Rechenwegen bei der Multiplikation
  zweistelliger Faktoren (in Jahrgangsstufe 5)

Für die vorliegende Arbeit wird ein Teil der Normierungsdaten aus Jahrgangsstufe 5 herangezogen: die Daten einer Aufgabenstellung der Diagnosesoftware
und die Daten der schriftlichen Befragung zu Rechenwegen bei der Multiplikation zweistelliger Zahlen. Eine umfassende Beschreibung der herangezogenen
Erhebungsinstrumente erfolgt separat in Abschnitt 5.2.2 dieser Arbeit.

Während das Projekt ILeA plus die Zielsetzung verfolgt, arithmetische und geometrische Kompetenzen zu erfassen, die für ein Weiterlernen in der jeweiligen
Jahrgangsstufe unverzichtbar sind, werden für die vorliegende Studie ausschließlich
Daten herangezogen, die für die Bearbeitung der Forschungsfragen der vorliegenden Arbeit relevant sind (vgl. Abschnitt 5.1). Die dieser Arbeit zugrundeliegende
Datenbasis entstammt somit dem ILeA-plus Projekt, die Datenanalyse geht jedoch
über die Projektanforderungen hinaus.

Durchführung der Normierung

Im Frühjahr 2018 wurden alle an der Normierung teilnehmenden Schulen über
die Durchführung schriftlich und in Form einer Informationsveranstaltung über
das LISUM informiert. Die Organisation knüpfte dabei an bereits bestehende
Strukturen des Schulsystems in Brandenburg an. Zur Bereitstellung der Testinstrumente wurde das dort etablierte Schulverwaltungsportal „weBBschule" genutzt. Die
Organisation über weBBschule ermöglichte es, jedem teilnehmenden Kind einen
individuellen Code zuzuordnen, um bei der Datenerhebung vollständige Anonymi-
tät zu gewährleisten. Während der Durchführung stand den Schulen eine Hotline des
LISUM und der Pädagogischen Hochschule Karlsruhe zur Verfügung, um eventuell
aufkommende inhaltliche Probleme und Fragen der Schulen klären zu können.

Teilnehmende Schulen

Die Normierungsstichprobe wurde im Rahmen des ILeA plus-Projektes konstruiert.
Vorteilhaft ist, dass ganze Klassen und nicht einzelne Schüler und Schülerinnen
unterschiedlicher Settings am Forschungsprojekt teilnehmen. Aufgrund der ver-
pflichtenden Teilnahme der ausgewählten Schulen an der Normierung konnte ein

Dropout (geringer Datenrücklauf) minimiert und auf diese Weise eine umfassende Stichprobe generiert werden. Die vorliegende Untersuchung bedient sich an einem Teil der umfassenden Stichprobe des Projektes. Bei den befragten Personen handelt es sich um Schülerinnen und Schüler zu Beginn der fünften Jahrgangsstufe. Die Stichprobe wird in Abschnitt 5.2.3 beschrieben.

5.2.2 Erhebungsinstrumente

Vor dem Hintergrund der Forschungsfragen dieser Arbeit werden zur Datenerhebung zwei Testinstrumente herangezogen. Um die Strategieverwendung und das Fehlerauftreten bei der Lösung von Multiplikationsaufgaben im großen Einmaleins differenziert beschreiben zu können ist ein methodischer Rahmen notwendig, der eine systematische Analyse des Auftretens von Rechenstrategien und Fehlern in Lösungswegen ermöglicht. Dafür wird in dieser Arbeit eine schriftliche Befragung herangezogen. Einblicke in das Erkennen ikonischer Modelle im Kontext des großen Einmaleins mit einem Fokus auf die Distributivität werden in dieser Untersuchung anhand einer softwaregestützten Aufgabenstellung möglich. Eine Beschreibung der angeführten Erhebungsinstrumente erfolgt in den nächsten Abschnitten.

Schriftliche Befragung zur Analyse der Strategieverwendung
Im Hinblick auf die Untersuchung von Rechenwegen zeigt sich eine Fülle methodischer Möglichkeiten, wie beispielsweise die Durchführung von Interviews (Köhler, 2019), self-reports bzw. informeller Gespräche (Threlfall, 2009), die Analyse schriftlicher Arbeiten (Schütte, 2004) oder Beobachtungen während der Bearbeitung von Aufgaben (Radatz, 1980a). Vor dem Hintergrund der Forschungsfragen und aus forschungsökonomischen Gründen mit Blick auf die umfangreiche Stichprobe (2000 Kinder) wird für den Rahmen der vorliegenden Untersuchung eine schriftliche Befragung herangezogen, um einen breiten Datensatz schriftlich dokumentierter Rechenwege zu generieren. Vorteilhaft ist dabei, dass in den erhobenen schriftlichen Bearbeitungen das Auftreten von Rechenstrategien und Fehlern erkannt und nachvollziehbar beschrieben werden kann.
    Orientiert an den Ausführungen zu Befragungen von Döring und Bortz (2016, S. 399 ff.) und anderen (z. B. Nachtsheim & König, 2019; Punch, 2002) wird in Bezug auf die vorliegende Arbeit im Folgenden auf drei Aspekte näher eingegangen: die eingesetzten Fragen, die Aufgabenübersicht sowie den Verbreitungsweg und die Befragungssituation. In diesem Zusammenhang wird auch angeführt, was bei dem gewählten Vorgehen einer Befragung die Qualität der Daten gefährden könnte und wie dem in der vorliegenden Arbeit begegnet wird.

Fragen

Die der Arbeit zugrundeliegende schriftliche Befragung setzt sich aus fünf offenen Fragen zusammen. Bei der Beantwortung offener Fragen äußern sich die Befragten in eigenen Worten und es sind keine Antwortmöglichkeiten vorgegeben (Döring & Bortz, 2016, S. 401). Diese werden aufgrund der Erwartung eingesetzt, auf diese Weise neue Aspekte mit Blick auf den Befragungsgegenstand herauszufinden (Züll & Menold, 2019) und da eine hohe Anzahl an Antwortmöglichkeiten erwartet wird (Schnell, 2019).

Die Intention des offenen Frageformats ist es, dass Rechenstrategien inklusive auftretender Fehler in ihrer Vielfalt und auf individuelle Weise von den befragten Kindern abgebildet werden können. Dafür wurde die Lösungsstrategie zur Bearbeitung der Aufgaben bewusst durch das Untersuchungsdesign eingegrenzt, indem zu Beginn der Befragung der Hinweis steht, *nicht* das schriftliche Rechenverfahren zur Aufgabenbearbeitung heranzuziehen. Abbildung 5.1 zeigt exemplarisch, wie die offenen Fragen zur Lösung der Multiplikationsaufgaben formuliert wurden.

Rechne die Aufgaben nicht schriftlich untereinander. Erkläre möglichst genau, wie du dabei vorgehst.

1. Wie rechnest du die Aufgabe **13 · 16**? Erkläre möglichst genau, wie du dabei vorgehst.

Abbildung 5.1 Exemplarischer Ausschnitt der schriftlichen Befragung zur Erhebung individueller Lösungswege im großen Einmaleins

Die Fragestellung *Wie rechnest du die Aufgabe 13 · 16?* wurde bewusst möglichst kurz formuliert, da dies im Vergleich zu komplexeren Frageformulierungen die Qualität der an Kindern erhobenen Daten verbessern kann (Punch, 2002, S. 324). Ebenso wurde mit der Beschränkung auf insgesamt fünf Fragen versucht, die für die Bearbeitung der Fragen benötigte Zeit relativ gering zu halten, da Kinder im Vergleich zu Erwachsenen über eine geringere Konzentrationsspanne verfügen (Punch, 2002, S. 324). Für die Antworten wurde mithilfe eines vorgegebenen Kastens ausreichend Platz eingeräumt. Der Umfang der gesamten Befragung umfasst die Vorder- und Rückseite eines DIN-A4 Blattes.

Bezüglich der Erhebung schriftlicher Bearbeitungen zur Analyse verschiedener Rechenwege führen verschiedene Autoren und Autorinnen Schwierigkeiten an. So erwähnt Schütte (2004) beispielsweise, dass bei der Analyse schriftlicher Rechenwege unklar bleibt, ob sich tatsächlicher und notierter Rechenweg entsprechen. Radatz (1980a, S. 65) führt als Limitation an, dass aus schriftlichen Arbeiten allein nur selten Schlüsse über die einzelnen Stadien des Lösungsprozesses gezogen werden können. In der vorliegenden Untersuchung wird mit diesen Überlegungen wie folgt umgegangen: Die dokumentierten Rechenwege der Kinder werden im Rahmen dieser Arbeit als Resultat des durchlaufenen Lösungsprozesses betrachtet. Der Fokus liegt auf dem dokumentierten „Endprodukt" – also dem, wofür sich das Kind entschieden hat, es festzuhalten. Die Analyse des Strategie- und Fehlerauftretens begrenzt sich mit Blick auf die dokumentierten Rechenwege auf das, was an diesen sichtbar wird. Über das Zustandekommen der Rechenwege werden nur vorsichtig und didaktisch fundierte Rückschlüsse gezogen und ausschließlich in den Fällen, in denen die Konsistenz des Antwortverhaltens über die fünf gestellten Fragen hinweg geprüft wurde.

Aufgabenübersicht

Im Rahmen der schriftlichen Befragung wurden die Kinder mithilfe eines halbstandardisierten Fragebogens nach ihrem Rechenweg für die folgenden fünf Multiplikationsaufgaben gefragt:

$$13 \cdot 16, 25 \cdot 19, 50 \cdot 21, 12 \cdot 25 \text{ und } 19 \cdot 19.$$

Alle fünf gestellten Multiplikationsaufgaben haben dieselbe Grundstruktur und es werden zwei zweistellige Faktoren miteinander multipliziert. Eine der fünf Aufgaben enthält im ersten Faktor eine Zehnerzahl. Dies kann zu einem anderen Antwortverhalten führen, da bei der Multiplikation mit Null spezifische

Fehler auftreten können (vgl. Abschnitt 4.2.2). Die Aufgabenauswahl zur Datenerhebung erfolgte so, dass sich verschiedene Rechenstrategien zur Lösung der
Multiplikationsaufgaben anbieten.

In Tabelle 5.1 wird dargestellt, welche der in Abschnitt 4.1.3 vorgestellten
Rechenstrategien in Bezug auf die Lösung der Multiplikationsaufgaben adäquat
erscheinen. Die Zuordnung erfolgt an dieser Stelle normativ und orientiert am
Verständnis von Adäquatheit in der vorliegenden Arbeit (vgl. Abschnitt 4.4.2).
Die auf dieser Basis als adäquat zugeordneten Rechenstrategien für eine Multiplikationsaufgabe werden mit einem Häkchen gekennzeichnet. Die der Zuordnung zugrundeliegenden Überlegungen werden in den folgenden Ausführungen
bgegründet.

Tabelle 5.1 Aufgabenadäquate Rechenstrategien zur Lösung der Multiplikationsaufgaben
des halbstandardisierten Fragebogens

Rechenstrategien	$13 \cdot 16$	$25 \cdot 19$	$50 \cdot 21$	$12 \cdot 25$	$19 \cdot 19$
Schrittweises Multiplizieren	✓	✓	✓	✓	✓
Stellenweises Multiplizieren	✓	✓	–	✓	✓
Hilfsaufgabe Multiplikation	–	✓	–	–	✓
Gegensinniges Verändern Multiplikation	✓	–	–	✓	–

Die Zuordnung von Rechenstrategie und Malaufgabe in Tabelle 5.1 sieht nicht
vor, dass es genau *einen* adäquaten Lösungsweg für eine Multiplikationsaufgabe
gibt. Es wird vielmehr deutlich, dass sich bestimmte Rechenstrategien häufiger
als geeigneter Lösungsweg anbieten als andere.

Zerlegungsstrategien werden im Kontext des großen Einmaleins als zentrale
Rechenstrategien beschrieben (vgl. Abschnitt 4.1.3). Das *schrittweise Multiplizieren,* bei dem ein Faktor in seine Stellenwerte zerlegt und mit dem anderen Faktor
multipliziert wird, bietet sich zur Lösung aller fünf Multiplikationsaufgaben an.
Beim *stellenweisen Multiplizieren* werden beide Faktoren in ihre Stellenwerte
zerlegt und über vier Teilprodukte miteinander multipliziert. Mit Ausnahme der
Aufgabe $50 \cdot 21$ wurde diese Strategie zur Lösung aller Malaufgaben als adäquat
zugeordnet. Bei der Aufgabe $50 \cdot 21$ entstehen beim *stellenweisen Multiplizieren*
durch die enthaltene Null zwei Teilprodukte, die zur Berechnung der Aufgabe
überflüssig sind ($0 \cdot 20$ und $0 \cdot 1$). Aus diesem Grund wird die Zerlegung in vier
Teilprodukte (*stellenweises Multiplizieren*) bei dieser Aufgabe nicht als adäquate
Rechenstrategie zugeordnet.

Mit Blick auf spezifische Faktoreneigenschaften eignen sich zur Lösung einiger Aufgaben neben Zerlegungsstrategien auch Rechenstrategien, die das Ableiten nutzen. Bei den Aufgaben $25 \cdot 19$ und $19 \cdot 19$ bietet sich aufgrund des jeweils enthaltenen Faktors 19 und dessen Nähe zur Zahl 20 der Einsatz der *Hilfsaufgabe Multiplikation* an. Bei den Aufgaben $13 \cdot 16$ und $12 \cdot 25$ und der spezifischen Eigenschaft eines Faktors – in diesen Fällen die Teilbarkeit durch 2 der Faktoren 16 und 12 – eignet sich neben dem Einsatz von Zerlegungsstrategien auch der Einsatz der Rechenstrategie *gegensinniges Verändern Multiplikation*. So können die ursprünglichen Aufgaben $13 \cdot 16$ und $12 \cdot 25$ mithilfe des gegensinnigen Veränderns auch über folgende Multiplikationsaufgaben gelöst werden: $13 \cdot 16 = 26 \cdot 8 = 52 \cdot 4 = 104 \cdot 2$ und $12 \cdot 25 = 6 \cdot 50 = 3 \cdot 100$.

Diese Eigenschaft liegt theoretisch auch der Aufgabe $50 \cdot 21$ mit dem Faktor 50 zugrunde, jedoch führt der Einsatz des gegensinnigen Veränderns zu einer eher schwieriger zu lösenden Multiplikationsaufgabe (nämlich $25 \cdot 42$) und ist aus diesem Grund in Tabelle 5.1 nicht als adäquate Strategie gekennzeichnet.

Verbreitungsweg und Befragungssituation
Der Verbreitungsweg der schriftlichen Befragung entspricht nach Döring und Bortz (2016, S. 400) der Variante *Austeilen und Einsammeln* (Döring & Bortz, 2016, S. 400). Den Ausführungen des Abschnitts 5.2.1 kann entnommen werden, dass das Dokument zur Befragung der Kinder den unterrichtenden Lehrpersonen über das Schulverwaltungsportal „weBBschule" zum Ausdrucken zur Verfügung gestellt wurde. Über die Generierung eines eindeutigen zehnstelligen ID-Codes für jedes Kind ist eine anonymisierte Datenerhebung und eine Zuordnung zur softwaregestützten Datenerhebung möglich. Im Anschluss an die Bearbeitung wurden die Dokumente durch die Lehrperson eingesammelt und an die Pädagogische Hochschule Karlsruhe zurückgesandt. Der Rücklauf der Befragung wird in Abschnitt 5.2.3 in Zusammenhang mit der Stichprobenbeschreibung dokumentiert.

Die Befragungssituation fand im Klassenverband mit allen Schülerinnen und Schülern gleichzeitig statt. Mit Blick auf die Qualität der erhobenen Daten ist zu berücksichtigen, dass die Schule als Befragungsort bei den befragten Kindern das Gefühl einer Testsituation hervorrufen kann (Nachtsheim & König, 2019). Um dem entgegenzuwirken wurde sowohl in einem zur Befragung gehörenden Anschreiben als auch in den herausgegebenen Durchführungshinweisen explizit hervorgehoben, dass die individuellen Denkweisen der Kinder von Interesse sind. An keiner Stelle wurde erwähnt, dass die „Richtigkeit" der Aufgaben im Fokus steht.

In den Durchführungshinweisen wurden die Lehrer und Lehrerinnen auf
weitere bei der Durchführung zu beachtende Aspekte hingewiesen:

- Die Lehrpersonen wurden gebeten, den Kindern inhaltlich nicht bei der Bearbeitung zu helfen, sodass kein Eingriff in die Gedankengänge der Kinder
  stattfindet und die gestellten Fragen eigenständig bearbeitet werden.
- Die Lehrperson wurde gebeten, die Kinder dazu anzuleiten, Fehler durchzu-
  streichen, sodass Korrekturen sichtbar bleiben.
- Die Lehrperson wurde gebeten, die Schülerinnen und Schüler nochmals darauf
  hinzuweisen, dass das schriftliche Multiplikationsverfahren zur Beantwortung
  der Fragen nicht eingesetzt werden soll.
- Die Bearbeitungszeit des Fragebogens sollte 20 Minuten nicht überschreiten.

Hinsichtlich der Qualität der Befragung wurde mithilfe der Durchführungshinweise versucht, für die Gesamtheit der befragten Kinder annähernd ähnliche
Rahmenbedingungen für die Befragung zu schaffen. Durch die transparente
Gestaltung der Umstände der Datenerhebung sollte eine bestmögliche Durchfüh-
rungsobjektivität während der Befragungssituation gewährleistet werden.

Zusammengefasst kann festgehalten werden, dass die schriftliche Befragung
von Kindern zur Erhebung von Rechenwegen Schwierigkeiten und Ungenau-
igkeiten mit sich bringen kann. Den vorangegangenen Ausführungen folgend
wurden diese bestmöglich minimiert, um mit Blick auf das Forschungsdesiderat der vorliegenden Untersuchung verwertbare und valide Daten zu erhalten.
Insgesamt stellt die schriftliche Befragung eine geeignete Methode dar, um große
Datenmengen in Hinblick auf den Strategieeinsatz und das Fehlerauftreten im
großen Einmaleins analysieren zu können. Das Vorgehen bei der Auswertung der
gewonnenen Daten wird in Abschnitt 5.3 dargestellt.

Softwaregestützte Aufgabenstellung zum Erkennen ikonischer Modelle
Neben den mathematisch-symbolischen Lösungswegen der Kinder wurde in der
vorliegenden Untersuchung auch das Erkennen ikonischer Modelle zur Multiplikation über 100 erhoben. Die in diesem Zusammenhang eingesetzte Aufgabenstellung
wurde im Rahmen des ILeA plus-Projektes entwickelt und ist daher inhaltlich an eine
softwaregestützte Durchführung angepasst. Die Aufgaben der Diagnosesoftware
wurden so konzipiert, dass diese mittels Sprachausgabe über Kopfhörer autonom
und ohne Hilfestellungen der Lehrperson von den Kindern an einem Computer oder
Laptop durchführbar sind. Durch das softwaregestützte Vorgehen ist Objektivität bei
der Durchführung bestmöglich gegeben.

Das Erkennen der Multiplikation als Rechenoperation sowie der Distributivität wurde über den Darstellungswechsel zwischen dem mathematisch-symbolischen Term 13 · 16 und verschiedenen ikonischen Modellen operationalisiert. Aufgabe der befragten Kinder war es zu entscheiden, ob die Passung zwischen dem mathematisch-symbolischen Multiplikationsterm und einem ikonischen Modell gegeben ist. Dafür wurde den Kindern der symbolische Term 13 · 16 und eine bildliche Darstellung präsentiert. Die Anforderung an die Kinder bestand darin, eine Beziehung zwischen den beiden Darstellungsformen herzustellen, um die Passung zwischen diesen zu beurteilen. Die Fragestellung lautete: *„Passt das Bild zu 13 · 16? Das Ergebnis sind alle kleinen, grauen Quadrate, die du siehst.“*.

Vor der eigentlichen Aufgabenpräsentation wurde das Aufgabenformat außerdem durch eine Animation akustisch und visuell anhand eines Beispiels erläutert. Dies erfolgte über die Sprachausgabe mittels Kopfhörer und eine begleitende Animation am Bildschirm. Auf das Intro folgen dann die zu bearbeitenden Aufgaben.

In der vorliegenden Arbeit wird angenommen, dass Kinder, die eine Passung zwischen Modell und Term bejahen, das entsprechende ikonische Modell als passend zum Term 13 · 16 deuten. Wird eine Passung verneint, wird angenommen, dass das entsprechende Modell als nicht passend gedeutet wird. Außerdem konnten die befragten Kinder angeben, nicht zu wissen ob der Term 13 · 16 und ein gegebenes ikonisches Modell zusammenpassen. Bevor die einzelnen ikonischen Modelle vorgestellt werden, erfolgt zunächst ein Überblick über die Bedienung der Software und ihrer Funktionsfelder anhand eines Beispiels (Abbildung 5.2).

Abbildung 5.2
Darstellung der
Softwareoberfläche mit
Platzhalter

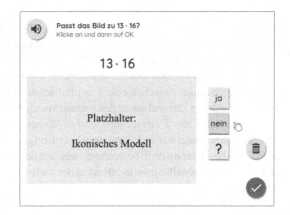

Den Kindern standen die in Tabelle 5.2 dargestellten Funktionsfelder bei der
Eingabe ihrer Antwort zur Verfügung. Die Eingabe erfolgte ausschließlich über die
Computermaus. Die Bedeutung der Funktionsfelder wurde den befragten Kindern
in einem Einführungstutorial zur Software erklärt.

Tabelle 5.2 Funktionsfelder der Softwareaufgabe und deren Bedeutung

✓	Haken, um die Eingabe zu bestätigen	🔊	Lautsprecher, um die Aufgabenvorstellung vorlesen zu lassen
🗑	Papierkorb, um die Eingabe zu löschen	?	Fragezeichen, als Eingabe, wenn die Antwort nicht gewusst wird

Für die bildliche Darstellung der Multiplikation gibt es verschiedene Dar-
stellungsmöglichkeiten (vgl. Abschnitt 3.1.2). In der vorliegenden Untersuchung
wurden insgesamt fünf ikonische Modelle eingesetzt und sich dabei auf den Einsatz von Rechteckmodellen beschränkt. In Abschnitt 3.1.3 dieser Arbeit wurde die
Bedeutung des Rechteckmodells als Darstellung der Multiplikation herausgearbeitet. Eine besondere Stärke des Modells ist es, dass daran die Multiplikation als
Rechenoperation genauso wie die Distributivität dargestellt werden kann (Day &
Hurrell, 2015).

Bisherige Studien zum Darstellungswechsel zwischen Rechteckmodell und
symbolischem Term aus dem großen Einmaleins untersuchen diesen über das Einzeichnen der Aufgabe direkt am Modell (vgl. Young-Loveridge & Mills, 2009) oder
das Verschieben eines Winkels (vgl. Barmby et al., 2009). Ersteres Vorgehen ermöglicht detaillierte Einblicke in das Vorgehen am Rechteckmodell, ist jedoch durch die
gegebene Softwareoberfläche in der vorliegenden Untersuchung nicht umsetzbar.
In der vorliegenden Arbeit wurde ein alternatives Vorgehen herangezogen und der
Darstellungswechsel zwischen einem symbolischen Multiplikationsterm (13 · 16)
und verschiedenen Darstellungen des Rechteckmodells untersucht.

Bedingt durch das Untersuchungsdesign können keine Einblicke in den Prozess des Darstellungswechsels gewonnen werden (wie beispielsweise bei Kuhnke,
2013). Die Betrachtung der Übersetzung zwischen der mathematisch-symbolischen
und bildlichen Darstellungsform erfolgt in der vorliegenden Untersuchung produk-
torientiert.

Die eingesetzten ikonischen Modelle zur Multiplikation wurden unterschieden in:

- bildliche Darstellungen zur Rechenoperation und
- bildliche Darstellungen zur Zerlegung (Distributivität).

Zur Darstellung der Multiplikation als Rechenoperation kamen zwei ikonische Modelle zum Einsatz (Abbildung 5.3). In *Operationsvorstellung 1* wird eine tragfähige Vorstellung der Multiplikation in Form eines Rechteckmodells dargestellt. Die nicht passende Darstellung *Operationsvorstellung 2* stellt eine Fehlvorstellung zur Multiplikation dar, in der die Faktoren nicht multiplikativ in Beziehung gesetzt werden. Diese fehlerhafte Darstellung des Multiplikationsterms wurde in ähnlicher Weise bereits in der Untersuchung von Young-Loveridge und Mills (2009) beobachtet (vgl. Abschnitt 4.3.4).

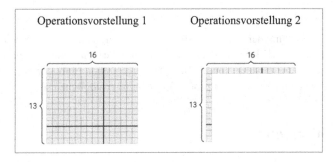

Abbildung 5.3 Ikonische Modelle zur Darstellung der Multiplikation als Operation von 13 · 16

Um die Kinder aufgrund der Faktorengröße nicht zum Zählen zu verleiten, wurden Zeilen und Spalten der Darstellung mit den entsprechenden Anzahlen beschriftet. So sollte vermieden werden, dass ein Kind das Bild aufgrund eines Zählfehlers für unpassend hält, weil die Faktoren des Terms nicht mit denen im Bild zusammenpassen.

Neben den beiden ikonischen Modellen zur Multiplikation als Rechenoperation wurden drei Modelle zur Zerlegung im Kontext der Multiplikation herangezogen (Abbildung 5.4). Die eingesetzten Darstellungen stehen beispielhaft für die Distributivität der Multiplikation. Die Distributivität stellt die Grundlage der meisten Rechenstrategien zur Lösung von Multiplikationsaufgaben dar. In *Zerlegung 1* und *Zerlegung 2* wird die Zerlegung eines Faktors anhand eines Rechteckmodells dargestellt (angelehnt an die Rechenstrategie des schrittweisen Multiplizierens). In *Zerlegung 3* wird eine fehlerhafte Zerlegung dargestellt, entsprechend der in Abschnitt 4.2.2 beschriebenen Fehler in Folge einer Übergeneralisierung.

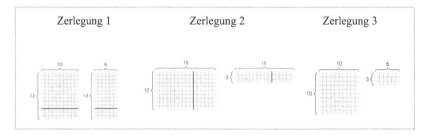

Abbildung 5.4 Ikonische Modelle zur Darstellung der Zerlegung (Distributivität) von 13 · 16

   Bei der Vorstellung der Forschungsfragen wurde bereits deutlich gemacht, dass die Untersuchung des Erkennens der ikonischen Modelle nicht den Schwerpunkt der vorliegenden Studie darstellt, sondern lediglich ergänzende Einblicke zur Analyse der Lösungswege im Kontext des großen Einmaleins ermöglichen soll.

5.2.3 Stichprobe

Insgesamt bilden 2000 Kinder der fünften Jahrgangsstufe von Brandenburger Grundschulen die Stichprobe der vorliegenden Untersuchung. In Brandenburg geht die Grundschule bis einschließlich Klasse 6.
   Diese Stichprobe ist ein Teil der Normierungsstichprobe der fünften Jahrgangsstufe, die im Rahmen des ILeA plus-Projektes konstruiert wurde (vgl. Abschnitt 5.2.1). Bei der Stichprobenziehung der Schulen wurde darauf geachtet, dass sowohl Schulen im städtischen Gebiet als auch im ländlichen Raum berücksichtigt wurden. Ebenso unterschieden sich die Schulen in Bezug auf die Anzahl der Kinder deutlich. Ein weiterer Vorteil ist, dass ganze Klassen am Forschungsprojekt teilnehmen und nicht einzelne Schülerinnen und Schüler aus unterschiedlichen Settings. Vor dem Hintergrund der Forschungsfragen und den herangezogenen Erhebungsinstrumenten wurde die Stichprobe im Rahmen dieser Arbeit bereinigt. Dies wird in den folgenden Ausführungen erläutert.

Mit Blick auf die für diese Arbeit herangezogenen Erhebungsinstrumente ist durch die verpflichtende Teilnahme der Schulen am ILeA plus-Projekt eine nahezu vollständige Rücklaufquote sowie eine wünschenswert hohe Ausschöpfungsrate gegeben. Nach abgeschlossenem Erhebungszeitraum (zu Beginn des fünften Schuljahres) wurden die schriftlichen Befragungen von 2347 Schülerinnen und Schülern von insgesamt 53 Schulen (110 Klassen) zurückgesandt.

Im Rahmen der vorliegenden Arbeit wurden einige Fälle ausgeschlossen. Zum Ausschluss eines Falles kam es aus drei Gründen:

(1) Es liegen keine Daten im Rahmen der schriftlichen Befragung vor, z. B. aufgrund von Krankheit am Tag der Durchführung (Rücksendung einer unbearbeiteten Befragung).

(2) Der individualisierte Zuordnungscode wurde bei der Rücksendung der schriftlichen Befragung entfernt, was eine Zuordnung zwischen den gewonnenen Daten der Befragung und der softwaregestützten Aufgabenstellung unmöglich macht.

(3) Es liegen keine Daten zur softwaregestützten Aufgabenstellung vor. Der mittels Software ermittelte Datensatz des entwickelten Diagnoseinstruments für ILeA plus wies nach dem abgeschlossenen Normierungszeitraum Lücken auf. Dies konnte auf technische Probleme zurückgeführt werden. Diese wurden im Anschluss an die Normierung behoben.

In Tabelle 5.3 wird die Datenbereinigung bezogen auf die genannten Gründe in Verbindung zu den entsprechenden Fallzahlen dargestellt.

Tabelle 5.3 Rücklauf und Datenbereinigung

Rücklauf der schriftlichen Befragung		
Schulen	Klassen	Schülerinnen und Schüler
53	110	2347
Datenbereinigung		
Fehlender Datensatz zur schriftlichen Befragung	Zuordnungscode wurde entfernt	Fehlender Datensatz der softwaregestützten Aufgabenstellung
− 82 Kinder	− 27 Kinder	− 238 Kinder
2265 Kinder	2238 Kinder	2000 Kinder

Nach der durchgeführten Datenbereinigung bilden 2000 Kinder die Stichprobe der vorliegenden Arbeit. Die Datensätze der schriftlichen Befragung und der softwaregestützten Aufgabenstellung dieser Kinder werden in dieser Arbeit herangezogen, um die Forschungsfragen zu beantworten. Die Stichprobe entspricht, im Abgleich mit dem Amt für Statistik Berlin-Brandenburg (Amt für Statistik Berlin-Brandenburg, 2019), 9,0 % der Gesamtpopulation. Mit der Stichprobengröße können umfassende Aussagen über die Strategieverwendung und das Fehlerauftreten bei der Multiplikation zweistelliger Zahlen und das Erkennen ikonischer Modelle im Kontext des großen Einmaleins getroffen werden

Die Zusammensetzung der dieser Arbeit zugrundeliegenden Stichprobe (N = 2000 Fünftklässler und Fünftklässlerinnen) ist in folgender Tabelle 5.4 dargestellt.

Tabelle 5.4
Stichprobenbeschreibung

Merkmal	Wert
Geschlecht	männlich: 46,3 % weiblich: 53,7 %
Durchschnittsalter (Jahre)	M = 10;3 Jahre, SD = 0,50

Anmerkung. Es liegen nur Daten zu den Kategorien männlich und weiblich vor.

5.3   Auswertungsmethoden und Gütekriterien

Neben der Beschreibung der eingesetzten Erhebungsinstrumente und den damit verbundenen Intentionen in Abschnitt 5.2.2 soll im Folgenden das Vorgehen bei der Auswertung der erhobenen Daten dargestellt werden.

Die Beantwortung der Forschungsfragen der vorliegenden Untersuchung erfordert bei der Auswertung der erhobenen Daten die Integration qualitativer und quantitativer Analysen. Ausgerichtet auf das Untersuchungsziel werden im Rahmen der vorliegenden Untersuchung mehrere Auswertungsschritte durchlaufen:

- die qualitative Auswertung zur Kategorisierung und Systematisierung auftretender Rechenstrategien und Fehler (sowohl deduktiv als auch induktiv),
- die quantitative Darstellung der durch die Kategorisierung gewonnen Daten und
- die Auswertung der softwaregestützten Aufgabenstellung.

In den folgenden Ausführungen wird das Vorgehen und die Datenaufbereitung bezogen auf die einzelnen Auswertungsschritte dargestellt.

Qualitative Auswertung zur Kategorisierung und Systematisierung auftretender Rechenstrategien und Fehler

Der Auswertung der erhobenen Rechenwege im Kontext des großen Einmaleins liegt ein Kategoriensystem zugrunde. In einem ersten Schritt erfolgte auf Basis der theoretischen Überlegungen in Abschnitt 4.1 eine Unterscheidung der erhobenen Rechenwege nach ihrer zugrundeliegenden Lösungsstrategie in:

- die wiederholte Addition,
- den Einsatz von Rechenstrategien und
- das schriftliche Rechenverfahren der Multiplikation.

Das Hauptaugenmerk der vorliegenden Arbeit liegt auf der Beschreibung auftretender Rechenstrategien und Fehler bei der Lösung von Multiplikationsaufgaben des großen Einmaleins. Das Auftreten der anderen Lösungsstrategien wird in der vorliegenden Untersuchung zwar erfasst, aber nicht weiterführend analysiert.

Die Ableitung übergeordneter Kategorien zur Beschreibung des Strategieeinsatzes erfolgte deduktiv auf Grundlage des Strategie- und Fehlerverständnisses dieser Arbeit (vgl. Kapitel 4) und unter Berücksichtigung bisheriger empirischer Befunde. Vor diesem Hintergrund wurden in einem ersten Schritt vier Kategorien herausgearbeitet, um die auftretenden Rechenstrategien nach der zugrundeliegenden Veränderung des Ausgangsterms bei der Aufgabenbearbeitung zu systematisieren. In diesem Zusammenhang wird unterschieden, ob im Lösungsprozess ein oder beide Faktoren verändert werden und wie diese Veränderung gestaltet ist. Die Veränderung kann sich über ein Zerlegen und anschließendes Zusammensetzen oder das Ableiten von einem anderen Multiplikationsterm vollziehen (Tabelle 5.5).

Tabelle 5.5 Unterschiedene Veränderungsprozesse zur Beschreibung von Rechenstrategien im Kontext des großen Einmaleins

Hauptkategorien	Inhaltliche Beschreibung
Zerlegen und anschließendes Zusammensetzen eines Faktors	Der gewählte Faktor wird additiv zerlegt und auf Grundlage der Distributivität mit dem anderen Faktor multipliziert. Anschließend werden die entstandenen Teilprodukte addiert, um das Endergebnis zu bestimmen.
Zerlegen und anschließendes Zusammensetzen beider Faktoren	Beide Faktoren werden additiv zerlegt und auf Grundlage der Distributivität miteinander multipliziert. Anschließend werden die entstandenen Teilprodukte addiert, um das Endergebnis zu bestimmen.
Ableiten von einem anderen Multiplikationsterm über die Veränderung eines Faktors	Das Ergebnis wird über das Ableiten von einem benachbarten Multiplikationsterm bestimmt. Dafür wird einer der beiden Faktoren verändert. Die so entstandene Aufgabe wird berechnet und von deren Ergebnis das ursprüngliche Ergebnis abgeleitet. Grundlage dafür ist die Distributivität.
Ableiten von einem anderen Multiplikationsterm über die Veränderung beider Faktoren	Das Ergebnis wird über das Ableiten von einem anderen Multiplikationsterm bestimmt. Dafür werden beide Faktoren auf Grundlage der Assoziativität verändert und anschließend das Ergebnis bestimmt.

Mit Blick auf die Beschreibung des Strategieeinsatzes im großen Einmaleins wird in der vorliegenden Arbeit darüber hinaus erfasst, ob und welche Fehler beim Einsatz von Rechenstrategien auftreten. Orientiert an bestehenden Fehlerklassifikationen und dem Verständnis von Fehlern in dieser Arbeit (vgl. Abschnitt 4.2.4) werden drei übergeordnete Fehlertypen für die Kategorisierung abgeleitet. Diese werden in Tabelle 5.6 beschrieben.

Tabelle 5.6 Unterschiedene Fehlertypen mit Blick auf den Strategieeinsatz im großen Einmaleins

Fehlertypen	Inhaltliche Beschreibung
Strategieabhängige Fehler	Der Fehler entsteht bei der Veränderung der Aufgabe. Damit sind die Rechenschritte der Strategie an sich fehlerhaft. In diesem Fall wird synonym der Begriff Fehlerstrategie verwendet.
Strategieunabhängige Fehler	Der Fehler entsteht beim Ausführen der Strategie. Strategieunabhängige Fehler können sowohl bei tragfähigen Rechenstrategien als auch bei Fehlerstrategien auftreten
Weitere Fehler	Fehler, die inhaltsunspezifisch auftreten, wie beispielsweise Übertragungsfehler. Diese werden in der vorliegenden Arbeit zwar erfasst, aber mit Blick auf die geplanten Analysen nicht differenziert kategorisiert.

Zur Beschreibung des Strategieeinsatzes wird in diesem ersten Schritt folglich unterschieden:

– welche Veränderung einer Rechenstrategie zugrunde liegt,
– ob die Rechenstrategie an sich tragfähig oder fehlerhaft ist und
– ob bei deren Ausführung Fehler auftreten oder nicht.

Diese übergeordnete Struktur erlaubt es, auftretende Rechenstrategien unter Berücksichtigung auftretender Fehler in den Rechenwegen der Kinder systematisch zu erfassen. In Abbildung 5.5 wird ein Überblick über die beschriebene Systematisierung in Verbindung zu den verwendeten Begrifflichkeiten in dieser Arbeit gegeben.

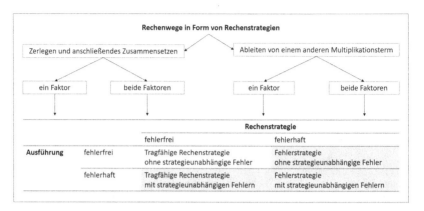

Abbildung 5.5 Struktur der Kategorisierung zur Beschreibung auftretender Rechenstrategien und Fehler. (Anmerkung. Grau schattiert = fehlerhafte Rechenwege)

In Kapitel 5 werden die Kategorien zur Ausdifferenzierung der in Abbildung 5.5 dargestellten Systematisierung definiert und anhand geeigneter Ankerbeispiele beschrieben. Die Differenzierung erfolgt einerseits durch bereits existierende Kategorien zur Beschreibung von Rechenstrategien bei der Multiplikation (vgl. Abschnitt 4.1.3) und andererseits durch am Datenmaterial induktiv generierte Kategorien (Mayring & Fenzl, 2019). Bei der Erarbeitung weiterer Kategorien anhand des Datenmaterials wurden diese während der Auswertung mit Blick auf ihre Eindeutigkeit und Trennschärfe überprüft und gegebenenfalls überarbeitet, wie beispielsweise erweitert oder verfeinert (Kuckartz, 2016, S. 63 ff.). Am Ende der deduktiv-induktiven Kategorienbildung stand für die vorliegende Untersuchung ein umfassendes Kategoriensystem mit 63 Kategorien zur Beschreibung der Rechenwege zur Verfügung.

Quantitative Darstellung der durch die Kategorisierung gewonnen Daten
Die quantitativen Analysen zu den Rechenwegen der Kinder erfolgten im Anschluss an deren Kategorisierung. Dafür wurde das Programm IBM SPSS Statistics 28.0 herangezogen. Vor dem Hintergrund der Forschungsfragen liegen den Analysen verschiedene Bezugsgrößen zugrunde. Insgesamt werden drei Bezugsgrößen zur Analyse des Strategieeinsatzes im großen Einmaleins herangezogen:

- die Gesamtheit der Lösungswege über Rechenstrategien (kurz: N_r),
- die befragten Kinder (kurz: N_k) und

– die gestellten Multiplikationsaufgaben (kurz: N_a).

Über die Beschreibung der Verteilung auftretender Rechenstrategien und Fehler in den erhobenen Lösungswegen hinaus können so auch Gemeinsamkeiten und Unterschiede im Strategieeinsatz zwischen den befragten Kindern herausgearbeitet werden. Mit Blick auf die gestellten Multiplikationsaufgaben können außerdem Unterschiede in der Verteilung auftretender Rechenstrategien und Fehler festgestellt werden. Die Integration der drei Bezugsgrößen ermöglicht eine umfassende Beschreibung des Strategieeinsatzes bei der Multiplikation zweistelliger Zahlen.

Um die Aussagekraft der durch die Kategorisierung gewonnen Daten zu erhöhen wurden diese im Rahmen der Analysen mittels SPSS aufbereitet (Döring & Bortz, 2016, S. 579 ff.). Die folgende Liste enthält Beispiele zur Datenaufbereitung in der vorliegenden Untersuchung:

– Erstellung von Häufigkeitstabellen, um beispielsweise das Auftreten unterschiedlicher Rechenstrategien und Fehler zu vergleichen.
– Bildung von Zählvariablen, um beispielsweise die Konsistenz eines Fehlers in den Rechenwegen eines Kindes darzustellen.
– Erstellung von Kontingenztabellen, um beispielsweise die Verteilung verschiedener Rechenstrategien bezogen auf die gestellten Aufgaben abzubilden.

Auswertungen der softwaregestützten Aufgabenstellung zum Erkennen ikonischer Modelle
Durch die softwaregestützte Erhebung der Aufgabenstellung zum Erkennen ikonischer Modelle lagen die Rohdaten unmittelbar in digitaler Form vor und wurden mittels SPSS aufbereitet und ausgewertet. In diesem Zusammenhang wurden anhand des Datensatzes mithilfe festgelegter Auswertungsroutinen neue Variablen für die inhaltliche Analyse gebildet. Fehlende Werte können aufgrund der erfolgten Datenbereinigung ausgeschlossen werden (vgl. Abschnitt 5.2.3).

Einen zentralen quantitativen Auswertungsschritt stellt vor allem das Bilden von Zählvariablen dar, um zum Beispiel die Anzahl auftretender Fehler bei der Deutung der ikonischen Modelle festzustellen. Die auf Grundlage der aufbereiteten Daten unterschiedlichen Ausprägungen zum Erkennen der Rechenoperation und der Distributivität werden in Abschnitt 6.5 in Verbindung zu den empirischen Ergebnissen dokumentiert. So kann im Rahmen dieser Untersuchung Auswertungsobjektivität gewährleistet werden.

Mithilfe von Kontingenztabellen werden die Ergebnisse zum Erkennen der ikonischen Modelle und die Ergebnisse der Analyse der Rechenwege gegenübergestellt, um mögliche Zusammenhänge herstellen und beschreiben zu können. Ziel der eingesetzten Aufgabenstellungen ist es dabei nicht, statistische Zusammenhänge zwischen den Bearbeitungen der befragten Kinder nachzuweisen. Die Ergebnisse dienen vielmehr als Hintergrund dazu, wie es um die Vorstellungen der Kinder in diesem Kontext bestellt ist.

Gütekriterien

Bei der inhaltlichen Analyse der erhobenen Rechenwege ist das entwickelte Kategoriensystem von zentraler Bedeutung. Mithilfe des Kategoriensystems sollen die zur Lösung der Multiplikationsaufgaben verwendeten Rechenstrategien und dabei auftretende Fehler systematisch herausgearbeitet und quantifiziert werden. Aus diesem Grund werden im Folgenden die Übereinstimmung und Güte der Kategorisierung näher betrachtet.

Um die die Reliabilität (Zuverlässigkeit) des Kategoriensystems zu überprüfen wurde in der vorliegenden Untersuchung die Intercoder-Übereinstimmung bestimmt. Dabei liegt besonderes Augenmerk darauf, inwieweit unterschiedliche Personen die Strategien und Fehler in den Rechenwegen der Kinder identifizieren und denselben Kategorien zuweisen. In diesem Zusammenhang wurde die Gesamtheit der Kategorien zur Beschreibung des Strategieeinsatzes zu 23 Kategorien zusammengefasst – entsprechend der unterschiedlichen Oberkategorien in dieser Untersuchung (Abschnitt 6.1). Auf diese Weise sollte vermieden werden, dass die Einordnung der Lösungswege aufgrund des Umfangs des Kategoreinsystems selbst scheitert, sondern im Falle einer Abweichung von einer inhaltlichen Unstimmigkeit ausgegangen werden konnte.

Zur Berechnung der Übereinstimmung wurden insgesamt 209 Dokumente der schriftlichen Befragung herangezogen (entspricht mehr als 10 %) und von unabhängigen Codierenden (einer Gruppe von Masterstudierenden, $N = 21$) nach einer eingehenden Schulung fremdcodiert. Döring und Bortz (2016, S. 558) empfehlen, 10 bis 20 % des Datenmaterials von mindestens zwei geschulten Codierenden auswerten zu lassen, um die Intercoder-Übereinstimmung zu bestimmen. Um Aussagen darüber treffen zu können, wie sehr zwei Personen in ihrer Beurteilung übereinstimmen wurde auf das Maß Cohens Kappa (κ) zurückgegriffen. Fleiss Kappa zur Bestimmung der Übereinstimmung von mehr als zwei Beurteilern wurde bewusst nicht verwendet, da es sich zwar um mehrere Studierende handelt, diese jedoch nicht die gleichen, sondern unterschiedliche Dokumente codiert haben. Somit wird in jedem Fall die Übereinstimmung zwischen Masterstudent oder Masterstudentin und Autorin dieser Arbeit geprüft.

Tabelle 5.7 Überprüfung der Übereinstimmung der Kategorisierung

Aufgabe	Maß der Übereinstimmung (Cohens Kappa)
Aufgabe 1: 13 · 16	$\kappa = .766, p = .000$
Aufgabe 2: 25 · 19	$\kappa = .802, p = .000$
Aufgabe 3: 50 · 21	$\kappa = .689, p = .000$
Aufgabe 4: 12 · 25	$\kappa = .824, p = .000$
Aufgabe 5: 19 · 19	$\kappa = .816, p = .000$

Als Anhaltspunkt für die Beurteilung der Übereinstimmungsmaße in Tabelle 5.7 werden an dieser Stelle die Reliabilitätsstandards von Landis und Koch (1977, S. 165) herangezogen. Diese ordnen den erreichten statistischen Werten von Cohens Kappa verschiedene Begrifflichkeiten zu, welche die Stärke der Übereinstimmung beschreiben. Die Kappa-Werte zum Rechenweg der ersten und dritten Aufgabe können demnach als *„substantial agreement"*, also als erhebliche Übereinstimmung interpretiert werden. Die Kappa-Werte der restlichen Aufgaben können sogar als nahezu perfekte Übereinstimmung (*„almost perfect"*) angesehen werden.

Um die Güte des Kategoriensystems zu gewährleisten, kommt es bei der theoriebasiert-deduktiven und datenbasiert-induktiven Konstruktion des Kategoriensystems insbesondere darauf an, die Validität des entwickelten Instruments zu sichern (Döring & Bortz, 2016, S. 557). Auf diese Weise soll garantiert werden, dass tatsächlich jene Merkmale erfasst werden, die für das Forschungsdesiderat relevant sind. Zur Sicherstellung der inhaltlichen Validität der einzelnen Kategorien wurden diese sorgfältig unter Rückgriff auf bestehende Klassifikationen von Fachexperten und Fachexpertinnen und vor dem Hintergrund des Forschungsstandes abgeleitet (vgl. Kapitel 4). Mit Blick auf die intersubjektive Nachvollziehbarkeit als weiteres Kriterium der internen Studiengüte werden die einzelnen Kategorien in Abschnitt 6.1 differenziert beschrieben, an konkreten Beispielen illustriert und begründet.

Außerdem ist in der vorliegenden Untersuchung eine bestmögliche Objektivität in Bezug auf die Durchführung gegeben, wenn sich an die dargestellten Durchführungshinweise in Abschnitt 5.2.2 gehalten wurde. So kann Unabhängigkeit von den Testdurchführenden gewährleistet werden, da diese unter anderem explizit darauf hingewiesen wurden, keine inhaltliche Hilfestellung zu geben. Die Auswertung der Lösungswege mittels des beschriebenen Kategoriensystems und die softwaregestützte Auswertung der Aufgabenstellung zum Erkennen ikonischer Modelle gewährleisten darüber hinaus Auswertungsobjektivität.

Ergebnisse der Studie

6

Anhand einer schriftlichen Befragung zur Bearbeitung von fünf Multiplikationsaufgaben des großen Einmaleins wurde der Einsatz von Rechenstrategien und dabei auftretende Fehler in den erhobenen Lösungswegen der Kinder analysiert. Orientiert an den Forschungsfragen der vorliegenden Arbeit gliedert sich die Darstellung der Ergebnisse in die folgenden Abschnitte:

Zu Beginn des Kapitels wird die qualitative Auswertung zur systematischen Beschreibung der Lösungswege im großen Einmaleins vorgestellt (Abschnitt 6.1). Das entwickelte Kategoriensystem bildet die Grundlage für die im Laufe des Kapitels dargestellten Ergebnisse. Zunächst werden die Ergebnisse bezogen auf die Gesamtheit an Lösungswegen berichtet, um die Verteilung der inhaltlich beschriebenen Strategien und Fehler in den Lösungswegen darzustellen (Abschnitt 6.2). Darüber hinaus wird dargestellt, wie sich der Strategieeinsatz auf individueller Ebene gestaltet und wie sich das Auftreten der Strategien und Fehler bezogen auf die gestellten Multiplikationsaufgaben unterscheidet (Abschnitt 6.3). Abschließend werden Ergebnisse der weiterführenden Fehleranalysen zusammengestellt, mit dem Fokus auf die Analyse typischer und systematischer Fehler bei der Lösung von Multiplikationsaufgaben des großen Einmaleins (Abschnitt 6.4). Den letzten Abschnitt bilden die Ergebnisse der Analyse der Aufgabenstellung zur bildlichen Darstellung der Multiplikation (Abschnitt 6.5). Die Ergebnisse zum Erkennen ikonischer Modelle der Multiplikation werden an dieser Stelle herangezogen und zu den mathematisch-symbolischen Lösungswegen der Kinder in Beziehung gesetzt.

© Der/die Autor(en), exklusiv lizenziert an Springer Fachmedien Wiesbaden GmbH, ein Teil von Springer Nature 2023
S. Kaun, *Strategieverwendung bei der Multiplikation zweistelliger Zahlen*, https://doi.org/10.1007/978-3-658-42394-0_6

6.1   Qualitative Auswertung: Kategorisierung der Lösungswege

Im Sinne des zugrundeliegenden Strategieverständnisses wurde ein umfassendes Kategoriensystem entwickelt, um die Lösungswege der Kinder zu beschreiben. Anknüpfend an das in Abschnitt 5.3 dargestellte Vorgehen bei der Kategorienbildung werden im Folgenden die Kategorien zur systematischen Beschreibung der auftretenden Rechenstrategien inhaltlich und beispielgebunden vorgestellt.

In den Ausführungen des Abschnitts wird dargestellt, welche Rechenstrategien und Fehler bei der Multiplikation im großen Einmaleins auftreten. Dabei liegt der Schwerpunkt auf der Darstellung der induktiv gebildeten Kategorien. Im Mittelpunkt der Ausführungen steht die Beantwortung der folgenden Forschungsfrage:

FF1   *Wie können Rechenstrategien und Fehler zur Lösung von Multiplikations-aufgaben des großen Einmaleins systematisch beschrieben werden, sodass sie für weitere Analysen herangezogen werden können?*

Zu Beginn der Kategorisierung wurden die Lösungswege zunächst den zugrundeliegenden Lösungsstrategien zugeordnet (vgl. Abschnitt 4.1.1).

Es wurde unterschieden in Lösungswege in Form

– der wiederholten Addition,
– von Rechenstrategien und
– des schriftlichen Multiplikationsverfahrens.

Daneben wurden auch Bearbeitungen erfasst, in denen kein Lösungsweg, sondern ausschließlich das Endergebnis der gestellten Multiplikationsaufgabe angegeben wurde. In diesem Fall sind keine weiteren Aussagen über den Lösungsweg möglich. Ebenso wurden Lösungswege in Form einer zeichnerischen Darstellung erfasst.

Bezugnehmend auf das Untersuchungsziel dieser Arbeit stehen Lösungswege in Form von Rechenstrategien im Fokus der Ausführungen. Auf Ergebnisse zu den weiteren Lösungsstrategien wird im Rahmen von Abschnitt 6.2.1 nur in Kürze eingegangen, um deren Auftreten zu beschreiben.

6.1.1   Kategorisierung tragfähiger Rechenstrategien

In Anlehnung an das Strategieverständnis dieser Arbeit wird für die Kategorisierung zunächst unterschieden, ob innerhalb des Lösungswegs ein Faktor oder beide Faktoren zur Aufgabenbearbeitung verändert werden und wie sich diese Veränderung gestaltet. Die unterschiedenen Veränderungsprozesse wurden bereits im Rahmen der methodischen Beschreibung zur Entwicklung des Kategoriensystems inhaltlich beschrieben (vgl. Absatz 5.3). Im Folgenden werden Rechenstrategien, in denen ein Faktor verändert wird mit (1) und Strategien, in denen beide Faktoren verändert werden mit (2) gekennzeichnet.

Die in der mathematikdidaktischen Literatur beschriebenen Rechenstrategien der Multiplikation werden an dieser Stelle herangezogen und den unterschiedenen Veränderungsprozessen zugeordnet. Im folgenden Abschnitt werden diese mittels der erhobenen Daten quantifiziert. Zusätzlich zu jenen klassischen Rechenstrategien wurden anhand des Datenmaterials weitere Kategorien gebildet (induktive Kategorienbildung), um die Vielfalt an Lösungswegen der Kinder umfassend abzubilden (Tabelle 6.1). Die Kategorisierung auftretender Fehler wird in Abschnitt 6.1.2 dokumentiert.

Tabelle 6.1 Kategorien zur Beschreibung tragfähiger Rechenstrategien bei der Multiplikation zweistelliger Zahlen

Rechenweg			
Zerlegen und anschließendes Zusammensetzen (1)	Zerlegen und anschließendes Zusammensetzen (2)	Ableiten von einem anderen Multiplikationsterm (1)	Ableiten von einem anderen Multiplikationsterm (2)
Unterkategorien			
Schrittweises Multiplizieren (1)	Stellenweises Multiplizieren (2)	Hilfsaufgabe Multiplikation (1)	Gegensinniges Verändern Multiplikation (2)
Ziffernrechnen mit Berücksichtigung der Stellenwerte (1)	Ziffernrechnen mit Berücksichtigung der Stellenwerte (2)		

In den folgenden Ausführungen werden die in Tabelle 6.1 enthaltenen Unterkategorien inhaltlich beschrieben und anhand geeigneter Beispiele veranschaulicht.

In der mathematikdidaktischen Literatur werden unter dem Begriff schrittweises Rechnen verschiedene Rechenwege zusammengefasst (vgl. Abschnitt 4.1.3). Dabei werden vielfältige Zerlegungsformen wie das additive, subtraktive oder multiplikative Zerlegen unter das schrittweise Rechnen gefasst. In dieser Arbeit werden diese Lösungswege separat kategorisiert und die Rechenstrategie des schrittweisen Rechnens im Kontext der Multiplikation enger gefasst. Außerdem wird für die folgenden Ausführungen der Begriff *schrittweises Multiplizieren (1)* gewählt (Tabelle 6.2), um die Strategie begrifflich vom Inhaltsbereich der Addition und Subtraktion klar abzugrenzen.

Tabelle 6.2 Inhaltliche Beschreibung und Ankerbeispiel für die Kategorie „schrittweise Multiplizieren" an der Aufgabe 13 · 16

Inhaltliche Beschreibung:

Beim *schrittweisen Multiplizieren (1)* wird einer der zwei Faktoren des Multiplikationsterms additiv zerlegt, um den ursprünglichen Term in Teilaufgaben zu zerlegen. Der zerlegte Faktor wird auf Grundlage der Distributivität mit dem anderen Faktor multipliziert. Anschließend werden die Teilprodukte addiert.

Beispielhafter Lösungsweg	Abschrift	Beschreibung
10 · 16 = 160 *3 · 16 = 48* *160 + 48 = 208* *20 ist das Ergebnis*	$10 \cdot 16 = 160$ $3 \cdot 16 = 48$ $160 + 48 = 208$	Ein Faktor des Terms (hier 13) wird stellengerecht zerlegt (10 und 3). Anschließend werden beide Stellen mit dem anderen Faktor (16) multipliziert. Die Teilprodukte werden addiert, um das Ergebnis zu bestimmen.

Weitere Kategorie zum schrittweisen Multiplizieren:

ich würde zuerst 13·13=169 dann 3·13=3∙+169 ist 208	$13 \cdot 13 = 169$ $3 \cdot 13 = 39$ $39 + 169 = 208$	Ein Faktor des Terms (hier 16) wird individuell zerlegt (13 und 3). Anschließend wird der zerlegte Faktor jeweils mit dem anderen Faktor (13) multipliziert. Die Teilprodukte werden addiert, um das Ergebnis zu bestimmen.

Das Ziffernrechnen wird in der mathematikdidaktischen Literatur häufig nicht als Rechenstrategie aufgeführt. Mit diesem Begriff wird das Rechnen mit einstelligen Zahlen beschrieben. Auch wenn streng genommen mit Ziffern nicht gerechnet werden kann, wird der Begriff in der vorliegenden Arbeit aufgrund seiner Gebräuchlichkeit verwendet. In der Regel taucht das Ziffernrechnen in Zusammenhang mit dem schriftlichen Rechenverfahren (Krauthausen, 1993) oder der Beschreibung von Fehlern bei der Multiplikation auf (Schipper, 2009, S. 161). In der vorliegenden Arbeit wurde anhand des Datenmaterials eine Kategorie gebildet, die das *Ziffernrechnen mit Berücksichtigung der Stellenwerte (1)* als Rechenstrategie bei der Zerlegung eines Faktors beschreibt (Tabelle 6.3).

Tabelle 6.3   Inhaltliche Beschreibung und Ankerbeispiel für die Kategorie „Ziffernrechnen mit Berücksichtigung der Stellenwerte (1)" an der Aufgabe $50 \cdot 21$

Inhaltliche Beschreibung:
Beim *Ziffernrechnen mit Berücksichtigung der Stellenwerte (1)* wird ein Faktor im Lösungsweg (ziffernweise) in seine Zahlenwerte zerlegt. Die richtige Lösung kann bestimmt werden, wenn der zerlegte Faktor auf Grundlage der Distributivität und Assoziativität mit dem anderen Faktor multipliziert und die so bestimmten Teilprodukte in ihre ursprünglichen Stellenwerte zurückgeführt werden.

Beispielhafter Lösungsweg	Abschrift	Beschreibung
$5 \cdot 21 = 1.05$ Danach hängt man die 0 um 50 an 1050	$5 \cdot 21 = 105$ Null anhängen 1050	Der erste Faktor wird ziffernweise zerlegt (hier 50) und mit dem anderen Faktor multipliziert. Über das „Anhängen" der Null wird das Teilprodukt wieder in seinen Stellenwert zurückgeführt.

Unter der Bezeichnung Ableiten oder Ableitungsstrategien wird bei der Multiplikation bei verschiedenen Autoren und Autorinnen die Hilfsaufgabe angeführt (Padberg & Benz, 2011, S. 187; Selter, 1994, S. 75 f.). Beim Ableiten wird die Beziehung zu einer anderen Multiplikationsaufgabe genutzt, um über deren Produkt das ursprünglich gesuchte Ergebnis zu bestimmen (Tabelle 6.4).

Tabelle 6.4 Inhaltliche Beschreibung und Ankerbeispiel für die Kategorie „Hilfsaufgabe Multiplikation (1)" an der Aufgabe 25 · 19

Inhaltliche Beschreibung:

Bei der *Hilfsaufgabe Multiplikation (1)* wird die Nähe zu einer einfacher zu lösenden Aufgabe genutzt, um das Produkt der eigentlichen Multiplikationsaufgabe zu bestimmen. Das Ergebnis der veränderten Aufgabe wird herangezogen, um die ursprüngliche Aufgabe auf Grundlage der Distributivität zu lösen.

Beispielhafter Lösungsweg	Abschrift	Beschreibung
$25 \cdot 19$ $25 \cdot 20 = 500 \quad 500 +$ $25 \cdot 1 = 25 \quad 25$ 475	$25 \cdot 20 = 500$ $25 \cdot 1 = 25$ 500 $- 25$ 475	Statt des ursprünglichen Faktors (hier 19) wird die Nachbarzahl (20) mit dem anderen Faktor (25) multipliziert. Anschließend wird das Ergebnis der Hilfsaufgabe so geändert (hier $- 1 \cdot 25$), dass das Produkt der ursprünglichen Aufgabe bestimmt ist.

Werden beide Faktoren innerhalb der Lösungswegs zerlegt, wird diese Strategie mit Begriffen wie Stellenwerte extra (Schipper, 2009, S. 159) oder stellenweises Rechnen (Padberg & Benz, 2011, S. 186) bezeichnet. Aus Gründen der Abgrenzung zur entsprechend bezeichneten Strategie bei der Addition und Subtraktion wird in der vorliegenden Arbeit der Begriff *stellenweises Multiplizieren (2)* verwendet (Tabelle 6.5).

Tabelle 6.5 Inhaltliche Beschreibung und Ankerbeispiel für die Kategorie „stellenweise Multiplizieren (2)" an der Aufgabe 13 · 16

Inhaltliche Beschreibung:

Beim *stellenweisen Multiplizieren (2)* werden beide Faktoren verändert, indem sie in ihre Stellenwerte zerlegt werden. Anschließend werden die einzelnen Stellenwerte des einen Faktors mit denen des anderen Faktors auf Grundlage der Distributivität multipliziert. Die auf diese Weise entstehenden Teilprodukte werden anschließend addiert.

Beispielhafter Lösungsweg	Abschrift	Beschreibung
Zuerst rechne ich 10 · 10 das ergibt 100 *Dann rechne ich 3 · 10 das ist 30* *100 + 30 = 130* *Danach multipliziere ich 10 · 6* *das ergibt 60* *dann rechne ich 3 · 6 das ist 18.* *60 + 18 = 78* *130 + 78 = 208*	$10 \cdot 10 = 100$ $3 \cdot 10 = 30$ $100 + 30 = 130$ $10 \cdot 6 = 60$ $3 \cdot 6 = 18$ $60 + 18 = 78$ $130 + 78 = 208$	Beide Faktoren werden stellengerecht zerlegt (hier in 10 und 3 bzw. 6). Anschließend werden die Stellen des einen Faktors mit denen des anderen multipliziert. So entstehen vier Multiplikationsschritte, deren Teilprodukte im Anschluss addiert werden.
Alternative Notationsform im Malkreuz: 	· | 10 6 | 3 | 30 18 10 | 100 60 130 78 | 208	Die Notationsform im Malkreuz bietet einen Überblick über die vier entstehenden Teilprodukte bei der stellengerechten Zerlegung beider Faktoren.

Weitere Kategorie zum stellenweisen Multiplizieren (2):

13 · 16 = 208 *13 · 10 = 130* *13 · 6* / \ *10 · 6 = 60* *3 · 6 = 18*	$13 \cdot 10 = 130$ $13 \cdot 6$ wird zerlegt in: $10 \cdot 6 = 60$ $3 \cdot 6 = 18$ $13 \cdot 16 = 208$	Zuerst wird der eine Faktor in seine Stellenwerte zerlegt (hier 16 in 10 und 6). Dann wird die Zehnerstelle (10) mit dem anderen Faktor multipliziert (hier 13). Um die Einerstelle des zerlegten Faktors (6) mit dem anderen Faktor zu multiplizieren, wird dieser im zweiten Teilprodukt ebenfalls in seine Stellenwerte zerlegt (10 und 3). Dann werden die Teilprodukte addiert.

Werden beide Faktoren des Multiplikationsterms ziffernweise zerlegt, wird die Strategie in der vorliegenden Arbeit als *Ziffernrechnen mit Berücksichtigung der Stellenwerte (2)* bezeichnet (Tabelle 6.6).

Tabelle 6.6 Inhaltliche Beschreibung und Ankerbeispiel für die Kategorie „Ziffernrechnen mit Berücksichtigung der Stellenwerte (2)" an der Aufgabe $50 \cdot 21$

Inhaltliche Beschreibung:

Beim *Ziffernrechnen mit Berücksichtigung der Stellenwerte (2)* werden beide Faktoren des Multiplikationsterms ziffernweise in ihre Zahlenwerte zerlegt. Die richtige Lösung kann bestimmt werden, wenn die zerlegten Faktoren auf Grundlage der Distributivität und Assoziativität multipliziert und die bestimmten Teilprodukte wieder in ihre ursprünglichen Stellenwerte zurückgeführt und anschließend addiert werden.

Beispielhafter Lösungsweg	Abschrift	Beschreibung
	$5 \cdot 2 = 10$	Beide Faktoren werden
	$50 \cdot 20 = 1000$	ziffernweise zerlegt und
		miteinander multipliziert. Über
	$5 \cdot 1 = 5 = *$	das „Anhängen" der im
	$50 \cdot 1 = 50$	Rechenweg vernachlässigten
	$1000 + 50 = 1050$	Nullen werden die
		entstandenen Teilprodukte
		wieder in ihre ursprünglichen
		Stellenwerte zurückgeführt.
		Anschließend werden die
		Teilprodukte addiert.

Anmerkung. *An dieser Stelle wird im Rechenweg das Gleichheitszeichen falsch verwendet.

Werden beim Ableiten beide Faktoren verändert, um das Ergebnis über einen anderen Multiplikationsterm zu bestimmen finden sich in der Literatur die Begriffe Vereinfachen (Padberg & Benz, 2011, S. 187) oder gegensinniges Verändern (Schipper, 2009, S. 160). In der vorliegenden Arbeit werden Lösungswege dieser Form mit als *gegensinniges Verändern Multiplikation (2)* bezeichnet (Tabelle 6.7).

Tabelle 6.7 Inhaltliche Beschreibung und Ankerbeispiel für die Kategorie „gegensinniges Verändern Multiplikation (2)" an der Aufgabe 12 · 25

Inhaltliche Beschreibung:
Der Rechenstrategie *gegensinniges Verändern Multiplikation (2)* liegt die Assoziativität zugrunde. Damit kann die Aufgabe vereinfacht werden, wenn der eine Faktor durch eine natürliche Zahl a geteilt werden kann und der andere Faktor mit der gleichen Zahl a multipliziert wird. Auf diese Weise bleibt das Produkt der Aufgabe unverändert (Konstanz des Produkts).

Beispielhafter Lösungsweg	Abschrift	Beschreibung
50 · 6 = 350	50 · 6 = 350	Ein Faktor wird halbiert (hier 12) und der andere Faktor verdoppelt (25), um die Aufgabe zu vereinfachen. Unabhängig zur Strategie unterläuft bei der Ergebnisbestimmung im Beispiel ein Rechenfehler.

Die in diesem Abschnitt vorgestellten Rechenstrategien beschreiben alle tragfähige Rechenstrategien. Es sei an dieser Stelle bereits erwähnt, dass sich
die Mehrheit der erhobenen Lösungswege nicht in diesen Kategorien wie-
derfindet. Beim Großteil der beobachteten Lösungswege handelt es sich um
Fehlerstrategien. Diese werden im folgenden Abschnitt vorgestellt.

6.1.2 Kategorisierung auftretender Fehler

Zur Erforschung von Fehlern bei der Multiplikation liegen bislang kaum Ergebnisse vor (Padberg & Benz, 2011, S. 199). Die im Folgenden beschriebene
Kategorisierung der auftretenden Fehler dient dazu, Schwierigkeiten der Schüler und Schülerinnen bei der Lösung der Multiplikationsaufgaben objektiv zu
beschreiben. Zur systematischen Beschreibung der Fehler innerhalb der Lösungswege wurde zunächst die Unterteilung in strategieunabhängige und strategieabhängige Fehler aus der mathematikdidaktischen Literatur übernommen (vgl.
Abschnitt 4.2.2). Für die Ausdifferenzierung der unterschiedenen Fehlertypen
wurde in einem nächsten Schritt der Großteil der Kategorien induktiv anhand der
erhobenen Lösungswege entwickelt. Die in den bisherigen Untersuchungen und
der Literatur dokumentierten Beschreibungen von Fehlern wurden in das Kategoriensystem aufgenommen und werden an den entsprechenden Stellen kenntlich
gemacht.

Kategorisierung strategieabhängiger Fehler – Fehlerstrategien
In Abschnitt 4.3 wurde deutlich, dass Fehlerstrategien zwar empirisch beobachtet,
aber bislang nicht systematisch beschrieben wurden. Genau wie bei der Beschreibung tragfähiger Rechenstrategien werden zur Beschreibung der Fehlerstrategien
die unterschiedlichen Veränderungsprozesse als übergeordnete Struktur herangezogen. Fehlerstrategien, bei denen nicht hervorgeht, wie die Faktoren verändert
wurden werden in der Kategorie *nicht zuordenbar* zusammengefasst. Diese werden
im Folgenden nicht weiter ausgeführt.
   Im Unterschied zum vorangegangenen Abschnitt werden den unterschiedlichen
Veränderungsprozessen an dieser Stelle jedoch zunächst Oberkategorien für eine
erste Beschreibung der Fehlerstrategien zugeordnet (Tabelle 6.8). Dies geschieht
aufgrund der Vielzahl an beobachteten Fehlerstrategien. Insgesamt wurden zur
Beschreibung der Fehlerstrategien 37 Unterkategorien entwickelt und zu den hier
vorgestellten 14 Oberkategorien zusammengefasst. Die Beschreibung der Unterkategorien erfolgt dann, wenn dies für die durchgeführten Analysen relevant ist. In

diesem Fall werden die entsprechenden Unterkategorien direkt in Verbindung zur Dokumentation der empirischen Ergebnisse in Abschnitt 6.2.4 aufgegriffen.

Tabelle 6.8 Kategorien zur Beschreibung von Fehlerstrategien bei der Multiplikation zweistelliger Zahlen

Rechenweg			
Zerlegen und anschließendes Zusammensetzen (1)	Zerlegen und anschließendes Zusammensetzen (2)	Ableiten von einem anderen Multiplikationsterm (1)	Ableiten von einem anderen Multiplikationsterm (2)
Oberkategorien			
Übergeneralisierung Addition bei der Zerlegung (1)	Übergeneralisierung Addition bei der Zerlegung (2)	Übergeneralisierung Addition beim Ableiten (1)	Übergeneralisierung Addition beim Ableiten (2)
Ziffernrechnen ohne Berücksichtigung der Stellenwerte (1)	Ziffernrechnen ohne Berücksichtigung der Stellenwerte (2)	Ausgleichsfehler (1)	Ausgleichsfehler (2)
Kombination Übergeneralisierung und Ziffernrechnen (1)	Kombination Übergeneralisierung und Ziffernrechnen (2)		
Unvollständige Zerlegung (1)	Unvollständige Zerlegung (2)		
Sonstige Fehlerstrategien (1)	Sonstige Fehlerstrategien (2)		

In den folgenden Ausführungen werden die aufgeführten Oberkategorien inhaltlich beschrieben und anhand eines Beispiels jeweils für den Fall der Veränderung eines Faktors (1) oder beider Faktoren (2) veranschaulicht.

Das Übergeneralisieren von Lösungswegen einer Rechenoperation auf eine andere wurde bereits als Fehler in anderen Inhaltsbereichen wie beispielsweise der Bruchrechnung oder Algebra beschrieben (Prediger & Wittmann, 2009; Tietze, 1988). Im Kontext der Multiplikation wird diese Fehlerstrategie bisher nicht systematisch dokumentiert und analysiert. Tabelle 6.9 enthält ein Beispiel für eine Übergeneralisierung bei der Zerlegung.

Tabelle 6.9 Inhaltliche Beschreibung und Ankerbeispiel für die Kategorie „Übergeneralisierung Addition bei der Zerlegung" an der Aufgabe 13 · 16

Inhaltliche Beschreibung:
Zur Oberkategorie *Übergeneralisierung Addition bei der Zerlegung (1) (2)* gehören Lösungswege, bei denen bei der Zerlegung eines Faktors oder beider Faktoren Lösungswege aus dem Inhaltsbereich der Addition in den multiplikativen Kontext übertragen werden.

Beispielhafter Lösungsweg	Abschrift	Beschreibung
$13 \cdot 10 = 130$ $130 \cdot 6 = 780$ 780	$13 \cdot 10 = 130$ $130 \cdot 6 = 780$ Schrittweises Rechnen bei der Addition: $\underline{13 + 16 = 29}$ $13 + 10 = 23$ $23 + 6 = 29$	(1) Der zweite Faktor (hier 16) wird stellengerecht zerlegt (in 10 und 6). Dann wird die Zehnerstelle (10) mit dem anderen Faktor multipliziert (13). Anschließend wird, wie zum schrittweisen Rechnen bei der Addition, mit dem Zwischenergebnis weitergerechnet und dieses mit der Einerstelle multipliziert (6), um das Endergebnis zu bestimmen.

Beim *Ziffernrechnen ohne Berücksichtigung der Stellenwerte (1) (2)* handelt es sich um eine Fehlerstrategie. Auch bei anderen Autoren und Autorinnen wird das Ziffernrechnen unter dem Aspekt häufiger Fehler bei der Multiplikation aufgeführt (vgl. Abschnitt 4.2.2). Dieses wird in Tabelle 6.10 exemplarisch dargestellt.

Tabelle 6.10 Inhaltliche Beschreibung und Ankerbeispiel für die Kategorie „Ziffernrechnen ohne Berücksichtigung der Stellenwerte (1) (2)" an der Aufgabe $12 \cdot 25$

Inhaltliche Beschreibung:

Beim *Ziffernrechnen ohne Berücksichtigung der Stellenwerte (1) (2)* werden ein oder beide Faktoren ziffernweise zerlegt (z. B. 12 in 1 und 2 und nicht in 10 und 2). Die Stellenwerte bleiben im Lösungsweg unberücksichtigt. Die ziffernweise zerlegten Faktoren werden multipliziert und die Ergebnisse anschließend addiert.

Beispielhafter Lösungsweg	Abschrift	Beschreibung
	$2 \cdot 2 = 4$ statt $2 \cdot 2Z$ $1 \cdot 2 = 2$ statt $1Z \cdot 2Z$ $1 \cdot 5 = 5$ statt $1Z \cdot 5$ $2 \cdot 5 = 10$ $4 + 2 + 5 + 10 = 21$ $12 \cdot 25 = 21$ statt: $40 + 200 + 50 + 10 = 300$ $12 \cdot 25 = 300$	(2) Beide Faktoren werden angelehnt an das *stellenweise Multiplizieren* ziffernweise zerlegt und die entstehenden vier Teilprodukte im Anschluss addiert. Die ursprünglichen Stellenwerte bleiben dabei unberücksichtigt.

Kommt es im Lösungsweg zu einer Vermischung der beiden vorangegangenen Fehlerstrategien *Übergeneralisierung Addition bei der Zerlegung (1) (2)* (Tabelle 6.9) und *Ziffernrechnen ohne Berücksichtigung der Stellenwerte (1) (2)* (Tabelle 6.10), werden diese in der Kategorie *Kombination Übergeneralisierung und Ziffernrechnen (1) (2)* zusammengefasst. Dies kann Tabelle 6.11 entnommen werden.

Tabelle 6.11 Inhaltliche Beschreibung und Ankerbeispiel für die Kategorie „Kombination Übergeneralisierung und Ziffernrechnen (1) (2)" an der Aufgabe 13 · 16

Inhaltliche Beschreibung:

Bei Lösungswegen der Kategorie *Kombination Übergeneralisierung und Ziffernrechnen (1) (2)* wird mit einem oder beiden Faktoren ziffernweise gerechnet und ein Lösungsweg aus dem Inhaltsbereich der Addition in den multiplikativen Kontext übertragen.

Beispielhafter Lösungsweg	Abschrift	Beschreibung
$1 \cdot 1 = 1 \cdot 7$	$1 \cdot 1 = 1$ statt $1Z \cdot 1Z$	(2) Beide Faktoren werden
$3 \cdot 6 = 18$	$3 \cdot 6 = 18$	ziffernweise zerlegt und
$18 + 1 = 19$		angelehnt an das stellenweise
	$18 + 1 = 19$	Rechnen bei der Addition
		multipliziert. Die entstehenden
	Stellenweises Rechnen	Teilprodukte werden addiert.
	bei der Addition:	
	$13 + 16 = 29$	
	$10 + 10 = 20$	
	$3 + \ \ 6 = \ \ 9$	

Bei der Zerlegung der Faktoren lassen sich außerdem Fehlerstrategien beobachten, bei denen im Lösungsweg damit begonnen wird, einen Faktor oder beide Faktoren zu zerlegen. Der Zerlegungsprozess wird dabei nicht in Gänze durchgeführt und es fehlen einzelne Multiplikationsschritte. Ein Beispiel befindet sich in Tabelle 6.12.

Tabelle 6.12 Inhaltliche Beschreibung und Ankerbeispiel für die Kategorie „unvollständige Zerlegung (1) (2)" an der Aufgabe 13 · 16

Inhaltliche Beschreibung:

Bei Fehlerstrategien der Kategorie *unvollständige Zerlegung (1) (2)* wird der Lösungsweg damit begonnen, ein oder beide Faktoren stellengerecht zu zerlegen. Der Zerlegungsprozess wird aber nicht in Gänze durchgeführt und es fehlen einzelne Multiplikationsschritte.

Beispielhafter Lösungsweg	Abschrift	Beschreibung
$13 \cdot 10 = 130$ $3 \cdot 6 = 18$ $130 + 18 = 148$	$13 \cdot 10 = 130$ $3 \cdot \ \ 6 = \ \ 18$ $130 + 18 = 148$	(1) Der zweite Faktor (hier 16) wird in seine Stellenwerte zerlegt. Es wird damit begonnen, den zerlegten Faktor mit dem ersten Faktor (hier 13) zu multiplizieren.
	Es fehlt der Teilschritt: $10 \cdot 6 = 60$	Im zweiten Teilschritt wird auch der erste Faktor zerlegt und die Einerstellen der beiden Faktoren multipliziert. Die Zehnerstelle des ersten Faktors (13) bleibt unberücksichtigt. Dadurch fehlt im Lösungsweg ein Teilschritt.

Lösungswege, die keiner der bisher beschriebenen Kategorien bei der Zerlegung eines Faktors oder beider Faktoren zugeordnet werden können, werden in der Kategorie *sonstige Fehlerstrategien* zusammengefasst (Tabelle 6.13).

Tabelle 6.13 Inhaltliche Beschreibung und Beispiel für die Kategorie „sonstige Fehlerstrategien (1) (2)" an der Aufgabe 13 · 16

Inhaltliche Beschreibung:

Unter *sonstige Fehlerstrategien (1) (2)* werden verschiedene Fehlerstrategien zusammengefasst, die den bisher beschriebenen Kategorien bei der Zerlegung eines Faktors oder beider Faktoren nicht zugeordnet werden können. Es handelt sich bei diesen unterschiedlichen Fehlerstrategien ausschließlich um Lösungswege, in denen ein oder beide Faktoren zerlegt werden.

Beispielhafter Lösungsweg	Abschrift	Beschreibung
zuerst rechne ich 13·6=78. dann 10·10=100 dann 16·3=48 78+100+48=226	$13 \cdot \ \ 6 = \ \ 78$ $10 \cdot 10 = 100$ $16 \cdot \ \ 3 = \ \ 48$ $78 + 100 + 48 = 226$	(2) Beide Faktoren werden in ihre Stellenwerte zerlegt und anders (fehlerhaft) multipliziert.

Neben Fehlerstrategien bei der Zerlegung eines Faktors oder beider Faktoren können am Datenmaterial auch verschiedene Fehlerstrategien beim Ableiten unterschieden werden. Diese können, ähnlich zu den bereits geschilderten Oberkategorien zur Beschreibung der Fehlerstrategien bei der Zerlegung, über das Übergeneralisieren additiver Lösungswege beschrieben werden. Ein Beispiel befindet sich in Tabelle 6.14.

Tabelle 6.14 Inhaltliche Beschreibung und Ankerbeispiel für die Kategorie „Übergeneralisierung Addition beim Ableiten (1) (2)" an der Aufgabe 25 · 19

Inhaltliche Beschreibung:

Bei der Fehlerstrategie *Übergeneralisierung Addition beim Ableiten (1) (2)* werden Lösungswege des Ableitens bei der Addition auf die Lösung einer Multiplikationsaufgabe übertragen.

Beispielhafter Lösungsweg	Abschrift	Beschreibung
$25 \cdot 20 = 500 - 1 = 499$ Man ænaell 79 zu 20 und zieht beim ergebnis 1 ab	$25 \cdot 20 = 500$ $500 - \quad 1 = 499$ statt $500 - 25 = 475$	(1) Die Aufgabe 25 · 19 wird über die *Hilfsaufgabe* 25 · 20 gelöst. Der Ausgleich findet jedoch in Anlehnung an die Hilfsaufgabe bei der Addition statt $(a + 9 = a + 10 - 1)$, indem vom Zwischenprodukt nur 1 abgezogen wird, was der Veränderung des Faktors von 19 auf 20 entspricht.

Zusätzlich zum Übergeneralisieren des additiven Lösungswegs der Hilfsaufgabe lassen sich weitere Fehler beim Ausgleich von der abgeleiteten zur ursprünglichen Aufgabe beobachten (Tabelle 6.15).

Tabelle 6.15 Inhaltliche Beschreibung und Ankerbeispiel für die Kategorie „Ausgleichsfehler (1) (2)" an der Aufgabe 25 · 19

Inhaltliche Beschreibung:

Bei der Fehlerstrategie *Ausgleichsfehler (1) (2)* werden Fehler im Lösungsweg beim Ausgleichen von der abgeleiteten zur ursprünglichen Aufgabe gemacht.

Beispielhafter Lösungsweg	Abschrift	Beschreibung
	$25 \cdot 20 = 500$ $1 \cdot 19 = 19$ 4 $\cancel{500}$ statt $500 - 25 = 475$ $- 19$ 481	(1) Die Aufgabe $25 \cdot 19$ wird über die *Hilfsaufgabe* $25 \cdot 20$ gelöst. Anschließend findet jedoch ein Ausgleich über den falschen Faktor statt. Dabei wird der Faktor, der zum Nutzen der Hilfsaufgabe erweitert wurde (19) subtrahiert.

Die Ausführungen geben einen Überblick über die gebildeten Oberkategorien zur Beschreibung auftretender Fehlerstrategien bei der Lösung von zweistelligen Multiplikationsaufgaben. Diese wurden, genauso wie die tragfähigen Rechenstrategien, über den zugrundeliegenden Veränderungsprozess systematisiert.

Kategorisierung strategieunabhängiger Fehler

Dem zugrundeliegenden Verständnis von Fehlern in dieser Arbeit folgend (vgl. Absatz 4.2.4) werden jene Fehler als strategieunabhängige Fehler betrachtet, die bei der Ausführung einer Strategie auftreten. Diese werden unabhängig von den zuvor beschriebenen strategieabhängigen Fehlern (Fehlerstrategien) erfasst. Strategieunabhängige Fehler können in Verbindung mit tragfähigen Rechenstrategien oder Fehlerstrategien auftreten.

Es wurden die folgenden Oberkategorien zur Beschreibung strategieunabhängiger Fehler gebildet (Tabelle 6.16):

Tabelle 6.16 Oberkategorien zur Beschreibung strategieunabhängiger Fehler innerhalb des Lösungsweges

Oberkategorien	Inhaltliche Beschreibung
Fehler innerhalb eines Teilschritts	Nach der Veränderung der Aufgabe tritt innerhalb eines Teilschritts ein Fehler bei der Ausführung der Multiplikation auf.
Fehler bei der Verknüpfung der Teilprodukte	Nach der Bestimmung der Teilprodukte tritt ein Fehler bei der Verknüpfung der Teilprodukte auf.
Falsche Rechenoperation	Eine Multiplikationsaufgabe wird über eine andere Rechenoperation gelöst.
Nicht eindeutige Fehler	Fehler, die zwei Oberkategorien zugeordnet werden können und damit keine eindeutige Zuordnung möglich ist.
Sonstige Fehler	Zuordnung zu keiner der Kategorien möglich.

Die vorgestellten Oberkategorien zur Beschreibung strategieunabhängiger Fehler beinhalten verschiedene Unterkategorien. Diese werden auf den folgenden Seiten beschrieben und anhand von Beispielen veranschaulicht. Fehler, die bereits in der mathematikdidaktischen Literatur oder in empirischen Studien im Rahmen der Multiplikation dokumentiert wurden, werden mit einem entsprechenden Verweis gekennzeichnet. Teilweise enthalten die gewählten Beispiele neben strategieunabhängigen Fehlern auch strategieabhängige Fehler. Dies ist der Fall, wenn keine Bearbeitungen vorliegen, in denen ausschließlich der zu veranschaulichende strategieunabhängige Fehler auftritt.

Die Oberkategorie *Fehler innerhalb eines Teilschritts* umfasst verschiedene strategieunabhängige Fehler. Diese werden in Tabelle 6.17 aufgelistet und inhaltlich erläutert.

Tabelle 6.17 Inhaltliche Beschreibung und Ankerbeispiele zu Fehlern der Oberkategorie „Fehler innerhalb eines Teilschritts" an der Aufgabe $12 \cdot 25$

Fehler innerhalb eines Teilschritts

Unterkategorien	Beispiel	Abschrift	Inhaltliche Beschreibung
Rechenfehler (z. B. bei Köhler, 2019)	$12 \cdot 20 = 280$ $12 \cdot 5 = 60$ $60 + 280 = 340$	$12 \cdot 20 = 280$ $12 \cdot 5 = 60$ $60 + 280 = 340$	Es kommt beim Ausrechnen eines Teilschritts zu einem Rechenfehler.
Zählfehler (z.B. bei Padberg & Benz, 2011, 147 f; Schipper, 2009, S. 161)	$12 \cdot 20 \cdot 240$ $12 \cdot 5 \cdot 22$ $240 \cdot 72 = 312$	$12 \cdot 20 = 240$ $12 \cdot 5 = 72$ $240 + 72 = 312$	Beim Lösen der Aufgabe über das Aufsagen der „12er-Reihe" oder fortgesetztes Addieren wird ein Faktor zu viel bzw. zu wenig addiert.
Übergeneralisierung Addition	$12 \cdot 25 = 310$ $10 \cdot 20 = 300$ $2 \cdot 5 = 10$ $300 + 10 = 310$	$10 \cdot 20 = 300$ $2 \cdot 5 = 10$ $300 + 10 = 310$	Es werden Schemata der Addition auf die Lösung eines Teilschritts übertragen. Bei der Multiplikation der Zehnerstellen werden additive (Addition der Werte der Zehnerstellen, $1 + 2 = 3$) und multiplikative Aspekte gemischt („Anhängen" der Nullen). Im Beispiel wird außerdem eine Fehlerstrategie verwendet.
Addition im Teilschritt	$12 \cdot 25$ $10 \cdot 20 = 30$ $2 \cdot 5 = 10$ 40	$10 \cdot 20 = 30$ $2 \cdot 5 = 10$ $30 + 10 = 40$	Innerhalb eines Teilschritts werden die Faktoren addiert anstelle multipliziert. Im Beispiel wird außerdem eine Fehlerstrategie verwendet.

Neben Rechenfehlern und Zählfehlern werden auch bei strategieunabhängigen Fehlern Vermischungen mit dem Inhaltsbereich der Addition festgestellt. In den Lösungswegen kommt es vor, dass die Rechenoperation innerhalb eines Teilschritts verwechselt wird und die Faktoren addiert statt multipliziert werden. Außerdem werden innerhalb der Teilschritte Übergeneralisierungen beobachtet. Fehler in Folge einer Übergeneralisierung aus dem Inhaltsbereich der Addition wurden bereits unter dem Aspekt strategieabhängiger Fehler im vorangegangenen Abschnitt vorgestellt. Fehler in Folge einer Übergeneralisierung werden auch innerhalb der strategieunabhängigen Fehler gemacht. Der Unterschied dabei ist, dass in diesen Fällen keine Rechenstrategie der Addition in den multiplikativen Kontext übertragen wird, sondern beim Rechenvorgang selbst eine Vermischung additiver und multiplikativer Aspekte stattfindet (im Beispiel in Tabelle 6.17 beim Ausrechnen eines Teilprodukts).

Innerhalb eines Teilschritts lassen sich auch Probleme bei der Multiplikation mit Null beobachten. Dabei handelt es sich um spezifische Rechenfehler bei der Multiplikation von glatten Zehnerzahlen oder mit Null (Tabelle 6.18).

Tabelle 6.18 Inhaltliche Beschreibung und Ankerbeispiele zu Fehlern der Oberkategorie „Fehler innerhalb eines Teilschritts" an der Aufgabe 50 · 21

Fehler innerhalb eines Teilschritts			
Unterkategorien	Beispiel	Abschrift	Inhaltliche Beschreibung
Multiplikation *mit Null* (z.B. bei Padberg & Benz, 2011, 147 f; Schipper, 2009, S. 161)	$50 \cdot 20 = 1000$ $0 \cdot 1 = 1$ $1 + 1000 = 1001$	$50 \cdot 20 = 1000$ $0 \cdot 1 = 1$ $1000 + 1 = 1001$	Es entstehen innerhalb eines Teilschritts Fehler bei der Multiplikation mit 0.
Stellenwertfehler (z. B. bei Moser Opitz, 2007, S. 198)	$50 \cdot 21 = 150$ $50 \cdot 20 = 100$ $50 \cdot 1 = 50$	$50 \cdot 20 = 100$ $50 \cdot 1 = 50$ $100 + 50 = 150$	Bei der Multiplikation der Zehnerstellen weicht das Ergebnis um eine Zehnerpotenz ab.

Neben Fehlern beim Ausrechnen eines Teilschritts werden außerdem *Fehler bei der Verknüpfung der Teilprodukte* beobachtet. Diese werden in Tabelle 6.19 aufgeführt.

Tabelle 6.19 Inhaltliche Beschreibung und Ankerbeispiele eines Fehlers der Oberkategorie „Fehler bei der Verknüpfung der Teilprodukte" an der Aufgabe 12 ·25

Fehler bei der Verknüpfung der Teilprodukte			
Unterkategorien	Beispiel	Abschrift	Inhaltliche Beschreibung
Rechenfehler *Addition*	$12.20=240$ $12.5=60$ 240 60 $\overline{290}$	$12 \cdot 20 = 240$ $12 \cdot\ 5 =\ 60$ $240 + 60 = \boxed{290}$	Bei der Addition der Teilprodukte tritt ein Rechenfehler auf.
Multiplikative *Verknüpfung*	$10 \cdot 20 = 200$ $2 \cdot 5 = 10$ $200 \cdot 10 = 2000$	$10 \cdot 20 = 200$ $2 \cdot\ 5 =\ 10$ $200 \cdot 10 = \boxed{2000}$	Die Teilprodukte werden nicht additiv miteinander verknüpft, sondern multiplikativ. Im Beispiel wird außerdem eine Fehlerstrategie verwendet.

Werden die Faktoren des Terms innerhalb eines Lösungswegs nicht multipliziert, sondern addiert, dann wird dies der Kategorie falsche Rechenoperation zugeordnet. Im Unterschied zur Unterkategorie *falsche Rechenoperation* in Tabelle 6.19 findet der Fehler in diesem Zusammenhang nicht bei der Verknüpfung der Teilprodukte, sondern direkt bei der Verknüpfung der Faktoren statt (Tabelle 6.20).

Tabelle 6.20 Inhaltliche Beschreibung und Ankerbeispiel der Oberkategorie „Falsche Rechenoperation" an der Aufgabe 12 ·25

Falsche Rechenoperation			
Unterkategorie	Beispiel	Abschrift	Inhaltliche Beschreibung
Addition anstelle *Multiplikation*	*Ich rechne* $10+20=30$ $2+5=7$ $7+30$ *dann ist mein ergebnis* 37	$10 + 20 = \boxed{30}$ $2 +\ 5 =\ 7$ $30 + 7 = 37$	Die Zahlen des Terms werden nicht multipliziert, sondern miteinander addiert.

Fehler der Kategorie *nicht eindeutig* können auf objektive Weise nicht eindeutig zugeordnet werden. In diesem Fall ist anhand des notierten Teilprodukts eine Zuordnung zu verschiedenen Kategorien möglich. Aufgrund des Untersuchungsdesigns der vorliegenden Arbeit ist ein Nachfragen mit Blick auf das Zustandekommen des

Ergebnisses nicht möglich. Um solche zweideutigen Fehler nicht falsch zuzuordnen, werden diese in einer separaten Kategorie erfasst, um weiterführende Analysen nicht zu verfälschen (Tabelle 6.21).

Tabelle 6.21 Inhaltliche Beschreibung und Ankerbeispiel zur Oberkategorie „Nicht eindeutig" an der Aufgabe 19 ·19

Kategorie	Beispiel	Abschrift	Inhaltliche Beschreibung
Nicht eindeutig	10·10=100 9·9=18 18+100=118 19·19=118	$10 \cdot 10 = 100$ $9 \cdot 9 = \mathbf{18}$ $18 + 100 = 118$	Ein auftretender Fehler lässt sich nicht eindeutig zuordnen, da er auf verschiedene Fehler zurückgeführt werden kann. Der Fehler im Beispiel könnte einerseits auf ein Verwenden der Addition im Teilschritt zurückgeführt werden. Andererseits kann es sich jedoch ebenso um einen Zahlendreher bei der Notation des Teilprodukts handeln. Im Beispiel wird außerdem eine Fehlerstrategie verwendet.

Auftretende strategieunabhängige Fehler, die aufgrund fehlender Informationen im Lösungsweg nicht nachvollziehbar sind werden der Kategorie *sonstige Fehler* zugeordnet (Tabelle 6.22).

Tabelle 6.22 Inhaltliche Beschreibung und Ankerbeispiel zur Oberkategorie „Sonstige Fehler" an der Aufgabe 13 ·16

Kategorie	Beispiel	Abschrift	Inhaltliche Beschreibung
Sonstige Fehler	13·10 = 320 13·6	$13 \cdot 10 =$ $13 \cdot 6 =$ 320	Es wird eine Rechenstrategie beschrieben. Dabei werden keine Teilprodukte dokumentiert. Das Endergebnis ist mit Blick auf die angegebene Strategie fehlerhaft. Der strategieunabhängige Fehler kann aufgrund der fehlenden Teilprodukte nicht rekonstruiert werden.

Weitere Fehler

Neben den vorgestellten strategieabhängigen und strategieunabhängigen Fehlern wurden weitere Fehler beobachtet, die keinem der beiden Fehlertypen zuzuordnen sind. Bei Übertragungsfehlern handelt es sich nach dem dieser Arbeit zugrundeliegenden Verständnis weder um strategieabhängige noch um strategieunabhängige Fehler. Bei diesen wird die Aufgabe im Lösungsweg an sich falsch übertragen. In der Fachliteratur werden Übertragungsfehler auch als Flüchtigkeitsfehler beschrieben (Prediger & Wittmann, 2009). Ein Beispiel wird in Tabelle 6.23 dargestellt.

Tabelle 6.23 Inhaltliche Beschreibung und Ankerbeispiel der Kategorie „Übertragungsfehler" an der Aufgabe 12 ·25

Übertragungsfehler			
Unterkategorie	**Beispiel**	**Abschrift**	**Inhaltliche Beschreibung**
Aufgabe falsch	$25 \cdot 12$	$25 \cdot 10 = 250$	Ein oder beide Faktoren des
notiert	$25 \cdot 10 = 250$	$22 \cdot 2 = 44$	ursprünglichen Terms werden
	$22 \cdot 2 = 44$		innerhalb des Lösungswegs
	294	$250 + 44 = 294$	falsch abgeschrieben.

Bei Übertragungsfehlern handelt es sich um Fehler, die unabhängig vom Inhaltsbereich der Multiplikation auftreten. Diese Fehler werden erfasst, aber im Rahmen dieser Arbeit nicht weiter analysiert.

6.1.3 Gesamtbetrachtung des Lösungswegs

In den vorangegangenen beiden Abschnitten wurden mögliche Lösungswege für Multiplikationsaufgaben größer 100 und dabei auftretende Fehler systematisiert und inhaltlich beschrieben. Bislang fehlt es zu diesem Inhaltsbereich an umfassenden Beschreibungen auf breiter empirischer Basis (vgl. Abschnitt 4.3). Die Ausführungen dienen der Beantwortung folgender Forschungsfrage:

Wie können Rechenstrategien zur Lösung von Multiplikationsaufgaben des großen Einmaleins systematisch beschrieben werden, sodass sie für weiterführende Analysen herangezogen werden können?

Die vorgestellte Systematisierung der vorliegenden Arbeit beschreibt in einem ersten Schritt, wie die ursprüngliche Multiplikationsaufgabe verändert wird, um die Lösung zu bestimmen (Zerlegen und anschließendes Zusammensetzen oder Ableiten). In diesem Zusammenhang wurde unterschieden, ob ein oder beide Faktoren innerhalb des Lösungswegs verändert wurden ((1) und (2)).

Unter Berücksichtigung auftretender Fehler wurden Rechenstrategien danach unterteilt, ob diese tragfähig (tragfähige Rechenstrategien) oder fehlerhaft (Fehlerstrategien) sind. In Abschnitt 6.1.1 wurden die unterschiedenen tragfähigen Rechenstrategien und in Abschnitt 6.1.2 die unterschiedenen Fehlerstrategien (zunächst zusammengefasst in Form von Oberkategorien) dargestellt. In Tabelle 6.24 werden die beschriebenen Rechenstrategien für einen Überblick nochmals zusammengefasst. Auf diese Bezeichnungen wird im Rahmen der Ergebnisdarstellung immer wieder zurückgegriffen. Die differenzierten Fehlerstrategien der vorgestellten Oberkategorien werden in Abschnitt 6.2.4 direkt in Verbindung zu den empirischen Ergebnissen berichtet.

Tabelle 6.24 Unterschiedene tragfähige Rechenstrategien und Fehlerstrategien zur Beschreibung der Lösungswege

Tragfähige Rechenstrategien	**Fehlerstrategien** (zusammengefasst als Oberkategorien)
– Schrittweises Multiplizieren (1) – Ziffernrechnen mit Berücksichtigung der Stellenwerte (1) – Hilfsaufgabe Multiplikation (1) – Stellenweises Multiplizieren (2) – Ziffernrechnen mit Berücksichtigung der Stellenwerte (2) – Gegensinniges Verändern Multiplikation (2)	– Übergeneralisierung Addition bei der Zerlegung (1) (2) – Ziffernrechnen ohne Berücksichtigung der Stellenwerte (1) (2) – Kombination Übergeneralisierung und Ziffernrechnen (1) (2) – Unvollständige Zerlegung (1) (2) – Sonstige Fehlerstrategien (1) (2) – Übergeneralisierung Addition beim Ableiten (1) (2) – Ausgleichsfehler (1) (2) – Nicht zuordenbare Fehlerstrategien

Neben strategieabhängigen Fehlern wurden ebenso strategieunabhängige Fehler innerhalb des Rechenwegs erfasst und kategorisiert. Diese wurden in Abschnitt 6.1.2 zunächst nach Oberkategorien unterteilt und die jeweils untergeordneten Fehler beispielgebunden erläutert (Tabelle 6.25).

Tabelle 6.25 Unterschiedene strategieunabhängige Fehler

Fehler innerhalb eines Teilschritts	Fehler bei der Verknüpfung der Teilprodukte	Falsche Rechenoperation	Nicht eindeutig	Sonstige Fehler
– Rechenfehler – Zählfehler – Übergeneralisierung Addition – Addition im Teilschritt – Multiplikation mit Null – Stellenwertfehler	– Rechenfehler Addition – Multiplikative Verknüpfung	– Addition anstelle Multiplikation		

Die Unterscheidung von Rechenstrategien in tragfähig und fehlerhaft (Fehlerstrategie) sowie die Erfassung strategieunabhängiger Fehler ermöglicht die Untersuchung, an welchen Stellen des Lösungsweges Fehler auftreten: Bei der Anwendung der Strategie, bei deren Ausführung oder in beiden Fällen (vgl. Kapitel 4).

Abschließend werden die Unterschiede im Fehlerauftreten anhand von vier Fallbeispielen verdeutlicht, um die Ergebnisse im Folgenden besser einordnen zu können. Dafür wird die in Abschnitt 5.3 (vgl. Abbildung 5.5) dargestellte Systematisierung zur Beschreibung der Rechenwege herangezogen und mit Blick auf das gewählte Fallbeispiel erläutert. Zur besseren Vergleichbarkeit beziehen sich alle vier Fallbeispiele auf die Lösung der Multiplikationsaufgabe 13 · 16 in Form des Zerlegens und anschließenden Zusammensetzens (1) (Tabelle 6.26, Tabelle 6.27, Tabelle 6.28, Tabelle 6.29). Die vorgestellten Fälle kommen jedoch genauso für die anderen drei Veränderungsprozesse in Frage, auch wenn diese nachfolgend nicht als Beispiel herangezogen werden.

Tabelle 6.26 Fallbeispiel 1: Tragfähige Rechenstrategie ohne strategieunabhängigen Fehler

Vorgenommene Kategorisierung (grau schattiert):

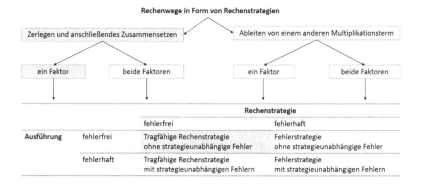

Erläuterung:

Anhand des Lösungswegs wird ersichtlich, dass

- ein Faktor (im Beispiel die 13) in seine Stellenwerte zerlegt wird (Veränderungsprozess).
- die Anwendung der Strategie fehlerfrei ist. Es treten demnach keine strategieabhängigen Fehler auf. Zur Anwendung kommt die tragfähige Rechenstrategie *schrittweises Multiplizieren (1)*
- die Ausführung der Strategie fehlerfrei ist. Es treten demnach keine strategieunabhängigen Fehler auf, weder bei der Lösung der Teilprodukte noch bei deren Verknüpfung.
- das richtige Ergebnis (208) bestimmt wird.

Tabelle 6.27   Fallbeispiel 2: Tragfähige Rechenstrategie mit strategieunabhängigem Fehler

$$13 \cdot 16 = 2 \not{0} \not{3}$$
$$10 \cdot 16 = 76 \not{0}$$
$$3 \cdot 16 = \boxed{43}$$

Vorgenommene Kategorisierung (grau schattiert):

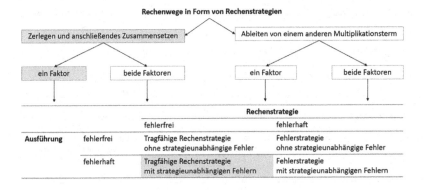

Erläuterung:

Anhand des Lösungswegs wird ersichtlich, dass

- ein Faktor (im Beispiel die 13) in seine Stellenwerte zerlegt wird (Veränderungsprozess).
- die Anwendung der Strategie fehlerfrei ist. Es treten demnach keine strategieabhängigen Fehler auf. Zur Anwendung kommt die tragfähige Rechenstrategie *schrittweises Multiplizieren (1)*
- die Ausführung der Strategie fehlerhaft ist. Es tritt ein strategieunabhängiger Fehler auf. Bei der Lösung des zweiten Teilprodukts tritt ein *Rechenfehler* auf.
- ein fehlerhaftes Ergebnis (203) bestimmt wird.

Tabelle 6.28 Fallbeispiel 3: Fehlerstrategie ohne strategieunabhängigen Fehler

$$13 \cdot 10 = 130$$
$$130 \cdot 6 = 780$$

Vorgenommene Kategorisierung (grau schattiert):

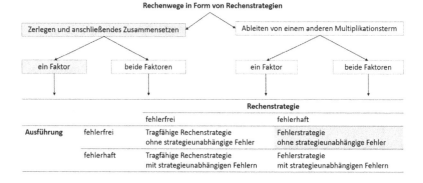

Erläuterung:

Anhand des Lösungswegs wird ersichtlich, dass

- ein Faktor (im Beispiel die 16) in seine Stellenwerte zerlegt wird (Veränderungsprozess).
- die Anwendung der Strategie fehlerhaft ist. Es tritt demnach ein strategieabhängiger Fehler auf. Zur Anwendung kommt die Fehlerstrategie *Übergeneralisierung schrittweise Addition (1)*.
- die Ausführung der Fehlerstrategie fehlerfrei ist. Es treten demnach keine strategieunabhängigen Fehler auf, weder bei der Lösung der Teilprodukte noch bei deren Verknüpfung.
- ein fehlerhaftes Ergebnis (780) bestimmt wird.

Tabelle 6.29   Fallbeispiel 4: Fehlerstrategie mit strategieunabhängigem Fehler

Vorgenommene Kategorisierung (grau schattiert):

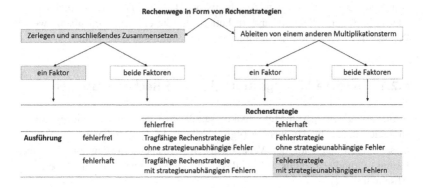

Erläuterung:

Anhand des Lösungswegs wird ersichtlich, dass …

- ein Faktor (im Beispiel die 16) in seine Stellenwerte zerlegt wird (Veränderungsprozess).
- die Anwendung der Strategie fehlerhaft ist. Es tritt demnach ein strategieabhängiger Fehler auf. Zur Anwendung kommt die Fehlerstrategie *Übergeneralisierung schrittweise Addition (1)*.
- die Ausführung der Strategie fehlerhaft ist. Es tritt ein strategieunabhängiger Fehler auf. Bei der Lösung des zweiten Teilprodukts tritt ein *Rechenfehler* auf.
- ein fehlerhaftes Ergebnis (700) bestimmt wird.

6.2   Ergebnisse bezogen auf die Gesamtheit an Lösungswegen

Die Grundlage für die durchgeführten Analysen bildet die im vorangegangenen Abschnitt beschriebene Kategorisierung der Lösungswege. In einem ersten Schritt soll darauf aufbauend folgende Fragestellung mit Blick auf die Gesamtheit an Lösungswegen beantwortet werden:

FF2   *Wie häufig treten die kategorisierten Rechenstrategien und Fehler bei der Lösung von Multiplikationsaufgaben des großen Einmaleins auf?*

Am Ende des vorliegenden Abschnitts werden die Forschungsergebnisse in Abschnitt 6.2.6 reflektiert und diskutiert. In diesem Zusammenhang werden Bezüge zu theoretischen und empirischen Erkenntnissen hergestellt.

6.2.1   Andere Lösungsstrategien und Rechenstrategien

Bei der Bearbeitung von Multiplikationsaufgaben können verschiedene Lösungs-strategien unterschieden werden (vgl. Abschnitt 4.1.1). Der Fokus der Analysen dieser Arbeit liegt auf der Verwendung von Rechenstrategien zur Aufgaben-lösung. Grundlage dafür bildet das Strategieverständnis dieser Arbeit (vgl. Abschnitt 4.1.4).

Dabei muss berücksichtigt werden, dass die Lösungsstrategie zur Bear-beitung der Aufgabe durch das Untersuchungsdesign der vorliegenden Arbeit bewusst eingegrenzt wurde. Dies geschah im Hinblick auf das Untersuchungsziel, Lösungswege über Rechenstrategien und dabei auftretende Fehler im Kontext des großen Einmaleins zu untersuchen.

In Tabelle 6.30 werden die Anteile der Verwendung von Rechenstrategien und weiteren Lösungsstrategien über alle erfassten Lösungswege hinweg abgebildet. Die angeführten Häufigkeiten führen die Lösungsstrategien unabhängig von möglichen Fehlern auf. In der vorliegenden Arbeit werden 82 % der Aufgaben über Rechenstrategien gelöst, etwa 8 % über andere Lösungsstrategien und 6 % der Aufgaben werden von den befragten Kindern nicht bearbeitet.

Tabelle 6.30 Anteil verwendeter Rechenstrategien und anderer Lösungsstrategien über die Gesamtheit an Lösungswegen hinweg

Lösungsstrategien	absolut	relativ
Rechenstrategien	8164	81,6 %
Andere Lösungsstrategien, davon:	769	7,7 %
– *Schriftliches Multiplikationsverfahren*	*696*	*7,0 %*
– *Wiederholte Addition*	*68*	*<1 %*
– *Lösungsweg in Form einer ikonischen Darstellung*	*5*	*<1 %*
Keine Aussage möglich	465	4,7 %
Nicht bearbeitet	602	6,0 %
Gesamt	10.000	100 %

Werden zur Lösung der Aufgaben keine Rechenstrategien verwendet, wird am häufigsten das schriftliche Rechenverfahren der Multiplikation als Lösungsweg dokumentiert. Lösungswege in Form der wiederholten Addition oder in Form einer ikonischen Darstellung kommen bei der Lösung zweistelliger Multiplikationsaufgaben vergleichsweise selten zum Einsatz.

Für die weiterführenden Analysen zur Strategieverwendung im großen Einmaleins werden Lösungswege in Form anderer Lösungsstrategien genauso wie nicht bearbeitete Multiplikationsaufgaben ausgeschlossen. Im weiteren Verlauf stellen ausschließlich Lösungswege in Form von Rechenstrategien die Datengrundlage der Auswertungen dar (vgl. Tabelle 6.30):

$$N_r = 8164$$

Alle nachfolgenden Angaben beziehen sich auf N_r als Bezugsgröße.

Lösungswege in Form von Rechenstrategien
Eine Gegenüberstellung der auftretenden Rechenstrategien wird in Tabelle 6.31 zunächst über den Veränderungsprozess innerhalb des Lösungswegs vollzogen. Die Häufigkeiten beschreiben die Lösungswege der Kinder zunächst unabhängig von

auftretenden Fehlern (strategieabhängig und strategieunabhängig) und der Angabe eines Endergebnisses.

Tabelle 6.31 Absolute und relative Häufigkeiten der unterschiedenen Veränderungsprozesse innerhalb des Lösungswegs

Veränderung des Multiplikationsterms	absolut	relativ
Zerlegen und anschließendes Zusammensetzen (1)	2109	25,9 %
Zerlegen und anschließendes Zusammensetzen (2)	5765	70,6 %
Ableiten von einem anderen Multiplikationsterm (1)	113	1,4 %
Ableiten von einem anderen Multiplikationsterm (2)	26	0,3 %
Nicht zuordenbar	151	1,8 %
Gesamt (N_r)	8164	100 %

Anmerkung. Die Veränderung eines Faktors oder beider Faktoren wird im Folgenden mit (1) und (2) gekennzeichnet.

Es zeigt sich, dass verschiedene Rechenstrategien bei der Aufgabenbearbeitung verwendet werden. Am häufigsten werden innerhalb des Lösungswegs beide Faktoren zerlegt und anschließend wieder zusammengesetzt (70,6 %). Etwa ein Viertel der Aufgaben wird über die Zerlegung eines Faktors gelöst (25,9 %). Das Ableiten über die Veränderung eines (1,4 %) oder beider Faktoren (0,3 %) erweist sich als vergleichsweise selten eingesetzte Strategie. Außerdem werden einige wenige Lösungswege (1,8 %) beobachtet, die keiner der vier Kategorien zur Beschreibung des Veränderungsprozesses zugeordnet werden können.

Ausgehend davon wird in den nachfolgenden Ausführungen berichtet, welche konkreten Rechenstrategien innerhalb der unterschiedlichen Veränderungsprozesse beobachtet wurden. Dafür wird zunächst der Einsatz tragfähiger Rechenstrategien betrachtet (Abschnitt 6.2.2). Ergebnisse zu fehlerhaften Rechenstrategien werden in Abschnitt 6.2.4 berichtet.

6.2.2 Tragfähige Rechenstrategien

Orientiert am Strategieverständnis dieser Arbeit werden Strategien als tragfähig beschrieben, bei denen auf Grundlage der Eigenschaften der Multiplikation regelgeleitet vorgegangen wird. Tragfähige Rechenstrategien, die durch strategieunabhängige Fehler zu einem falschen Ergebnis führen, werden von den folgenden Analysen nicht ausgeschlossen. Ebenso werden Lösungswege in Form tragfähiger Rechenstrategien berücksichtigt, wenn kein Endergebnis angeben wurde, aber die einzelnen Rechenschritte korrekt beschrieben wurden.

In Tabelle 6.32 werden die unterschiedenen Veränderungsprozesse herangezogen und durch das Auftreten tragfähiger Rechenstrategien differenziert. Aus Gründen der Nachvollziehbarkeit wird in diesem Zusammenhang auch der Anteil an Fehlerstrategien mit aufgeführt, um den Bezug zur Gesamtheit an Lösungswegen herzustellen. Insgesamt werden zur Lösung der Multiplikationsaufgaben in weniger als einem Viertel der Lösungswege tragfähige Rechenstrategien verwendet (22,8 %).

Tabelle 6.32 Anteil tragfähiger Rechenstrategien in den Lösungswegen

Veränderungs-prozess	Tragfähige Rechenstrategien			Fehlerstrategien		Gesamt	
		absolut	relativ	absolut	relativ	absolut	relativ
Zerlegen und anschließendes Zusammensetzen (1)	Schrittweises Multiplizieren (1)	1545	18,9 % (82,9 %)	537	6,6 %	2109	25,9 %
	Ziffernrechnen mit Berücksichtigung der Stellenwerte (1)	27	0,3 % (1,4 %)				
Zerlegen und anschließendes Zusammensetzen (2)	Stellenweises Multiplizieren (2)	204	2,5 % (10,9 %)	5551	68,0 %	5765	70,6 %
	Ziffernrechnen mit Berücksichtigung der Stellenwerte (2)	10	0,1 % (0,5 %)				
Ableiten von einem anderen Multiplikationsterm (1)	Hilfsaufgabe Multiplikation (1)	74	0,9 % (4,0 %)	39	0,3 %	113	1,4 %
Ableiten von einem anderen Multiplikationsterm (2)	Gegensinniges Verändern Multiplikation (2)	4	0,0 % (0,2 %)	22	0,3 %	26	0,3 %
Nicht zuordenbar		0	0,0 % (0,0 %)	151	1,8 %	151	1,8 %
Gesamt (N_r)		1864	22,8 % (100 %)	6300	77,2 %	8164	100 %

Anmerkung. In Klammern finden sich die relativen Angaben auf die Gesamtheit tragfähiger Rechenstrategien bezogen.

Von allen tragfähigen Rechenstrategien tritt das *schrittweise Multiplizieren (1)* mit Abstand am häufigsten auf. Dabei wird der Faktor in der Regel in seine Stellenwerte zerlegt (18,2 %) und nur selten individuell und damit nicht in seine Stellenwerte (0,7 %). In Tabelle 6.33 werden zwei Beispiele zur Veranschaulichung aufgegriffen.

Tabelle 6.33 Beobachtete Zerlegungen beim schrittweisen Multiplizieren (1) zur Aufgabe 13 · 16

Zerlegung des Faktors in seine Stellenwerte	Individuelle Zerlegung des Faktors
$10 \cdot 16 = 160$ $3 \cdot 16 = 48$ $160 + 48 = 208$	ich würde zuerst $13 \cdot 13 = 169$ und dann $3 \cdot 13 = 39$ + 169 das Ergebnis ist $\underline{208}$

Obwohl der Großteil der Aufgaben über die Zerlegung und das anschließende Zusammensetzen beider Faktoren gelöst werden (70,6 %), tritt das *stellenweise Multiplizieren (2)* nur äußerst selten in den Lösungswegen auf (2,5 %). Dabei werden in der Regel beide Faktoren stellengerecht in vier Teilprodukte zerlegt (Tabelle 6.34). Nur in vereinzelten Fällen wird dabei die Notation in Form eines Malkreuzes gewählt (0,3 %).

Tabelle 6.34 Notationen beim stellenweisen Multiplizieren (2) zur Aufgabe 13 · 16

Zerlegung in vier Teilprodukte	Notation in Form des Malkreuzes
$10 \cdot 10 = 100$ $10 \cdot 6 = 60$ $3 \cdot 6 = 18$ $10 \cdot 3 = 30$ $100 + 18 = 118$ $30 + 60 = 90$ $118 + 90 = 208$	$\cdot \; 10 \quad 6$ $10 \; 100 \quad 60$ $3 \quad 30 \quad 18$ $130 \quad +8 = 208$

Die *Hilfsaufgabe Multiplikation (1)* (0,9 %), das *Ziffernrechnen mit Berück-*
sichtigung der Stellenwerte (1) und (2) (0,5 %) und das *gegensinnige Verändern*
Multiplikation (2) (0,0 %) werden selten als Lösungsweg verwendet.

In Abbildung 6.1 wird die Verteilung tragfähiger sowie fehlerhafter Strategien innerhalb eines Veränderungsprozesses zusammengefasst betrachtet, um
diese gegenüberzustellen.

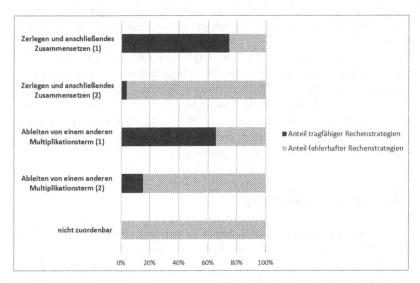

Abbildung 6.1 Zusammenfassende Betrachtung der Anteile tragfähiger Rechenstrategien
über die Veränderungsprozesse hinweg. (*Anmerkung.* Die Angaben zu den einzelnen Veränderungsprozessen beziehen sich auf unterschiedliche Grundgesamtheiten (vgl. Tabelle 6.32))

Aus obenstehender Abbildung geht deutlich hervor, dass der Anteil tragfähiger Rechenstrategien zwischen den beschriebenen Veränderungsprozessen variiert. Relativ betrachtet treten diese am häufigsten bei der Zerlegung eines Faktors (74,5 %) und dem Ableiten über die Veränderung eines Faktors auf (65,5 %). Obwohl in den meisten Lösungswegen die Zerlegung beider Faktoren genutzt wird, werden tragfähige Rechenstrategien dabei nur selten beobachtet (3,7 %). Beim Ableiten über die Veränderung beider Faktoren kommen tragfähige Rechenstrategien relativ betrachtet häufiger zum Einsatz (15,4 %). Bei Bearbeitungen der Kategorie *nicht zuordenbar* handelt es sich in keinem Fall um tragfähige Strategien.

Es zeigt sich, dass die Betrachtung tragfähiger Rechenstrategien nicht ausreicht, um den Großteil der Lösungswege zu beschreiben. Nur etwa jeder vierte Lösungsweg in Form einer Rechenstrategie (N_r) lässt sich über den Einsatz einer tragfähigen Rechenstrategie beschreiben. Die in Abschnitt 6.1.2 vorgestellten Kategorien zur Beschreibung von Fehlerstrategien werden im Folgenden herangezogen und ausdifferenziert, um die anderen Lösungswege in Form von Rechenstrategien systematisch zu beschreiben.

6.2.3 Zusammenfassung

In der vorliegenden Untersuchung zeigen sich in den Lösungswegen der Kinder verschiedene Lösungsstrategien. Rechenstrategien werden in 81,6 % aller Lösungswege eingesetzt. Bei der in Abschnitt 6.2.1 dokumentierten Verteilung der Lösungsstrategien muss berücksichtigt werden, dass diese durch das Untersuchungsdesign der vorliegenden Arbeit bewusst eingegrenzt wurden (vgl. Abschnitt 5.2). Dies geschah in Hinblick darauf, dass in bisherigen empirischen Studien zum großen Einmaleins die Dominanz der Verwendung des schriftlichen Rechenverfahrens dokumentiert wurde (Hirsch, 2001; Axel Schulz, 2014). Dies sollte mit Blick auf die Forschungsfrage der vorliegenden Untersuchung bewusst vermieden werden, indem die Kinder explizit dazu angehalten wurden, nicht das schriftliche Rechenverfahren zur Aufgabenbearbeitung zu verwenden. Dadurch sind die hier dargestellten Anteile auftretender Lösungsstrategien nicht geeignet, um deren Einsatz in ihrem "tatsächlichen" Auftreten zu beschreiben. Dies muss mit Blick auf Forschungsergebnisse vorliegender Studien mit freier Wahl der Lösungsstrategie, wie beispielsweise bei Hirsch (2001), berücksichtigt werden.

Zur Lösung von Multiplikationsaufgaben mit zweistelligen Faktoren werden am häufigsten Rechenstrategien eingesetzt, bei denen im Lösungsweg beide Faktoren (70,6 %) oder ein Faktor (25,9 %) zerlegt werden. Ein geringer, nahezu vernachlässigbarer Prozentsatz der Aufgaben wird über Strategien gelöst, die das Ableiten von einem anderen Multiplikationsterm nutzen (1,7 %). Mit Blick auf die Verwendung tragfähiger Rechenstrategien lassen sich Unterschiede zwischen der Zerlegung eines Faktors oder beider Faktoren feststellen. Die Ergebnisse in Abschnitt 6.2.2 zeigen, dass der Anteil tragfähiger Strategien bei der Zerlegung eines Faktors über 50 % liegt. Im Vergleich dazu fällt der Anteil bei der Zerlegung beider Faktoren deutlich geringer aus (weniger als 5 %).

Insgesamt betrachtet kann weniger als ein Viertel der auftretenden Rechenstrategien im großen Einmaleins als tragfähig beschrieben werden (22,8 %). Im Unterschied dazu liegt die Verwendung tragfähiger Rechenstrategien in Studien zum kleinen Einmaleins deutlich höher (vgl. Gasteiger & Paluka-Grahm, 2013; Köhler, 2019, Abschnitt 4.3.2). Das geringe Auftreten tragfähiger Strategien verdeutlicht, dass insbesondere bei der Lösung von Multiplikationsaufgaben des großen Einmaleins vermehrt Schwierigkeiten auftreten.

Die Ergebnisse zeigen, dass die in der Theorie aufgeführten Rechenstrategien nicht in ihrer ganzen Vielfalt bei der Bearbeitung von Aufgaben des großen Einmaleins angewandt werden. Diese Beobachtung deckt sich mit empirischen Ergebnissen aus Hirschs (2001) Untersuchung zur Verteilung von Rechenstrategien. Das *schrittweise Multiplizieren (1)* zeichnet sich in der vorliegenden Arbeit mit Abstand als bevorzugte tragfähige Rechenstrategie aus (18,9 %). Dies steht im Einklang mit Ergebnissen bestehender Publikationen zur Lösung großer Einmaleinsaufgaben, in denen das *schrittweise Multiplizieren (1)* ebenfalls die am häufigsten auftretende tragfähige Strategie ist (Greiler-Zauchner, 2016; Andreas Schulz, 2018). Zurückzuführen könnte dies darauf sein, dass sich diese Rechenstrategie zur Lösung aller gestellten Multiplikationsaufgaben anbietet. Das *stellenweise Multiplizieren (2)*, welches neben dem *schrittweisen Multiplizieren (1)* als zentrale Rechenstrategie zur Lösung von Multiplikationsaufgaben mit zweistelligen Faktoren aufgeführt wird (vgl. Abschnitt 4.1.3) findet sich in den Lösungswegen der Kinder kaum wieder (2,5 %). Noch seltener tritt die von Padberg und Benz (2011, 184 ff.) vorgeschlagene übersichtliche Notationsform als Malkreuz auf, genauso wie die *Hilfsaufgabe Multiplikation (1)* und das *gegensinnige Verändern Multiplikation (2)* (<1 %).

Die Ergebnisse des Abschnitts zeigen, dass ein hoher Anteil der beobachteten Rechenstrategien im großen Einmaleins nicht über den Einsatz tragfähiger Rechenstrategien erklärt werden kann. Im folgenden Abschnitt werden Ergebnisse zum Auftreten fehlerhafter Lösungswege berichtet.

6.2.4 Fehlerhafte Lösungswege: Strategieabhängige Fehler und strategieunabhängige Fehler

Im vorangegangenen Abschnitt wurden die analysierten Lösungswege zunächst allgemein über den Veränderungsprozess und unabhängig von auftretenden Fehlern beschrieben. Anschließend wurden Ergebnisse zur Verwendung tragfähiger Rechenstrategien berichtet. Im Zuge der vorgestellten Kategorisierung in Abschnitt 6.1.2 wurden die Kategorien zur Erfassung der unterschiedenen Fehlertypen bereits beschrieben. In den folgenden Ausführungen werden diese aufgegriffen, in ihrer Verteilung innerhalb der erhobenen Lösungswege dargestellt und mit Blick auf strategieabhängige Fehler weiter ausdifferenziert.

6.2.4.1 Beobachtete Fehlerstrategien

Der Großteil der erfassten Lösungswege im Bereich des großen Einmaleins lässt sich über Fehlerstrategien beschreiben. Tabelle 6.35 beinhaltet die Verteilung beobachteter Fehlerstrategien in den Lösungswegen der Kinder sowie den zugrundeliegenden Veränderungsprozess. Dabei werden die Angaben in der Tabelle auf die Grundgesamtheit aller Lösungswege in Form von Rechenstrategien (N_r) bezogen.

Im Folgenden werden die in der Tabelle abgebildeten Oberkategorien *Übergeneralisierung Addition bei der Zerlegung und beim Ableiten (1) (2)*, *Ziffernrechnen ohne Berücksichtigung der Stellenwerte (1) (2)*, *Kombination Übergeneralisierung und Ziffernrechnen (1) (2)* und *Ausgleichsfehler (1) (2)* aufgegriffen und beispielgebunden erläutert. Es wird dargestellt, aus welchen Fehlerstrategien die Oberkategorien zusammengesetzt sind. Zusammen beschreiben die vier aufgeführten Oberkategorien etwa 70 % der gesamten Lösungswege in Form von Rechenstrategien (N_r).

Tabelle 6.35 Anteil Fehlerstrategien in den Lösungswegen

Veränderungs-prozess	Oberkategorien zur Beschreibung der Fehlerstrategien	absolut	relativ	Tragfähige Rechenstrategien absolut	relativ	Gesamt absolut	relativ
Zerlegen und anschließendes Zusammensetzen (1)	*Übergeneralisierung Addition bei der Zerlegung (1)*	322	3,9 % (5,1 %)	1572	19,2 %	2109	25,9 %
	Ziffernrechnen ohne Berücksichtigung der Stellenwerte (1)	111	1,4 % (1,8 %)				
	Kombination Übergeneralisierung und Ziffernrechnen (1)	17	0,2 % (0,3 %)				
	Unvollständige Zerlegung (1)	8	0,1 % (0,1 %)				
	Sonstige Fehlerstrategien (1)	79	1,0 % (1,3 %)				
Zerlegen und anschließendes Zusammensetzen (2)	*Übergeneralisierung Addition bei der Zerlegung (2)*	4370	53,5 % (69,4 %)	214	2,6 %	5765	70,6 %
	Ziffernrechnen ohne Berücksichtigung der Stellenwerte (2)	194	2,4 % (3,1 %)				
	Kombination Übergeneralisierung und Ziffernrechnen (2)	488	6,0 % (8,0 %)				
	Unvollständige Zerlegung (2)	113	1,4 % (1,8 %)				
	Sonstige Fehlerstrategien (2)	386	4,7 % (6,1 %)				

(Fortsetzung)

Tabelle 6.35 (Fortsetzung)

Veränderungs-prozess	Oberkategorien zur Beschreibung der Fehlerstrategien	absolut	relativ	Tragfähige Rechenstrategien absolut	relativ	Gesamt absolut	relativ
Ableiten von einem anderen Multiplikations-term (1)	Übergeneralisierung Addition beim Ableiten (1)	15	0,2 % (0,2 %)	74	0,9 %	113	1,4 %
	Ausgleichsfehler (1)	24	0,3 % (0,4 %)				
Ableiten von einem anderen Multiplikations-term (2)	Übergeneralisierung Addition beim Ableiten (2)	6	0,1 % (0,1 %)	4	0,0 %	26	0,3 %
	Ausgleichsfehler (2)	16	0,2 % (0,3 %)				
Nicht zuordenbar		151	1,8 % (2,4 %)			151	1,8 %
Gesamt (N_r)		6300	77,2 % (100 %)	1864	22,8 %	8164	100 %

Anmerkung. In Klammern finden sich die relativen Angaben auf die Gesamtheit an Fehlerstrategien bezogen.

Die Oberkategorien *unvollständige Zerlegung (1) (2), sonstige Fehlerstrategien (1) (2)* und *nicht zuordenbare Strategien* werden im Folgenden nicht weiter ausgeführt. Beispiele dieser Kategorien finden sich in Abschnitt 6.1.2 dieser Arbeit.

Zur Oberkategorie Übergeneralisierung Addition (1) (2)

Übergeneralisierungen von Lösungswegen der Addition in den multiplikativen Kontext können über alle Veränderungsprozesse hinweg beobachtet werden. Dabei werden tragfähige Rechenstrategien aus dem Inhaltsbereich der Addition auf die Lösung von Multiplikationsaufgaben übertragen. Im Folgenden werden verschiedene Fehlerstrategien dieser Oberkategorie anhand der Aufgabe 25 · 19 veranschaulicht, um Unterschiede zwischen diesen deutlich zu machen.

Insgesamt werden bei der Zerlegung eines Faktors oder beider Faktoren drei unterschiedliche Strategien der Addition in den multiplikativen Kontext übertragen. Dabei handelt es sich um das schrittweise Addieren, das stellenweise Addieren und die Mischform beider Strategien. Diese Strategien werden unter anderem bei Benz (2005, S. 61 ff.) unterschieden und erläutert. Exemplarisch werden die Additionsstrategien an der Aufgabe 25 + 19 in Tabelle 6.36 dargestellt.

Tabelle 6.36 Additionsstrategien und deren Übergeneralisierung in die Multiplikation am Beispiel 25 · 19

Rechenstrategie	Addition	Übergeneralisierung Multiplikation
Schrittweise	$\underline{25 + 19 = 44}$	$\underline{25 \cdot 19 = \ \ 2500}$
	$25 + 10 = 35$	$25 \cdot 10 = \ \ 250$
	$35 + \ \ 9 = 44$	$250 \cdot \ \ 9 = 2250$
Stellenweise	$\underline{25 + 19 = 44}$	$\underline{25 \cdot 19 = 245}$
	$20 + 10 = 30$	$20 \cdot 10 = 200$
	$5 + \ \ 9 = 14$	$5 \cdot \ \ 9 = \ \ 45$
Mischform	$\underline{25 + 19 = 44}$	$\underline{25 \cdot 19 = 10200}$
	$20 + 10 = 30$	$20 \cdot 10 = \ \ 200$
	$30 + \ \ 5 = 35$	$200 \cdot \ \ 5 = \ \ 1000$
	$35 + \ \ 9 = 44$	$1000 \cdot \ \ 9 = \ \ 9000$

In der folgenden Tabelle 6.37 wird die Verteilung in diesem Zusammenhang beobachteter Fehlerstrategien bei der Multiplikation dargestellt. Innerhalb der unterschiedenen Übergeneralisierungen können die Lösungswege in unterschiedlichen Varianten (kurz: V) auftreten.

Tabelle 6.37 Unterschiedene Fehlerstrategien innerhalb der Oberkategorie Übergeneralisierung Addition bei der Zerlegung (1) (2): absolute und relative Häufigkeiten

Fehlerstrategie	Beispiel zu 25 · 19	absolut	relativ
Übergeneralisierung schrittweise Addition (1)			
(V1) Der zweite Faktor (hier 19) wird stellengerecht zerlegt (in 10 und 9). Dann wird die Zehnerstelle (10) mit dem anderen Faktor multipliziert (25). Anschließend wird, identisch zum schrittweisen Rechnen bei der Addition, mit dem Zwischenergebnis weitergerechnet und dieses mit der Einerstelle multipliziert (9), um das Endergebnis zu bestimmen.	$25 \cdot 10 = 250 \cdot 9 = 2250$	140	1,7 %
(V2) Der zweite Faktor (hier 19) wird stellengerecht zerlegt (in 10 und 9). Dann wird die Zehnerstelle (10) mit dem anderen Faktor multipliziert (25). Anschließend werden die Teilprodukte, im Unterschied zum schrittweisen Rechnen bei der Addition, addiert.	*erst rechne ich 25.10 ist 250* *dann rechne ich 250 · 9* *ist gleich 2250* *und bekomme 2500*	13	0,2 %
(V3) Der zweite Faktor (hier 19) wird stellengerecht in 10 und 9 zerlegt. Dann wird die Zehnerstelle (10) mit dem anderen Faktor (25) multipliziert. Anschließend wird die Einerstelle (9) zum Zwischenergebnis addiert, um das Endergebnis zu bestimmen. Multiplikative und additive Teilschritte werden gemischt.	$25 \cdot 10 = 250$ $250 + 9 = 259$	169	2,1 %
Übergeneralisierung stellenweise Addition (2)			
(V1) Beide Faktoren (hier 25 und 19) werden in ihre Stellenwerte (20 und 5 sowie 10 und 9) zerlegt und ausschließlich innerhalb der Stellenwerte miteinander multipliziert. Die Teilprodukte werden addiert.	$20 \cdot 10 = 200$ $5 \cdot 9 = 45$ *insgesamt = 245*	4331	53,0 %

(Fortsetzung)

Tabelle 6.37 (Fortsetzung)

Fehlerstrategie	Beispiel zu 25 · 19	absolut	relativ
Übergeneralisierung Mischform (2)			
(V1) Die Faktoren (hier 25 und 19) werden stellengerecht zerlegt und die Zehnerstellen multipliziert. Anschließend wird mit dem Zwischenergebnis der multiplizierten Zehnerstellen weitergerechnet, indem die Einerstelle des ersten Faktors damit multipliziert wird. Das entstehende Produkt wird dann mit der Einerstelle des zweiten Faktors multipliziert.	$20 \cdot 10 = 200 \cdot 5 =$ $10'000 \cdot 9 = 13\,90'000$	18	0,2 %
(V2) Die Faktoren (hier 25 und 19) werden stellengerecht zerlegt. Anschließend wird mit dem Zwischenergebnis der multiplizierten Zehnerstellen direkt weitergerechnet, indem die Einerstellen nacheinander zum Teilprodukt addiert werden. Multiplikative und additive Teilschritte werden gemischt.	$20 \cdot 10 = 200$ $200 + 5 + 9 = 214$	21	0,3 %
Gesamt bezogen auf $N_r = 8164$		4692	57,5 %

Am häufigsten wird bei Übergeneralisierungen aus der Addition das stellenweise Addieren in den multiplikativen Kontext übertragen. Dies tritt in über der Hälfte der Lösungswege über Rechenstrategien auf (53,0 %).

Die *Übergeneralisierung schrittweise Addition (1)* tritt im Vergleich dazu eher selten auf (4,0 %). Dabei zeigen sich zwei ähnlich häufig auftretende Varianten. In Variante 1 (V1) wird rein multiplikativ vorgegangen und jedes Additionszeichen beim schrittweisen Addieren entsprechend durch das Multiplikationszeichen ersetzt. Bei Variante 2 (V2) ist der erste Teilschritt des Lösungswegs identisch, jedoch wird ab dem multiplikativ bestimmten Zwischenergebnis additiv weitergerechnet. Die *Übergeneralisierung Mischform (2)* ist kaum zu dokumentieren (0,5 %).

Auch bei Lösungswegen, die das Ableiten von einem anderen Multiplikationsterm nutzen, können verschiedene Übergeneralisierungen beschrieben werden. Insgesamt werden zwei Strategien der Addition in den multiplikativen Kontext übertragen. Dabei handelt es sich um die Hilfsaufgabe und das gegensinnige Verändern (Padberg & Benz, 2011, S. 106 ff.). Diese werden in Tabelle 6.38 anhand der Aufgabe 25 + 19 exemplarisch dargestellt.

Tabelle 6.38 Additionsstrategien und deren Übergeneralisierung in die Multiplikation am Beispiel 25 · 19

Rechenstrategie	Addition	Übergeneralisierung Multiplikation
Hilfsaufgabe	$\underline{25 + 19 = 44}$	$\underline{25 \cdot 19\ = 499}$
	$25 + 20 = 45$	$25 \cdot\ 20 = 500$
	$45 -\ 1 = 44$	$500 -\ 1 = 499$
Gegensinniges Verändern	$\underline{25 + 19 = 34}$	$\underline{25 \cdot 19 = 480}$
	$24 + 20 = 34$	$24 \cdot 20 = 480$
	$[(25 - 1) + (19 + 1)]$	$[(25 - 1) \cdot (19 + 1)]$

In Tabelle 6.39 werden die beobachteten Fehlerstrategien betrachtet, bei denen die vorgestellten additiven Lösungswege auf die Lösung der Multiplikationsaufgaben übertragen werden.

Tabelle 6.39 Unterschiedene Fehlerstrategien innerhalb der Oberkategorie Übergeneralisierung Addition beim Ableiten (1) (2) am Beispiel 25 · 19: absolute und relative Häufigkeiten

Fehlerstrategie	Beispiel zu 25 · 19	absolut	relativ
Übergeneralisierung Hilfsaufgabe Addition (1)			
Die Aufgabe 25 · 19 wird über die Hilfsaufgabe 25 · 20 gelöst. Der Ausgleich findet jedoch in Anlehnung an die Hilfsaufgabe bei der Addition statt, indem vom Zwischenprodukt nur 1 subtrahiert wird, was der Differenz von 19 und 20 entspricht.	$25 \cdot 20 = 500 - 1 = 499$	15	0,2 %
Übergeneralisierung Gegensinniges Verändern (2)			
Die Aufgabe 25 · 19 wird gegensinnig verändert. Dafür wird der eine Faktor (hier 25) um 1 verkleinert und der andere Faktor (hier 19) um 1 vergrößert. Dies entspricht der Strategie des gegensinnigen Veränderns bei der Addition. Anschließend wird ein Faktor zerlegt (hier 24), um das Ergebnis zu bestimmen.	ich rechne 20·20=400 und dann rechne ich 4·20 = 80 und wenn ich 400 und 80 zusammen rechne ist das Ergebnis 24·20=480 = 480	6	<1 %
Gesamt bezogen auf $N_r = 8164$		21	0,3 %

Trotz des relativ seltenen Auftretens des Ableitens im Allgemeinen lassen sich verschiedene Fehlerstrategien dokumentieren, unter anderem die in obiger Tabelle beschriebenen Übergeneralisierungen. Jedoch werden diese beim Ableiten seltener beobachtet als Fehlerstrategien der Oberkategorie *Ausgleichsfehler* (Tabelle 6.42). Dies stellt einen Unterschied zu Lösungswegen dar, in denen ein oder beide Faktoren zerlegt werden und Übergeneralisierungen aus der Addition die am häufigsten auftretende Fehlerkategorie darstellen.

Zur Oberkategorie Ziffernrechnen ohne Berücksichtigung der Stellenwerte (1) (2)

Als Oberkategorie zur Beschreibung von Fehlerstrategien wurde das Ziffernrechnen ohne Berücksichtigung der Stellenwerte bereits in Abschnitt 6.1.2 anhand eines Beispiels erläutert. In Tabelle 6.40 werden die zur Oberkategorie zusammengefassten Fehlerstrategien am Beispiel der Aufgabe 13 · 16 ausdifferenziert. Bleiben die Stellenwerte beim Ziffernrechnen unberücksichtigt kommt es zu Ergebnissen, die weit entfernt von der tatsächlichen Größenordnung liegen. Als von der Größenordnung deutlich abweichende Ergebnisse gelten im Kontext dieser Arbeit Ergebnisse kleiner 100, da bei der Multiplikation zweistelliger Faktoren aufgrund der Faktorengröße (ein zweistelliger Faktor enthält immer eine Zehnerstelle) keine Ergebnisse kleiner 100 entstehen können. Ergebnisse dieser Größenordnung tauchen nahezu ausschließlich beim Ziffernrechen ohne Berücksichtigung der Stellenwerte auf.

Tabelle 6.40 Unterschiedene Fehlerstrategien innerhalb der Oberkategorie Ziffernrechnen ohne Berücksichtigung der Stellenwerte (1) (2) am Beispiel 13 · 16: absolute und relative Häufigkeiten

Fehlerstrategie	Beispiel zu 13 · 16	absolut	relativ
Ziffernrechnen ohne Berücksichtigung der Stellenwerte (1)			
Der zweite Faktor (hier 16) wird ziffernweise zerlegt (in 1 und 6) und jeweils mit dem ersten Faktor (hier 13) multipliziert. Dann werden die Teilergebnisse ungeachtet ihrer ursprünglichen Stellenwerte addiert.	*13 · 16 = 91* *Also erstes rechne ich 13·1 = 13* *Danach rechne ich 6·13 = 78* *Zum schluss rechne ich die ergebnisse* *zusammen in dem ich Addiere.* ⁷⁸ *Das Ergebnis ist 91* +13 / 91	111	1,4 %
Ziffernrechnen ohne Berücksichtigung der Stellenwerte (2)			
Beide Faktoren werden angelehnt an das *stellenweise Multiplizieren* ziffernweise zerlegt und die entstehenden vier Teilprodukte im Anschluss addiert. Die ursprünglichen Stellenwerte bleiben dabei unberücksichtigt.	1·3 = 3 1·1 = 1 6·3 = 18 6·1 = 6 3 + 1 + 18 + 6 = 28	194	2,4 %
Gesamt bezogen auf $N_r = 8164$		305	3,7 %

Am häufigsten wird das Ziffernrechnen ohne Berücksichtigung der Stellenwerte bei der Zerlegung beider Faktoren in den Lösungswegen beobachtet (2,4 %). Seltener tritt das Ziffernrechnen ohne Berücksichtigung der Stellenwerte bei der Zerlegung eines Faktors auf. Neben diesen Fehlerstrategien, welche sich innerhalb der Rechenschritte an tragfähigen Rechenstrategien orientieren (wie bspw. dem *schrittweisen Multiplizieren (1)* oder *stellenweisen Multiplizieren (2)*), treten beim Ziffernrechnen ebenso Rechenwege auf, die bereits beschriebene Fehlerstrategien in Folge einer Übergeneralisierung widerspiegeln. Diese werden im nächsten Absatz ausgeführt.

Zur Oberkategorie Kombination Übergeneralisierung und Ziffernrechnen (1) (2)

Bei den in Tabelle 6.41 enthaltenen Fehlerstrategien werden Additionsstrategien in den multiplikativen Kontext übertragen *und* anstelle von Zahlen mit Ziffern gerechnet. Dabei können verschiedene Varianten (kurz: V) unterschieden werden. Diese werden an der Multiplikationsaufgabe 13 · 16 exemplarisch beschrieben.

Tabelle 6.41 Unterschiedene Fehlerstrategien innerhalb der Oberkategorie Kombination Übergeneralisierung und Ziffernrechnen (1) (2) am Beispiel 13 · 16: absolute und relative Häufigkeiten

Fehlerstrategie	Beispiel zu 13 · 16	absolut	relativ
Kombination Übergeneralisierung und Ziffernrechnen (1)			
(V1) Ein Faktor wird ziffernweise zerlegt und angelehnt an die *Übergeneralisierung schrittweise Addition (1)* (Tabelle 6.37) multipliziert, um das Endergebnis zu bestimmen.	$13 \cdot 6 = \overset{78}{\cancel{78}} \cdot 1 = 78$	17	0,2 %
Kombination Übergeneralisierung und Ziffernrechnen (2)			
(V2) Beide Faktoren werden ziffernweise zerlegt und angelehnt an die *Übergeneralisierung stellenweise Addition (2)* (Tabelle 6.37) multipliziert. Es werden keine Teilprodukte oder das Endergebnis berechnet. Aus diesem Grund können diese Lösungswege keiner der drei folgenden Kategorien zugeordnet werden.	$1 \cdot 1$ und $3 \cdot 6$	248	3,0 %
(V3) Beide Faktoren werden ziffernweise zerlegt und angelehnt an die *Übergeneralisierung stellenweise Addition (2)* (Tabelle 6.37) multipliziert. Das Teilprodukt der ursprünglichen Zehnerstellen (hier 1Z · 1Z) wird zur Einerstelle des zweiten Teilprodukts addiert.	Ich rechne erst 3 · 6 = 18 danach 1 · 1 = 1 und 18 + 1 = 19	99	1,2 %

(Fortsetzung)

Die meisten Fehlerstrategien der Kategorie lassen sich über eine Kombination von Ziffernrechnen und Rechenschritten entsprechend der Fehlerstrategie *Übergeneralisierung stellenweise Addition (2)* beschreiben (6,0 %). Unterschiede in der Verrechnung der Teilprodukte zwischen den aufgeführten Varianten führen dazu, dass bei identischen Multiplikationsschritten unterschiedliche Endergebnisse entstehen.

Tabelle 6.41   (Fortsetzung)

Fehlerstrategie	Beispiel zu 13 · 16	absolut	relativ
(V4) Beide Faktoren werden ziffernweise zerlegt und angelehnt an die *Übergeneralisierung stellenweise Addition (2)* (Tabelle 6.37) multipliziert. Das Teilprodukt der ursprünglichen Zehnerstellen (hier $1Z \cdot 1Z = 1Z$) wird zur Zehnerstelle des zweiten Teilprodukts addiert.	$1 \cdot 1 = 1$ $3 \cdot 6 = 18$ $\overline{28}$	30	0,4 %
(V5) Beide Faktoren werden ziffernweise zerlegt und angelehnt an die *Übergeneralisierung stellenweise Addition (2)* (Tabelle 6.37) multipliziert. Die beiden Teilprodukte werden hintereinander notiert, um das Endprodukt zu bestimmen.	$1 \cdot 1 = 1$ dann hab ich $3 \cdot 6$ gerechnet $= 18$ und das Ergebnis ist 118	111	1,4 %
Gesamt bezogen auf $N_r = 8164$		505	6,2 %

Die hier beschriebenen Lösungswege, bei denen mit Ziffern ohne Berücksichtigung der Stellenwerte gerechnet wird *und* eine Übergeneralisierung zugrunde liegt (6,2 %), treten häufiger auf als das zuvor beschriebene Ziffernrechnen ohne Berücksichtigung der Stellenwerte auf Grundlage einer tragfähigen Multiplikationsstrategie (3,7 %).

Zu Ausgleichsfehlern (1) (2)
Beim Ableiten von einem anderen Multiplikationsterm lassen sich neben übergeneralisierenden Fehlerstrategien auch Fehlerstrategien dokumentieren, bei denen der Ausgleich von der abgeleiteten zur ursprünglichen Aufgabe fehlerhaft ist. Dabei können verschiedene Varianten (kurz: V) unterschieden werden (Tabelle 6.42).

Tabelle 6.42 Unterschiedene Fehlerstrategien innerhalb der Oberkategorie Ausgleichsfehler (1) (2) am Beispiel 19 · 19 und 25 · 19: absolute und relative Häufigkeiten

Fehlerstrategie	Beispiel	absolut	relativ
Ausgleichsfehler (1)			
(V1) Die Aufgabe 19 · 19 wird über die Hilfsaufgabe 20 · 19 gelöst. Anschließend wird in die falsche Richtung (additiv) ausgeglichen und der Faktor 19 zum Teilergebnis addiert.	*Ich rechne 20·19 = 380 und dann 19·19. dann rechne ich 380+19 = 399*	8	<1 %
(V2) Die Aufgabe 19 · 19 wird über die Hilfsaufgabe 20 · 19 gelöst. Dann wird die Aufgabe in 20 · 10 und 20 · 9 zerlegt. Ein anschließender Ausgleich, um das ursprüngliche Ergebnis zu bestimmen, findet nicht statt.	*als 1. rechne ich 20·10 = 200 als 2. rechne ich 20·9 = 180 also ist das Ergebnis 380*	3	<1 %
(V3) Die Aufgabe 25 · 19 wird über die Hilfsaufgabe 25 · 20 gelöst. Im Anschluss wird jedoch der falsche Faktor zum Ausgleich subtrahiert, nämlich der Faktor 19, der für das Heranziehen der Hilfsaufgabe erweitert wurde.	*25·20 = 500 1·19 = -19 481*	8	<1 %
(V4) Die Aufgabe 25 · 19 wird über die Hilfsaufgabe 25 · 20 gelöst. Anschließend findet jedoch ein falscher Ausgleich statt und es wird der erweiterte Faktor 20 statt 25 subtrahiert.	*25·20 = 500 500-20 = 480*	5	<1 %
Ausgleichsfehler (2)			
Die Aufgabe 19 · 19 wird über die Hilfsaufgabe 20 · 20 gelöst. Dafür werden beide Faktoren erweitert. Da beide Faktoren verändert wurden: (19 + 1) · (19 + 1) = 19 · 19 + 19 · 1 + 1 · 19 + 1 · 1 müssten zur Bestimmung der ursprünglichen Aufgabe (38 + 1) subtrahiert werden. Beim Ausgleich wird die 1 vergessen.	*20·20 = 400 400 - 38 = 362*	16	0,2 %

(Fortsetzung)

Tabelle 6.42 (Fortsetzung)

Fehlerstrategie	Beispiel	absolut	relativ
Gesamt bezogen auf $N_r = 8164$		40	0,5 %

6.2.4.2 Strategieunabhängige Fehler

Strategieunabhängige Fehler können auftreten, nachdem die ursprüngliche Multiplikationsaufgabe für den Lösungsweg verändert wurde. Diese wurden in der vorliegenden Arbeit unabhängig von den bereits berichteten strategieabhängigen Fehlern (Fehlerstrategien) erfasst (vgl. Abschnitt 6.1.2). Bei der folgenden Beschreibung des Auftretens strategieunabhängiger Fehler in den Lösungswegen der Kinder werden alle Lösungswege in Form von Rechenstrategien berücksichtigt. Wie sich strategieunabhängige Fehler auf tragfähige Rechenstrategien und Fehlerstrategien verteilen wird im anschließenden Abschnitt dokumentiert.

Werden alle Lösungswege in Form von Rechenstrategien zusammen betrachtet ($N_r = 8164$), treten in 19,8 % (1620) der Lösungswege strategieunabhängige Fehler auf. In Tabelle 6.43 wird dargestellt, wie viele strategieunabhängige Fehler innerhalb dieser Lösungswege auftreten. In den meisten Fällen tritt ein strategieunabhängiger Fehler pro Rechenweg auf (17,3 %).

Tabelle 6.43
Lösungswege über Rechenstrategien mit strategieunabhängigen Fehlern: Anzahl auftretender Fehler innerhalb eines Lösungswegs

Lösungswege mit...	absolut	relativ
... einem strategieunabhängigen Fehler	1411	17,3 %
... zwei strategieunabhängigen Fehlern	188	2,3 %
... drei strategieunabhängigen Fehlern	21	0,2 %
Gesamt bezogen auf $N_r = 8164$	1620	19,8 %

Werden die in Tabelle 6.44 aufgeführten Lösungswege zusammengefasst betrachtet, treten in diesen insgesamt 1850 strategieunabhängige Fehler auf. Um welche der in Abschnitt 6.1.2 beschriebenen Fehler es sich dabei handelt wird in Tabelle 6.44 dargestellt. Nachfolgend stellen die 1850 strategieunabhängigen Fehler in den Lösungswegen der Kinder die Bezugsgröße dar (N_{StrU}).

Bei den auftretenden strategieunabhängigen Fehlern sind *Fehler innerhalb eines Teilschritts* am häufigsten beobachtbar (67,7 %). Diese treten beim Ausrechnen der Teilprodukte innerhalb des Lösungswegs auf.

Tabelle 6.44 Auftreten der Oberkategorien zur Beschreibung strategieunabhängiger Fehler

Oberkategorien	absolut	relativ
Fehler innerhalb eines Teilschritts	1252	67,7 %
Fehler bei der Verknüpfung	342	18,5 %
Falsche Rechenoperation	34	1,8 %
Nicht eindeutige Fehler	48	2,6 %
Sonstige Fehler	174	9,4 %
Gesamt bezogen auf N_{StrU}	1850	100 %

Fehler bei der Verknüpfung der gebildeten Teilprodukte sind am zweithäufigsten, jedoch mit einem deutlich geringeren Anteil (18,5 %) zu dokumentieren. Verknüpfungsfehler treten im Lösungsweg dort auf, wo die berechneten Teilprodukte zur Bestimmung des Endergebnisses verrechnet werden. Fehler durch die Verwendung einer falschen Rechenoperation treten in den Lösungswegen selten auf (1,8 %).

Strategieunabhängige Fehler, die zwei Kategorien der vorgestellten Oberkategorien zugeordnet werden können, werden in der Kategorie *nicht eindeutige Fehler* zusammengefasst (2,6 %). Darüber hinaus lassen sich Fehler dokumentieren, die keiner der genannten Kategorien zugeordnet werden können und aus diesem Grund in der Kategorie *sonstige Fehler* zusammengefasst werden (9,4 %). Im Folgenden werden Ergebnisse zu den strategieunabhängigen Fehlern innerhalb eines Teilschritts und bei der Verknüpfung der Teilprodukte berichtet.

Strategieunabhängige Fehler innerhalb eines Teilschritts
Das Auftreten beobachteter Fehler innerhalb eines Teilschritts wird in Tabelle 6.45 beschrieben. Die unterschiedlichen Fehler betreffen jeweils die Ausführung der Multiplikation.

Tabelle 6.45 Beobachtete Fehler innerhalb eines Teilschritts: absolute und relative Häufigkeiten

Strategieunabhängige Fehler	absolut	relativ
Rechenfehler	669	36,2 %
Zählfehler	32	1,7 %
Übergeneralisierung Addition	69	3,7 %
Addition im Teilschritt	122	6,6 %

(Fortsetzung)

Tabelle 6.45
(Fortsetzung)

Strategieunabhängige Fehler	absolut	relativ
Multiplikation mit Null	109	5,9 %
Stellenwertfehler	251	13,6 %
Gesamt bezogen auf N_{StrU}	1252	67,7 %

Auftretende Fehler innerhalb eines Teilschritts sind in über der Hälfte der Fälle auf *Rechenfehler* zurückzuführen (36,2 %). Unabhängig von Rechenfehlern werden *Stellenwertfehler* erfasst (13,6 %). Diese treten bei der Multiplikation von glatten Zehnerzahlen auf. Bei Stellenwertfehlern werden bei der Ergebnisbestimmung Nullen vernachlässigt oder hinzugefügt. Des Weiteren werden Fehler bei der *Multiplikation mit Null* unterschieden (5,9 %).

Daneben können innerhalb der strategieunabhängigen Fehler Übertragungen aus dem Inhaltsbereich der Addition dokumentiert werden. Zum einen wird die falsche Rechenoperation ausgeführt und innerhalb eines Teilschritts addiert statt multipliziert (*Addition im Teilschritt*, 6,6 %). Zum anderen werden beim Ausrechnen eines Teilprodukts additive und multiplikative Aspekte vermischt (*Übergeneralisierung Addition*, 3,7 %). *Zählfehler* sind beim Auftreten strategieunabhängiger Fehler innerhalb eines Teilschritts am seltensten zu beobachten (1,7 %).

Strategieunabhängige Fehler bei der Verknüpfung der Teilprodukte
Auch nach der Bestimmung der Teilprodukte werden Fehler bei der Verknüpfung der Teilprodukte beobachtet. Diese werden in untenstehender Tabelle aufgeführt (Tabelle 6.46).

Tabelle 6.46 Beobachtete Fehler bei der Verknüpfung der Teilprodukte: absolute und relative Häufigkeiten

Strategieunabhängige Fehler	absolut	relativ
Rechenfehler Addition	241	13,0 %
Multiplikative Verknüpfung	101	5,5 %
Gesamt bezogen auf N_{StrU}	342	18,5 %

Die am häufigsten zu dokumentierenden Fehler bei der Verknüpfung der Teilprodukte sind Rechenfehler bei der Addition der Teilprodukte (13,0 %). Die multiplikative Verknüpfung der Teilprodukte lässt sich in etwa halb so oft beobachten (5,5 %).

6.2.4.3 Gesamtbetrachtung auftretender Fehler innerhalb der Lösungswege

Zur systematischen Beschreibung der Lösungswege in Form von Rechenstrategien wurde das Auftreten tragfähiger Rechenstrategien (vgl. Abschnitt 6.2.2), Fehlerstrategien und strategieunabhängiger Fehler (vgl. Abschnitt 6.2.4) analysiert und beschrieben. Mit Blick auf die Gesamtheit an Lösungswegen in Form von Rechenstrategien wird im Folgenden dargestellt, wie viele Lösungswege fehlerfrei sind und in wie vielen Lösungswegen Fehlerstrategien (kurz: SA), strategieunabhängige (kurz: SU) oder eine Kombination aus beiden Fehlern auftreten. In Tabelle 6.47 wird eine Übersicht über das Auftreten der unterschiedenen Fehlertypen gegeben.

Tabelle 6.47 Verteilung der unterschiedenen Fehlertypen in den Lösungswegen mittels Rechenstrategien

Ausführung	Rechenstrategie		Gesamt
	fehlerfrei	fehlerhaft (SA)	
fehlerfrei (ohne SU)	1427 (17,5 %)	5117 (62,7 %)	6544 (80,2 %)
fehlerhaft (SU)	437 (5,3 %)	1183 (14,5 %)	1620 (19,8 %)
Gesamt	1864 (22,8 %)	6300 (77,2 %)	8164 (100 %)

Anmerkung. Grau schattiert = fehlerhafte Lösungswege.

Das Fehlerauftreten innerhalb der Lösungswege (N_r) kann demnach unterschieden werden in:

- das Auftreten ausschließlich strategieabhängiger Fehler:
  Rechenstrategie fehlerhaft + Ausführung fehlerfrei (5117, 62,7 %),
- das Auftreten keiner der unterschiedenen Fehler:
  Rechenstrategie fehlerfrei + Ausführung fehlerfrei (1427, 17,5 %),
- das Auftreten strategieabhängiger und strategieunabhängiger Fehler:
  Rechenstrategie fehlerhaft + Ausführung fehlerhaft (1183, 14,5 %) und
- das Auftreten ausschließlich strategieunabhängiger Fehler:
  Rechenstrategie fehlerfrei + Ausführung fehlerhaft (437, 5,3 %).

Um Unterschiede des Fehlerauftretens mit Blick auf die entsprechende Veränderung der Faktoren innerhalb der Lösungswege deutlich zu machen, wird der Veränderungsprozess in diesem Zusammenhang in Tabelle 6.48 aufgegriffen und in Bezug zu den unterschiedlichen Fehlertypen dargestellt.

Tabelle 6.48 Gesamtbetrachtung der Lösungswege in Form von Rechenstrategien über den Veränderungsprozess in Bezug zu den unterschiedlichen Fehlertypen: absolute und relative Häufigkeiten

	Rechenstrategien fehlerfrei		Rechenstrategien fehlerhaft (SA)		gesamt
	Ohne SU	Mit SU	Ohne SU	Mit SU	
Zerlegen und anschließendes Zusammensetzen (1)	1198	374	383	154	2109
	14,7 %	4,6 %	4,7 %	1,9 %	25,9 %
	(56,8 %)	(17,7 %)	(18,2 %)	(7,3 %)	(100 %)
Zerlegen und anschließendes Zusammensetzen (2)	172	42	4592	959	5765
	2,1 %	0,5 %	56,2 %	11,7 %	70,6 %
	(3,0 %)	(0,7 %)	(79,7 %)	(16,6 %)	(100 %)
Ableiten von einem anderen Multiplikationsterm (1)	54	20	21	18	113
	0,7 %	0,2 %	0,3 %	0,2 %	1,4 %
	(47,8 %)	(17,7 %)	(18,6 %)	(16,0 %)	(100 %)
Ableiten von einem anderen Multiplikationsterm (2)	3	1	15	7	26
	0,0 %	0,0 %	0,2 %	0,1 %	0,3 %
	(11,5 %)	(3,8 %)	(57,7 %)	(26,9 %)	(100 %)
Nicht zuordenbare Rechenstrategien	0	0	106	45	151
	0,0 %	0,0 %	1,3 %	0,6 %	1,8 %
			(70,2 %)	(29,8 %)	(100 %)
Gesamt	1427	437	5117	1183	$N_r = 8164$
	17,5 %	5,3 %	62,7 %	14,5 %	100 %

Anmerkung. Grau schattiert = fehlerhafte Lösungswege. SU = strategieunabhängige Fehler. SA = strategieabhängige Fehler/Fehlerstrategien. In Klammern sind die relativen Angaben zeilenweise innerhalb des entsprechenden Veränderungsprozesses angegeben.

In obenstehender Tabelle wird deutlich, dass das *Zerlegen und anschließende Zusammensetzen eines Faktors (1)* mit einem Anteil von 56,8 % fehlerfreien Rechenwegen am wenigsten fehleranfällig ist. Dicht darauf folgt das *Ableiten von einem anderen Multiplikationsterm (1)* (47,8 %). Beim *Zerlegen und anschließenden Zusammensetzen beider Faktoren (2)* und beim *Ableiten von einem anderen Multiplikationsterm (2)* ist die Mehrheit der Rechenwege fehlerhaft (in über 80 % der Fälle).

Bei der Zerlegung eines Faktors (1) und beider Faktoren (2) handelt es sich um die am häufigsten eingesetzte Veränderung, um Multiplikationsaufgaben des großen Einmaleins zu lösen. Die Ergebnisse verdeutlichen Unterschiede in der Fehleranfälligkeit der beiden Veränderungsprozesse. Mit Blick auf das Auftreten strategieabhängiger Fehler zeigen die Daten, dass die *Zerlegung beider Faktoren (2)* mit Abstand am fehleranfälligsten ist. In etwa 96 % der Lösungswege dieser Form kommen Fehlerstrategien (strategieabhängige Fehler) zum Einsatz. Im Gegensatz dazu ist die *Zerlegung eines Faktors (1)* deutlich weniger anfällig für strategieabhängige Fehler. In etwa einem Viertel dieser Lösungswege treten strategieunabhängige Fehler auf.

Bezogen auf die Verwendung tragfähiger Rechenstrategien zeigt sich die *Zerlegung eines Faktors (1)* als anfälliger für strategieunabhängige Fehler als die *Zerlegung beider Faktoren (2)*.

6.2.5   Zusammenfassung

In Abschnitt 6.2.4 wurde anhand der erhobenen Daten beschrieben, welche Fehler bei der Lösung von Aufgaben des großen Einmaleins beobachtet werden können. Verschiedene empirische Untersuchungen dokumentieren ein hohes Fehlerauftreten bei der Verwendung von Rechenstrategien zur Lösung von Multiplikationsaufgaben des großen Einmaleins (Greiler-Zauchner, 2016; Andreas Schulz, 2018). In keiner der in Abschnitt 4.3.3 angeführten Untersuchungen wurden auftretende Fehler jedoch in differenzierter Weise in dem Sinne ermittelt, dass Angaben darüber gemacht werden, welche Fehler wie häufig in den Lösungswegen der Kinder auftreten. Detaillierte Erkenntnisse zu auftretenden Fehlern bei der Lösung von Multiplikationsaufgaben des großen Einmaleins liegen demnach bislang nicht vor. Es sei jedoch angemerkt, dass bei keiner dieser Untersuchungen die Analyse auftretender Fehler im Fokus des Forschungsinteresses stand.

Bei der Lösung von Aufgaben des großen Einmaleins ist der Großteil beobachteter Lösungswege fehlerhaft (82,5 %). Die Forschungsergebnisse zeigen, dass die meisten fehlerhaften Lösungswege auf den Einsatz von Fehlerstrategien zurückzuführen sind (62,7 %). Strategieunabhängige Fehler führen in den Lösungswegen deutlich seltener zu fehlerhaften Lösungen (5,3 %). Ebenso kommt es zur Kombination beider Fehlertypen, wenn strategieabhängige und strategieunabhängige Fehler innerhalb eines Lösungswegs zusammen auftreten (14,5 %). Bisherige Erkenntnisse zum kleinen Einmaleins unterscheiden sich deutlich von diesen Ergebnissen und zeigen ein weit geringeres Fehlerauftreten. Köhler (2019) beobachtet in ihrer Untersuchung zum kleinen Einmaleins in 12 % aller Lösungswege Fehler. Diese setzen sich aus 8 % Strategiefehlern (entspricht Fehlerstrategien in der vorliegenden Arbeit) und 4 % Rechenfehlern (entspricht strategieunabhängigen Fehlern in der vorliegenden Arbeit) zusammen. Wie bereits in Abschnitt 4.3.3 des Theorieteils dargestellt, zeichnet sich in Studien zum kleinen Einmaleins mit Blick auf das Fehlerauftreten ein eher widersprüchliches Bild. Auch anhand der Gegenüberstellung mit den vorliegenden Ergebnissen bestätigt sich, dass die Lösung kleiner Einmaleinsaufgaben kaum und die Lösung großer Einmaleinsaufgaben hingegen große Schwierigkeiten bereitet. Diese drücken sich in verschiedenen Fehlern aus.

Strategieabhängige Fehler
Bei der Analyse strategieabhängiger Fehler werden am häufigsten Fehlerstrategien beobachtet, bei denen Rechenstrategien der Addition in den multiplikativen Kontext übertragen werden (Übergeneralisierung). Fehler in Form einer Übergeneralisierung wurden bereits in bestehenden Studien zur Multiplikation und in anderen Inhaltsbereichen beobachtet (Prediger & Wittmann, 2009; Schäfer, 2005, S. 360 f.; Tietze, 1988). Studien zur Multiplikation, auf die in diesem Kontext Bezug genommen werden kann, beschreiben eher Einzelfälle von Fehlern in Folge einer Übergeneralisierung (Greiler-Zauchner, 2019). Anhand der Forschungsergebnisse dieser Arbeit können Fehler in Folge einer Übergeneralisierung wie folgt ausdifferenziert und in ihrem Auftreten beschrieben werden: In der vorliegenden Untersuchung werden übergeneralisierende Fehlerstrategien über alle vier unterschiedlichen Veränderungsprozesse hinweg beobachtet (vgl. Abschnitt 6.2.4). Insgesamt beschreiben Übergeneralisierungen aus der Addition 57,8 % aller Lösungswege (N_r) und 74,8 % aller strategieabhängigen Fehler. Dies stellt einen Unterschied zur vergleichbaren Untersuchung von Schäfer (2005, S. 379) dar, bei der Übergeneralisierungen (bei Schäfer fehlerhafte Analogiebildung genannt) insgesamt 28 % aller Fehler erklären. In den Lösungswegen zeigen sich Übergeneralisierungen aller gängigen Rechenstrategien der Addition. Darunter fallen die schrittweise Addition, die stellenweise Addition, die Mischform (aus schrittweise und stellenweise) und das Ableiten (Padberg & Benz, 2011, S. 177 ff.). Am häufigsten wird die als

Hauptstrategie beschriebene stellenweise Addition fehlerhaft auf die Multiplikation übertragen (Benz, 2005, S. 202 f.). Die Fehlerstrategie *Übergeneralisierung stellenweise Addition (2)* kann in über der Hälfte der Lösungswege zur Lösung der Multiplikationsaufgaben beobachtet werden (53 %).

Neben Fehlern in Form von Übergeneralisierungen aus dem Inhaltsbereich der Addition werden außerdem Fehlerstrategien in Form des Ziffernrechnens beobachtet (11,1 %). Diese erklären 14,3 % aller auftretenden Fehlerstrategien. Dabei bleiben die Stellenwerte der Faktoren unberücksichtigt. Dies deckt sich mit den von (Schäfer, 2005, S. 379 f.) beobachteten Schwierigkeiten mit Blick auf das Zahl- und Stellenwertverständnis bei der Multiplikation (vgl. Abschnitt 4.3.3). Die empirischen Ergebnisse der vorliegenden Untersuchung zeigen darüber hinaus, dass über die Hälfte dieser Lösungswege nicht allein aufgrund des Ziffernrechnens fehlerhaft sind, sondern durch eine Kombination aus Ziffernrechnen und einer Übergeneralisierung (7,3 %).

Die in Abschnitt 6.1.2 aufgeführten Oberkategorien zur Beschreibung der Fehlerstrategien *Übergeneralisierung Addition bei der Zerlegung (1) (2), Ziffernrechnen ohne Berücksichtigung der Stellenwerte (1) (2)* und *Kombination Übergeneralisierung und Ziffernrechnen (1) (2)* beschreiben knapp 90 % aller beobachteten Fehlerstrategien und etwa 70 % aller Lösungswege (N_r).

Strategieunabhängige Fehler

Mit Blick auf strategieunabhängige Fehler kann gezeigt werden, dass diese über alle Veränderungsprozesse hinweg deutlich seltener auftreten als strategieabhängige Fehler. Die Auswertungen zu strategieunabhängigen Fehlern zeigen, dass diese in etwa 20 % der Lösungswege über Rechenstrategien auftreten. Bei der Betrachtung strategieunabhängiger Fehler (N_{StrU}) treten Fehler innerhalb eines Teilschritts am häufigsten auf (67,6 %). Dabei sind insbesondere Rechenfehler bei der Multiplikation zu dokumentieren, gefolgt von Stellenwertfehlern als einer speziellen Form von Rechenfehlern bei der Multiplikation.

Als zweithäufigstes werden strategieunabhängige Fehler bei der Verknüpfung der Teilprodukte beobachtet (18,5 %), jedoch bereits deutlich seltener als Fehler innerhalb eines Teilschritts. In der Mehrheit der Lösungswege treten strategieunabhängige Fehler einmalig auf (17,3 %). Zwei oder drei strategieunabhängige Fehler kommen zusammengefasst betrachtet in lediglich einem kleinen Teil der Lösungswege vor (2,5 %).

Gesamtbetrachtung
Am Ende des vorangegangenen Abschnitts 6.2.4 wurde das Auftreten der beiden Fehlertypen innerhalb der unterschiedenen Veränderungsprozesse betrachtet. Dabei konnten Unterschiede im Fehlerauftreten festgestellt werden.

Von den vier Veränderungsprozessen zeigt sich das *Zerlegen und anschließende Zusammensetzen (2)* als besonders fehleranfällig. Etwa 97 % dieser Lösungswege sind fehlerhaft. Im Gegensatz dazu sind beim *Zerlegen und anschließendem Zusammensetzen (1)* 43 % der Lösungswege fehlerhaft, beim *Ableiten von einem anderen Multiplikationsterm (1)* 52 % und beim *Ableiten von einem anderen Multiplikationsterm (2)* 88 % der Lösungswege. Fehler bei Rechenstrategien, in denen beide Faktoren zerlegt werden, sind hauptsächlich auf strategieabhängige Fehler zurückzuführen. In über 90 % dieser Lösungswege treten Fehler dieser Form auf. Die Zerlegung eines Faktors zeigt sich im Gegensatz dazu als deutlich weniger fehleranfällig für strategieabhängige Fehler (25,5 %). Strategieunabhängige Fehler sind relativ betrachtet hingegen häufiger bei der Zerlegung eines Faktors zu dokumentieren (25,0 %, vgl. Tabelle 6.48).

6.2.6 Zwischenfazit

In den vorangegangenen Abschnitten wurde das in Abschnitt 6.1 beschriebene Kategoriensystem herangezogen, um die vielfältigen Rechenstrategien und Fehler auf Basis eines breiten Datensatzes in ihrem Auftreten beschreiben zu können. In bereits bestehenden Studien zur Lösung von Multiplikationsaufgaben des großen Einmaleins wird die Dominanz des schriftlichen Rechenverfahrens als Lösungsweg berichtet (Hirsch, 2001; Andreas Schulz, 2015). Im Sinne des Untersuchungsziels wurde aus diesem Grund die Lösungsstrategie zur Aufgabenbearbeitung durch das Untersuchungsdesign bewusst eingegrenzt. Grundlage für die durchgeführten Analysen bildete die Gesamtheit der Lösungswege der Kinder zu Multiplikationsaufgaben des großen Einmaleins. Die empirischen Ergebnisse zu auftretenden Rechenstrategien und Fehlern in den Lösungswegen der Kinder wurden in den Abschnitten 6.2.3 und 6.2.5 zusammengefasst und bestehenden empirischen Erkenntnissen gegenübergestellt. Dabei wurden große Schwierigkeiten bei der Bearbeitung von Multiplikationsaufgaben mit zweistelligen Zahlen ersichtlich.

Die Forschungsergebnisse der vorliegenden Arbeit zeigen, dass die normativ beschriebenen tragfähigen Rechenstrategien nur selten als Lösungsweg eingesetzt werden, dafür aber eine Vielzahl von Fehlerstrategien. Etwa ein Viertel (22,8 %) der Lösungswege über Rechenstrategien kann über den Einsatz einer tragfähigen

Strategie beschrieben werden. Dabei dominiert das *schrittweise Multiplizieren (1)* deutlich. Die Daten der vorliegenden Arbeit bestätigen damit das hohe Fehlerauftreten im großen Einmaleins in bestehenden Untersuchungen und eröffnen neue Erkenntnisse dazu, auf welche Fehler fehlerhafte Lösungswege zurückzuführen sind.

In Abschnitt 6.2.4 konnte gezeigt werden, dass die meisten Fehler in den Lösungswegen strategieabhängig sind und aus fehlerhaften Rechenschritten resultieren (62,7 %). In diesen Fällen ist die Strategie an sich fehlerhaft. Im Vergleich dazu sind nur wenige der fehlerhaften Lösungswege ausschließlich auf strategieunabhängige Fehler zurückzuführen, die das Ausführen der Strategie betreffen (5,3 %). Strategieabhängige Fehler überwiegen demnach deutlich in den Lösungswegen der Kinder. Die Ergebnisse können dahingehend interpretiert werden, dass Schwierigkeiten bei der Lösung von Multiplikationsaufgaben des großen Einmaleins nicht auf rechnerische Defizite zurückzuführen sind, sondern vielmehr auf Schwierigkeiten bei der Anwendung von Rechenstrategien. Überlegungen dazu, an welchen Voraussetzungen es den befragten Kindern in diesem Zusammenhang fehlt, werden im Anschluss an die weiterführenden Fehleranalysen in Abschnitt 6.3.6 dargestellt.

Die Ergebnisse verdeutlichen außerdem, dass bei der Zerlegung eines Faktors seltener Fehler bei der Strategieanwendung auftreten als bei der Zerlegung beider Faktoren. Die Ergebnisse können dahingehend interpretiert werden, dass die Anforderungen an die Strategieanwendung beim Zerlegen beider Faktoren höher sind als bei der Zerlegung eines Faktors. Eine Vermutung in diesem Zusammenhang ist, dass neben der Größe der Faktoren insbesondere die Anzahl notwendiger Teilschritte bei der Lösung zweistelliger Multiplikationsaufgaben Schwierigkeiten bereitet. Dies spiegeln die in Abschnitt 4.3.1 dargestellten Überlegungen zu Schwierigkeitsmerkmalen im Kontext des großen Einmaleins wider. Ein weiterer Grund für die seltener auftretenden strategieabhängigen Fehler bei der Zerlegung eines Faktors kann sein, dass es sich beim *schrittweisen Multiplizieren (1)* um eine Rechenstrategie handelt, die als Lösungsweg vom kleinen Einmaleins auf das große Einmaleins übertragen werden kann. Empirische Erkenntnisse belegen, dass die Zerlegung eines Faktors die am häufigsten übertragene Strategie aus dem kleinen Einmaleins ist (Köhler, 2019). Auch wenn sich die Zerlegung eines Faktors in der vorliegenden Studie als weniger fehleranfällig für strategieabhängige Fehler zeigt, sind die Anforderungen an das Ausführen der Strategie dabei höher als bei der Zerlegung beider Faktoren. Dies drückt sich darin aus, dass diese Lösungswege fehleranfälliger für strategieunabhängige Fehler sind.

Der Vergleich der Ergebnisse mit bestehenden empirischen Untersuchungen im großen Einmaleins zeigt, dass das Fehlerauftreten in der vorliegenden

Untersuchung höher ausfällt. Beispielsweise werden Fehler in Form einer Über-generalisierung mehr als doppelt so häufig dokumentiert wie in der vergleichbaren Untersuchung von Schäfer (2005). Ein Grund für die beobachteten Unterschiede könnte sein, dass Fehler dieser Form verstärkt beim Aufgabentyp ZE · ZE auftreten, bei dem beide zu multiplizierenden Faktoren zweistellig sind. Dies kann daraus abgeleitet werden, dass Aufgaben dieser Form in der vorliegenden Studie eingesetzt werden und in der Untersuchung von Schäfer (2005) nicht. Demnach scheint ein Großteil an Schwierigkeiten bei der Lösung großer Einmaleinsaufgaben an der Stelle zu entstehen, wo beide Faktoren des Multiplikationsterms zweistellig sind und beide Faktoren zur Aufgabenlösung zerlegt werden. Diese Annahme kann auch dadurch gestützt werden, dass bereits bestehende Studien beim Aufgabentyp E · ZE ein geringeres Fehlerauftreten dokumentieren als bei Aufgaben des Typs ZE · ZE (z. B. Andreas Schulz, 2018).

6.3 Ergebnisse bezogen auf die teilnehmenden Kinder und gestellten Multiplikationsaufgaben

Für die bisherigen Ausführungen wurden alle Lösungswege in Form von Rechenstrategien als Bezugsgröße herangezogen ($N_r = 8164$). In diesem Zusammenhang wurden Ergebnisse dazu berichtet, wie häufig die in Abschnitt 6.1 beschriebenen Strategien und Fehler bei der Lösung von Multiplikationsaufgaben des großen Einmaleins auftreten. Im vorliegenden Abschnitt stellen nun die befragten Kinder ($N_k = 2000$ Kinder) und die gestellten Multiplikationsaufgaben den Ausgangspunkt der Analysen dar, um Unterschiede und Gemeinsamkeiten mit Blick auf den Strategieeinsatz herauszuarbeiten.

In diesem Zusammenhang werden in Abschnitt 6.3.1 Ergebnisse dazu berichtet, wie sich das Auftreten tragfähiger Rechenstrategien, Fehlerstrategien und strategieunabhängiger Fehler auf individueller Ebene (subjektbezogen) gestaltet. Anknüpfend daran liegt der Fokus in Abschnitt 6.3.2 darauf zu beschreiben, inwieweit sich der Einsatz tragfähiger Rechenstrategien zwischen den befragten Kindern unterscheidet. Dabei wird dokumentiert, welches Strategierepertoire die befragten Kinder bei der Bearbeitung der Einmaleinsaufgaben zeigen. Dem zugrundeliegenden Verständnis dieser Arbeit entsprechend werden in diesem Kontext Angaben dazu gemacht, wie flexibel und aufgabenadäquat Rechenstrategien bei der Lösung von Multiplikationsaufgaben des großen Einmaleins eingesetzt werden. Wie in Abschnitt 4.4.2 bereits deutlich wurde, werden der flexible und adäquate Strategieeinsatz dabei separat betrachtet.

Abschließend werden in Abschnitt 6.3.4 Ergebnisse dazu berichtet, ob und inwieweit sich die Verteilung der dokumentierten Lösungswege und Fehler über die gestellten Multiplikationsaufgaben hinweg unterscheidet.

6.3.1 Subjektbezogene Analysen

In diesem Abschnitt wird das Auftreten von Rechenstrategien und Fehlern bezogen auf die befragten Kinder analysiert. Die Ausführungen des Abschnitts dokumentieren, welche Rechenstrategien die Kinder innerhalb ihrer Lösungswege einsetzen und welche Fehler dabei auftreten, um Gemeinsamkeiten und Unterschiede in der Strategieverwendung herauszuarbeiten. Bei der zugrundeliegenden Bezugsgröße handelt es sich um die Gesamtstichprobe von $N_k = 2000$ Kindern.

Einsatz von Rechenstrategien und anderen Lösungsstrategien
Der Großteil der Schüler und Schülerinnen setzt über alle Aufgaben hinweg ein und dieselbe der in Abschnitt 6.1 aufgeführten Lösungsstrategien zur Aufgabenbearbeitung ein. 1398 (69,9 %) der Kinder der Gesamtstichprobe (N_k) lösen alle fünf Aufgaben ausschließlich über die Verwendung von Rechenstrategien, weitere 176 (8,8 %) verwenden ebenfalls ausschließlich Rechenstrategien als Lösungsweg, bearbeiten jedoch einzelne Aufgaben nicht. Das schriftliche Rechenverfahren wird von 85 (4,3 %) der Kinder zur Lösung aller Aufgaben eingesetzt. Zusammen betrachtet stellt das 83 % der Gesamtstichprobe dar. Bei den anderen Kindern variiert die Anzahl eingesetzter Lösungsstrategien und es wird bei der Bearbeitung der Aufgaben zwischen verschiedenen Lösungsstrategien gewechselt.

Im Mittel verwenden die Kinder bei vier der fünf Multiplikationsaufgaben Rechenstrategien zur Lösung der Aufgabe (M = 4,08; SD = 1,66). Werden Rechenstrategien zur Aufgabenbearbeitung eingesetzt, werden diese in der vorliegenden Arbeit nach ihrem zugrundeliegenden Veränderungsprozess unterschieden. Die Veränderung kann sich über ein Zerlegen und anschließendes Zusammensetzen oder das Ableiten von einem anderen Multiplikationsterm vollziehen. Dabei können jeweils ein Faktor oder beide Faktoren verändert werden.

In Tabelle 6.49 wird dargestellt, auf wie viele unterschiedliche Veränderungsprozesse die Kinder bei der Aufgabenlösung zurückgreifen. Die folgenden Häufigkeiten listen die Lösungswege der Kinder zunächst unabhängig von auftretenden Fehlern auf. Der Tabelle kann entnommen werden, dass über die Hälfte der Kinder bei der Aufgabenbearbeitung ausschließlich auf denselben Veränderungsprozess zurückgreift (53,3 %). Ein Drittel der Kinder greift innerhalb ihrer Lösungswege auf zwei (33,7 %) und ein kleiner Teil auf drei oder mehr Veränderungsprozesse zurück

(1,7 %). Der Anteil an Kindern, die auf keinen Veränderungsprozess zurückgreifen (11,4 %), setzen bei der Bearbeitung der Multiplikationsaufgaben keine Rechenstrategien ein, sondern andere Lösungsstrategien wie beispielsweise das schriftliche Rechenverfahren der Multiplikation.

Tabelle 6.49 Verwendung unterschiedlicher Veränderungsprozesse bei der Aufgabenbearbeitung (subjektbezogen)

Anzahl eingesetzter Veränderungsprozesse	absolut	relativ
Kein Veränderungsprozess	228	11,4 %
Ein Veränderungsprozess	1065	53,3 %
Zwei Veränderungsprozesse	674	33,7 %
Drei Veränderungsprozesse	28	1,4 %
Vier Veränderungsprozesse	5	0,3 %
Gesamt bezogen auf N_k	2000	100 %

Einsatz tragfähiger Rechenstrategien und Fehlerstrategien
Ergänzend zur beschriebenen Verteilung tragfähiger Rechenstrategien in der Gesamtheit erfasster Lösungswege (vgl. Abschnitt 6.2.2) wird nachfolgend dargestellt, wie diese auf subjektbezogener Ebene auftreten. Eine inhaltliche Beschreibung der beobachteten Strategien findet sich in Abschnitt 6.1.1.

Zur Lösung der fünf Multiplikationsaufgaben setzen die Kinder im Mittel M = 0,93 (SD = 1,67) tragfähige Rechenstrategien ein. Der Mittelwert verdeutlicht, dass die Kinder etwa einmal bei der Lösung der fünf Multiplikationsaufgaben auf eine tragfähige Rechenstrategie zurückgreifen. Die Anzahl eingesetzter tragfähiger Strategien variiert zwischen den Kindern von null- bis fünfmal (Abbildung 6.2). Dies entspricht der Anzahl an zu lösenden Multiplikationsaufgaben.

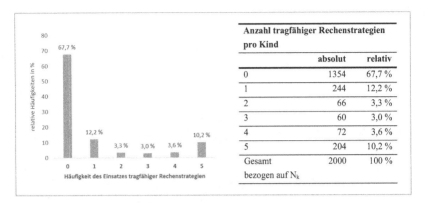

Abbildung 6.2 Häufigkeit des Einsatzes tragfähiger Rechenstrategien bei der Aufgabenbearbeitung (subjektbezogen)

Die obenstehende Abbildung verdeutlicht, dass der Großteil der Kinder keine tragfähigen Rechenstrategien bei der Aufgabenbearbeitung einsetzt (67, 7 %). Werden von den Kindern tragfähige Rechenstrategien eingesetzt, werden diese von den Kindern meistens einmalig (12,2 %) oder zur Lösung aller Aufgaben (10,2 %) verwendet. Setzen Kinder zur Lösung der Multiplikationsaufgaben ausschließlich tragfähige Rechenstrategien ein, wird die Strategieverwendung in der vorliegenden Arbeit als gelungen bezeichnet.

Auf welche spezifischen tragfähigen Rechenstrategien die Kinder innerhalb ihrer Lösungswege zurückgreifen und wie häufig sie diese einsetzen, wird in folgender Tabelle 6.50 zusammengefasst dargestellt. Beim *schrittweisen Multiplizieren (1)* handelt es sich um die tragfähige Rechenstrategie, die von den meisten Kindern eingesetzt wird (29,5 %). Der Großteil der Kinder, die das *schrittweise Multiplizieren (1)* nutzt, setzt diese Rechenstrategie einmalig oder zur Lösung aller Aufgaben ein. Eher selten setzen diese Kinder das *schrittweise Multiplizieren (1)* zwei-, drei- oder viermal ein. Das *stellenweise Multiplizieren (2)* wird von einem deutlich kleineren Anteil an Kindern genutzt (4,1 %), genauso wie das *Ziffernrechnen mit Berücksichtigung der Stellenwerte (1)* und *(2)* (in Summe betrachtet 1,9 %). Tragfähige Rechenstrategien, die das Ableiten von einem anderen Multiplikationsterm nutzen, werden nur von einzelnen Kindern zur Aufgabenbearbeitung herangezogen. Die *Hilfsaufgabe Multiplikation (1)* setzen insgesamt 57 (2,9 %) der befragten Kinder ein und das *gegensinnige Verändern Multiplikation (2)* wird lediglich von vier Kindern als Lösungsweg genutzt (0,2 %). Bei beiden Rechenstrategien handelt es sich um Lösungswege, die sich nicht zur Lösung aller Multiplikationsaufgaben eignen, da diese spezifische Aufgabenmerkmale nutzen (vgl. Abschnitt 5.2.2). Die Kinder der Untersuchung setzten diese Strategien in der Regel einmalig ein.

Tabelle 6.50 Verwendung tragfähiger Rechenstrategien (subjektbezogen)

Tragfähige Rechenstrategie	0x	1x	2x	3x	4x	5x	Gesamt (N_k)
Schrittweises Multiplizieren (1)	1411 71,5 %	251 12,6 %	61 3,1 %	74 3,7 %	65 3,3 %	138 6,9 %	2000 (100 %)
Ziffernrechnen mit Berücksichtigung der Stellenwerte (1)	1973 98,6 %	27 1,4 %	-	-	-	-	2000 (100 %)
Hilfsaufgabe Multiplikation (1)	1943 97,1 %	42 2,1 %	14 0,7 %	-	1 0,1 %	-	2000 (100 %)
Stellenweises Multiplizieren (2)	1919 96,1 %	24 1,2 %	24 1,2 %	7 0,4 %	19 1,0 %	7 0,4 %	2000 (100 %)
Ziffernrechnen mit Berücksichtigung der Stellenwerte (2)	1992 99,5 %	7 0,4 %	-	1 0,1 %	-	-	2000 (100 %)
Gegensinniges Verändern Multiplikation (2)	1996 99,8 %	4 0,2 %	-	-	-	-	2000 (100 %)

Ergebnisse dazu, ob die tragfähigen Rechenstrategien in Beziehung zu bestimmten Aufgaben auftreten und deren Einsatz unter Berücksichtigung spezifischer Aufgabenmerkmale erfolgt, werden in Abschnitt 6.3.4 berichtet.

Im Unterschied zu tragfähigen Strategien werden Fehlerstrategien von den befragten Kindern deutlich häufiger bei der Aufgabenbearbeitung eingesetzt. Im Mittel setzen die Kinder M = 3,13 (SD = 2,06) Fehlerstrategien zur Lösung der fünf Multiplikationsaufgaben des großen Einmaleins ein. Insgesamt verwenden 1543 (77,1 %) der Kinder mindestens einmal eine Fehlerstrategie zur Aufgabenlösung. Die Häufigkeit des Auftretens von Fehlerstrategien variiert von Kind zu Kind zwischen null- bis fünfmal. Der Großteil der Kinder greift bei der Bearbeitung der Aufgaben ausschließlich auf Fehlerstrategien zurück (42,8 %). In Abbildung 6.3 wird die Häufigkeit des Auftretens von Fehlerstrategien subjektbezogen dargestellt.

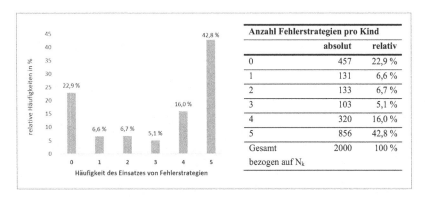

Abbildung 6.3 Häufigkeit des Einsatzes von Fehlerstrategien (subjektbezogen)

Setzen Kinder Fehlerstrategien nicht konsequent ein, sondern einmalig, zwei-, drei- oder viermalig stellt sich die Frage, welche Lösungswege in den anderen Fällen zur Aufgabenlösung eingesetzt werden. In Tabelle 6.51 werden die Daten zur Häufigkeit des Einsatzes von Fehlerstrategien vor diesem Hintergrund herangezogen und den Daten zum Einsatz tragfähiger Strategien gegenübergestellt. In den Zeilen der Tabelle ist abgebildet, wie häufig die befragten Kinder Fehlerstrategien zur Aufgabenbearbeitung einsetzen (null- bis fünfmal). Grau hervorgehoben sind in folgender Tabelle jeweils die Kinder, die zur Lösung der fünf Aufgaben ausschließlich auf Rechenstrategien zurückgreifen. Ein Beispiel soll die Lesbarkeit von Tabelle 6.51 veranschaulichen: Insgesamt setzen 320 Kinder viermal eine Fehlerstrategie als Lösungsweg ein. 196 dieser Kinder greifen daneben einmalig auf eine tragfähige Rechenstrategie zurück. Die anderen 124 Kinder greifen neben Fehlerstrategien bei der Aufgabenbearbeitung einmalig auf eine andere Lösungsstrategie zurück, wie beispielsweise das schriftliche Rechenverfahren der Multiplikation oder die wiederholte Addition.

Tabelle 6.51 Kreuztabelle zur Gegenüberstellung des Einsatzes von Fehlerstrategien und tragfähigen Rechenstrategien (subjektbezogen)

| | | **Tragfähige Rechenstrategien** | | | | | | |
| | | Anzahl pro Kind | | | | | | |
Fehlerstrategien		0	1	2	3	4	5	gesamt
Anzahl pro Kind	0	204	7	11	11	20	204	457
	1	55	11	5	8	52		131
	2	65	18	9	41			133
	3	50	12	41				103
	4	124	196					320
	5	856						856
	gesamt	1354	244	66	60	72	204	2000

Anmerkung. Grau schattiert = Kinder, die zur Lösung aller Aufgaben Strategien heranziehen.

Bei der Betrachtung der Kinder, die ausschließlich Strategien zur Aufgaben-lösung einsetzen zeigt die Gegenüberstellung, dass der Großteil dieser Kinder entweder ausschließlich auf Fehlerstrategien (856 Kinder) oder tragfähige Rechen-strategien (204 Kinder) zurückgreift. Diese Kinder weisen mit Blick auf den Einsatz tragfähiger Strategien oder Fehlerstrategien demnach ein konsistentes Vorgehen auf. Eher selten ist bei den Kindern ein Nebeneinander von tragfähigen Strategien und Fehlerstrategien zu dokumentieren. Eine Ausnahme stellen Kinder dar, die inner-halb ihrer Lösungswege einmalig eine tragfähige Strategie einsetzen und damit von ihrem ansonsten fehlerhaften Vorgehen abweichen (196 Kinder). In Verbindung zu den aufgabenbezogenen Analysen in Abschnitt 6.3.4 zeigt sich, dass der Großteil dieser Kinder bei der Lösung einer bestimmten Aufgabe (50 · 21) auf eine tragfähige Rechenstrategie zurückgreift.

Der Großteil an Kindern, der weder tragfähige Rechenstrategien noch Fehler-strategien zur Aufgabenbearbeitung einsetzt (204 Kinder) greift bei der Bearbeitung aller Aufgaben auf andere Lösungsstrategien zurück. In den meisten Fällen han-delt es sich dabei um das schriftliche Rechenverfahren der Multiplikation (vgl. Abschnitt 6.2.1).

Bislang ungeklärt ist, auf welche spezifischen Strategien die befragten Kin-der innerhalb ihrer Lösungswege zurückgreifen. Ergebnisse zum subjektbezogenen Einsatz tragfähiger Rechenstrategien werden im Rahmen der Beschreibung des

Strategierepertoires der Kinder im folgenden Abschnitt berichtet. In diesem Kontext wird dargestellt, inwiefern die befragten Kinder unterschiedliche tragfähige Rechenstrategien bei der Lösung der Aufgaben einsetzen. Entsprechend dazu werden in Abschnitt 6.4 Ergebnisse zum subjektbezogenen Einsatz von Fehlerstrategien berichtet und beschrieben, wie systematisch diese auf individueller Ebene auftreten – also ob spezifische Fehlerstrategien einmalig oder wiederholt bei der Aufgabenbearbeitung verwendet werden.

Strategieunabhängige Fehler

Die beobachteten strategieunabhängigen Fehler treten in den Lösungswegen von insgesamt 870 Kindern (43,5 %) auf. Im Schnitt machen die Kinder bei der Lösung der fünf Multiplikationsaufgaben M = 0,93 (SD = 1,49) strategieunabhängige Fehler. Dies bedeutet, dass einem Kind knapp ein strategieunabhängiger Fehler in fünf Lösungswegen unterläuft. Die Anzahl auftretender strategieunabhängiger Fehler variiert zwischen den Kindern (Tabelle 6.52). Innerhalb eines Lösungswegs können mehrere strategieunabhängige Fehler auftreten. Aus diesem Grund sind in Tabelle 6.52 Fehleranzahlen aufgeführt, die die Anzahl der zu lösenden Aufgaben (fünf Multiplikationsaufgaben) übersteigen.

Tabelle 6.52 Anzahl strategieunabhängiger Fehler (subjektbezogen)

Anzahl strategieunabhängiger Fehler pro Kind	absolut	relativ
0	1130	56,5 %
1	427	21,3 %
2	206	10,3 %
3	101	5,1 %
4	48	2,4 %
5	52	2,6 %
6 – 8	31	1,5 %
9 – 12	5	0,3 %
Gesamt bezogen auf N_k	2000	100 %

Die Daten aus Tabelle 6.52 verdeutlichen, dass beim Großteil der Kinder bis zu zwei strategieunabhängige Fehler innerhalb der Lösungswege auftreten (in Summe 88,1 % der Kinder). Mehr als zwei strategieunabhängige Fehler werden von den

Kindern eher selten gemacht. Wie häufig Kinder die in Abschnitt 6.1.2 beschriebenen strategieunabhängigen Fehler beim Lösen der Aufgaben machen, wird in Tabelle 6.53 dargestellt.

Tabelle 6.53 Auftreten der unterschiedenen strategieunabhängigen Fehler (subjektbezogen)

Häufigkeit des Auftretens pro Kind	1x	2x	>2	Gesamt bezogen auf N_k
Fehler innerhalb eines Teilschritts				
Rechenfehler	12,7 %	5,0 %	3,0 %	410 (20,7 %)
Zählfehler	1,5 %	0,1 %	-	31 (1,6 %)
Übergeneralisierung Addition	1,2 %	0,9 %	0,2 %	44 (2,3 %)
Addition im Teilschritt	2,8 %	0,7 %	0,6 %	80 (4,1 %)
Multiplikation mit Null	5,3 %	0,1 %	-	107 (5,4 %)
Stellenwertfehler	7,6 %	1,1 %	0,9 %	192 (9,6 %)
Fehler bei der Verknüpfung der Teilprodukte				
Rechenfehler Addition	7,8 %	1,1 %	0,6 %	189 (9,5 %)
Multiplikative Verknüpfung	0,8 %	0,1 %	1,0 %	37 (1,9 %)
Falsche Rechenoperation	0,2 %	0,1 %	0,3 %	12 (0,6 %)

Rechenfehler innerhalb eines Teilschritts sind diejenigen strategieunabhängigen Fehler, welche bei den meisten Kindern auftreten (20,7 %), gefolgt von Stellenwertfehlern (9,6 %) und Rechenfehlern bei der Addition der Teilprodukte (9,5 %). Der Großteil der aufgeführten Fehler tritt in den Lösungswegen der Kinder einmalig auf.

6.3.2 Strategierepertoire der Kinder

Um das Strategierepertoire der befragten Kinder zu beschreiben werden die eingesetzten Rechenstrategien eines Kindes über die Lösung der Multiplikationsaufgaben hinweg analysiert. Mit der Beschreibung des Strategierepertoires wird der Strategieeinsatz auf individueller Ebene – also auf Ebene des Kindes – dargestellt.
Es soll folgende Forschungsfrage beantwortet werden:

FF3   *Wie gestaltet sich das Strategierepertoire der Kinder bei der Lösung von Multiplikationsaufgaben des großen Einmaleins?*

Dafür wurden folgende konkretisierten Forschungsfragen aufgestellt:

FF3a Inwiefern werden von den Kindern verschiedene Rechenstrategien zur Aufgabenlösung verwendet?

FF3b Wie flexibel und adäquat werden Rechenstrategien zur Lösung von Multiplikationsaufgaben des großen Einmaleins von den Kindern eingesetzt?

Für die Analysen zum Strategierepertoire werden ausschließlich Lösungswege über tragfähige Rechenstrategien berücksichtigt. Tritt bei der Verwendung einer tragfähigen Rechenstrategie ein strategieunabhängiger Fehler auf (wie zum Beispiel ein Rechenfehler), wird diese trotzdem für die Analysen herangezogen. Die ausschließliche Berücksichtigung tragfähiger Rechenstrategien führt dazu, dass ein großer Anteil der Kinder für die durchgeführten Analysen ausscheidet, da diese bei der Aufgabenbearbeitung keine tragfähigen Rechenstrategien einsetzen. Insgesamt werden 646 Kinder (32,3 % der Gesamtstichprobe N_k) zur Untersuchung des Strategierepertoires herangezogen. Dabei handelt es sich um jene Kinder, die mindestens einmal eine tragfähige Strategie zur Aufgabenlösung einsetzen (Tabelle 6.54).

Tabelle 6.54 Berücksichtigte Kinder zur Analyse und Beschreibung des Strategierepertoires

Häufigkeit des Einsatzes tragfähiger Rechenstrategien	Anteil Kinder		
	absolut	relativ	
0	1354	67,7 %	
1	244	12,2 %	
2	66	3,3 %	646
3	60	3,0 %	Kinder
4	72	3,6 %	(32,3 %)
5	204	10,2 %	
Gesamt (N_k)	2000	100 %	

Die Beschreibung des Strategierepertoires erfolgt über die Anzahl unterschiedlich eingesetzter tragfähiger Rechenstrategien bei der Lösung der Multiplikationsaufgaben. Darunter werden die in Abschnitt 6.1.1 beschriebenen Rechenstrategien *schrittweises Multiplizieren (1), Hilfsaufgabe Multiplikation (1), Ziffernrechnen mit Berücksichtigung der Stellenwerte (1), stellenweises Multiplizieren (2), gegensinniges Verändern Multiplikation (2)* und *Ziffernrechnen mit Berücksichtigung der Stellenwerte (2)* verstanden. Variierende Rechenwege derselben Strategie (wie beispielsweise die ausdifferenzierten Rechenwege *beim schrittweisen Multiplizieren (1)*, vgl. Abschnitt 6.1.1) werden als eine Rechenstrategie gewertet.

Insgesamt verwenden die betrachteten Kinder im Mittel M = 1,19 (SD = 0,40) verschiedene tragfähige Rechenstrategien. Dies bedeutet, dass die Kinder bei der Lösung der Aufgaben hauptsächlich auf ein und dieselbe tragfähige Rechenstrategie zurückgreifen. Dies trifft insgesamt auf 529 der 646 Kinder zu, die tragfähige Rechenstrategien verwenden.

Die anderen 117 Kinder greifen bei der Aufgabenbearbeitung auf unterschiedliche tragfähige Rechenstrategien zurück. Daran anknüpfend werden nachfolgend Erkenntnisse zum flexiblen Strategieeinsatz dargestellt.

Flexibler Strategieeinsatz

Nach dem Verständnis der vorliegenden Arbeit wird der Strategieeinsatz dann als flexibel bezeichnet, wenn dieser auf einem Strategierepertoire aus unterschiedlichen tragfähigen Rechenstrategien basiert (vgl. Abschnitt 4.4.2). Angelehnt an Köhler (2019, S. 328) wird dann von einem flexiblen Strategieeinsatz gesprochen, wenn Kinder über ein Strategierepertoire aus mindestens zwei Rechenstrategien verfügen.

Setzen die Kinder tragfähige Rechenstrategien bei der Aufgabenbearbeitung ein (646 Kinder), greifen 529 der Kinder auf ein und dieselbe tragfähige Rechenstrategie zurück. 117 und damit der kleinere Teil der Kinder greift auf zwei oder mehr tragfähige Rechenstrategien bei der Lösung der fünf Multiplikationsaufgaben zurück. Dies wird in Tabelle 6.55 ersichtlich.

Tabelle 6.55
Verfügbarkeit unterschiedlicher Rechenstrategien bei der Lösung von fünf Multiplikationsaufgaben des großen Einmaleins

Strategierepertoire bestehend aus...	Anteil Kinder	
	absolut	relativ
einer tragfähigen Rechenstrategie	529	26,4 %
zwei tragfähigen Rechenstrategien	114	5,7 %
drei tragfähigen Rechenstrategien	3	0,2 %
Gesamt bezogen auf N_k	646	32,3 %

Die Analyse der eingesetzten Rechenstrategien der Kinder mit einem Strategierepertoire aus zwei tragfähigen Rechenstrategien zeigt, dass diese hauptsächlich
auf

- das *schrittweise Multiplizieren (1)* und *stellenweise Multiplizieren (2)* (51 Kinder),
- das *schrittweise Multiplizieren (1)* und die *Hilfsaufgabe Multiplikation (1)*
  (50 Kinder) oder
- das *schrittweise Multiplizieren (1)* oder *stellenweise Multiplizieren (2)* und *Ziffernrechnen mit Berücksichtigung der Stellenwerte (1)* oder *(2)* (13 Kinder)
  zurückgreifen.

Auf mehr als zwei tragfähige Rechenstrategien greifen nahezu keine Kinder zurück.
Diese Kinder nutzen

- das *schrittweise Multiplizieren (1)*, *stellenweise Multiplizieren (2)* und die
  Hilfsaufgabe Multiplikation (1) (2 Kinder) oder
- das *schrittweise Multiplizieren (1)*, *stellenweise Multiplizieren (2)* und das
  Ziffernrechnen mit Berücksichtigung der Stellenwerte (1) (1 Kind).

Die Daten in Tabelle 6.55 machen deutlich, dass, wenn ein Wechsel zwischen mindestens zwei tragfähigen Rechenstrategien als flexibel betrachtet wird, knapp 6 %
der befragten Kinder diese Bedingung erfüllen. Es zeigt sich somit, dass lediglich
ein kleiner Teil der Kinder bei der Lösung der Multiplikationsaufgaben Strategien
flexibel einsetzt.
    Bei der Betrachtung der 204 Kinder, die über alle Aufgaben hinweg einen gelun-
genen Strategieeinsatz zeigen (vgl. Abschnitt 6.3.1) wird ersichtlich, dass diese
hauptsächlich einen Rechenweg bei der Lösung der fünf Multiplikationsaufgaben
verfolgen. 145 dieser Kinder präferieren eine tragfähige Rechenstrategie zur Lösung
aller Aufgaben (individuelle Strategiepräferenz). Insbesondere das *schrittweise
Multiplizieren (1)* zeigt sich als präferierte Rechenstrategie bei der Aufgabenlösung, welche universell zur Lösung aller Multiplikationsaufgaben verwendet wird.
Es zeigen sich die folgenden individuell bevorzugten Rechenstrategien:

- das *schrittweise Multiplizieren (1)* (138 Kinder) und
- das *stellenweise Multiplizieren (2)* (7 Kinder).

Im Vergleich dazu wechseln nur wenige Kinder mit gelungenem Strategieeinsatz innerhalb ihrer Lösungswege zwischen zwei oder mehr tragfähigen Rechenstrategien. Diese können den Kriterien dieser Arbeit nach in ihrer Strategieverwendung als flexibel bezeichnet werden (59 Kinder). Bezogen auf die Kinder mit einem gelungenen Strategieeinsatz werden in Abbildung 6.4 ein Beispiel für den flexiblen Strategieeinsatz (unteres Fallbeispiel) und ein Beispiel für die Bearbeitung der Aufgaben über eine präferierte Strategie (oberes Fallbeispiel) dargestellt.

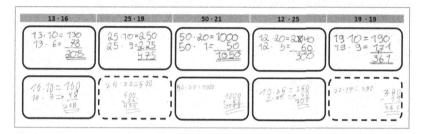

Abbildung 6.4 Beispiele für einen gelungenen Strategieeinsatz: Aufgabenbearbeitung über einen präferierten (oben) oder einen flexiblen (unten) Strategieeinsatz. (*Anmerkung.* Die gestrichelten Linien kennzeichnen den Einsatz einer weiteren Rechenstrategie)

Adäquater Strategieeinsatz
Ergänzend zur Beschreibung des flexiblen Strategieeinsatzes soll im Folgenden dargestellt werden, inwiefern die Kinder Rechenstrategien aufgabenadäquat einsetzen. Entsprechend zur Beschreibung des flexiblen Strategieeinsatzes ist die Voraussetzung dafür, dass tragfähige Rechenstrategien zur Lösung herangezogen werden. Es wird dann von einem aufgabenadäquaten Strategieeinsatz ausgegangen, wenn ein Kind zur Lösung aller fünf Multiplikationsaufgaben aufgabenadäquate Rechenstrategien heranzieht.

Dem zugrundeliegenden Verständnis dieser Arbeit nach (vgl. Abschnitt 4.4.2) wird dann von einem adäquaten Strategieeinsatz gesprochen, wenn eine unter normativen Gesichtspunkten naheliegende Rechenstrategie unter Rückgriff auf Zahl- und Aufgabenbeziehungen zur Lösung einer Aufgabe eingesetzt wird. Demnach eignen sich nicht alle tragfähigen Rechenstrategien gleichermaßen zur Aufgabenlösung. In Abschnitt 5.2.2 der vorliegenden Arbeit wurde festgelegt und begründet, welche Rechenstrategien zur Lösung der jeweiligen Multiplikationsaufgaben aus normativer Sicht adäquat erscheinen. Ergänzend dazu wird an dieser Stelle das

Ziffernrechnen mit Berücksichtigung der Stellenwerte (1) und *(2)* in Tabelle 6.56 erweiternd aufgenommen.

Tabelle 6.56 *Adäquate* Rechenstrategien zur Lösung der fünf Multiplikationsaufgaben

Rechenstrategie	13 · 16	25 · 19	50 · 21	12 · 25	19 · 19
Schrittweises Multiplizieren (1)	✓	✓	✓	✓	✓
Hilfsaufgabe Multiplikation (1)	–	✓	–	–	✓
Ziffernrechnen mit Berücksichtigung der Stellenwerte (1)	–	–	✓	–	–
Stellenweises Multiplizieren (2)	✓	✓	–	✓	✓
Gegensinniges Verändern Multiplikation (2)	✓	–	–	✓	–
Ziffernrechnen mit Berücksichtigung der Stellenwerte (2)	–	–	✓	–	–

Das *Ziffernrechnen mit Berücksichtigung der Stellenwerte (1)* und *(2)* eignet sich lediglich bei der Lösung der Aufgabe 50 · 21. Da es sich beim Faktor 50 um eine glatte Zehnerzahl handelt, kann die Analogie zur Multiplikationsaufgabe 5 · 21 durch das Ziffernrechnen mit einem Faktor genutzt werden. Durch das Ziffernrechnen mit beiden Faktoren können die Analogien zu den Aufgaben 5 · 2 und 5 · 1 genutzt werden. Durch das Anhängen der vernachlässigten Null(en) kann das Ergebnis der ursprünglichen Aufgabe bestimmt werden.

Zur Analyse des adäquaten Strategieeinsatzes wurde aus den Bearbeitungen der Kinder ein individueller Code generiert, der den Strategieeinsatz über die Aufgaben hinweg abbildet. Auf diese Weise wurde Aufschluss über den individuellen Bearbeitungsprozess gewonnen und die verwendeten Rechenstrategien auf ihren adäquaten Einsatz hin analysiert. Der generierte Code besteht aus insgesamt fünf Ziffern (entspricht der Anzahl der gestellten Multiplikationsaufgaben) und jede der Ziffern steht für eine tragfähige Rechenstrategie mit untenstehender Zuordnung.

1: Schrittweises Multiplizieren (1)	*4: Stellenweises Multiplizieren (2)*
2: Hilfsaufgabe Multiplikation (1)	*5: Gegensinniges Verändern Multiplikation (2)*
3: Ziffernrechnen mit Berücksichtigung der Stellenwerte (1)	*6: Ziffernrechnen mit Berücksichtigung der Stellenwerte (2)*

Der Code 12112 steht damit beispielsweise für folgenden individuellen Bearbeitungsprozess über die Multiplikationsaufgaben hinweg (Tabelle 6.57):

Tabelle 6.57 Darstellung des individuellen Bearbeitungsprozesses zur Analyse des aufgabenadäquaten Strategieeinsatzes

	13 · 16	25 · 19	50 · 21	12 · 25	19 · 19
Eingesetzte Strategie	Schrittweises Multiplizieren (1)	Hilfsaufgabe Multiplikation (1)	Schrittweises Multiplizieren (1)	Schrittweises Multiplizieren (1)	Hilfsaufgabe Multiplikation (1)
Code	1	2	1	1	2

Im einleitend beschriebenen Sinne zeigen 195 Kinder der Gesamtstichprobe (9,8 %) einen aufgabenadäquaten Strategieeinsatz. Durch die Analyse des Auftretens tragfähiger Rechenstrategien innerhalb der Aufgabensequenz lassen sich Unterschiede im adäquaten Strategieeinsatz in Bezug zum Strategierepertoire beschreiben. Der adäquate Strategieeinsatz lässt sich über

– den ausschließlichen Einsatz des *schrittweisen Multiplizierens (1)* (138 Kinder, 6,9 %) und
– den Wechsel zwischen verschiedenen tragfähigen Rechenstrategien (57 Kinder, 2,9 %), wie z. B.

  o dem *schrittweisen* und *stellenweisen Multiplizieren* (exemplarischer Code: 44144),
  o dem *schrittweisen Multiplizieren (1)* und der *Hilfsaufgabe Multiplikation (1)* (exemplarischer Code: 12112) oder
  o dem *schrittweisen* oder *stellenweisen Multiplizieren* und dem *Ziffernrechnen unter der Berücksichtigung der Stellenwerte (1)* (exemplarischer Code: 44344) beschreiben.

Damit lässt sich der aufgabenadäquate Strategieeinsatz im großen Einmaleins größtenteils über den präferierten Einsatz einer für alle Aufgaben adäquaten Strategie beschreiben (6,9 %). Davon zu unterscheiden sind jene Kinder, deren Strategieeinsatz als aufgabenadäquat und flexibel beschrieben werden kann (2,9 %). In diesen Fällen werden verschiedene tragfähige Rechenstrategien in Bezug zu den gegebenen Multiplikationsaufgaben als Lösungsweg herangezogen.

6.3.3   Zusammenfassung

Mit den vorangegangenen Ausführungen wird an die bisher dargestellten Ergebnisse zu den beobachteten Rechenstrategien und Fehlern angeknüpft und beschrieben, wie diese auf subjektbezogener Ebene auftreten. Innerhalb der Gesamtheit an Lösungswegen sind tragfähige Rechenstrategien selten zu dokumentieren. In Abschnitt 6.3.1 wurde dargestellt, dass diese von den 2000 befragten Kindern entweder gar nicht (856 Kinder, 42,8 %) oder zur Lösung aller Aufgaben herangezogen werden (204 Kinder, 10,2 %). Eine Ausnahme sind Kinder, die innerhalb ihrer Lösungswege einmalig auf eine tragfähige Rechenstrategie zurückgreifen (196 Kinder, 9,8 %). Der einmalige Einsatz einer tragfähigen Rechenstrategie ist in den meisten Fällen auf die Lösung der Aufgabe 50 · 21 zurückzuführen. Jenseits dieser Ausnahme ist das Nebeneinander von tragfähigen Strategien und Fehlerstrategien in den Lösungswegen der Kinder eher selten zu beobachten (136 Kinder, 6,8 %).

Werden in der vorliegenden Untersuchung Multiplikationsaufgaben mithilfe tragfähiger Rechenstrategien bearbeitet, verwenden die meisten Kinder das *schrittweise Multiplizieren (1)* (28,5 %). Das *stellenweise Multiplizieren (2)* wird lediglich von wenigen Kindern zur Aufgabenlösung verwendet (3,9 %). Auch die *Hilfsaufgabe Multiplikation (1)* wird von wenigen Kindern eingesetzt (2,9 %). Folglich nutzen nur einzelne Kinder die Zahlennähe der Faktoren, um spezifische Multiplikationsaufgaben zu lösen.

Zu den unterschiedenen Fehlertypen können folgende Beobachtungen zusammengefasst werden: Strategieabhängige Fehler in Form von Fehlerstrategien werden von knapp 80 % der Kinder eingesetzt (77,2 %). Mehr als die Hälfte dieser Kinder setzt ausschließlich Fehlerstrategien bei der Aufgabenbearbeitung ein (42,8 %). Ob Kinder dabei zwischen verschiedenen Fehlerstrategien wechseln oder immer auf dieselbe Fehlerstrategie zurückgreifen wird in Abschnitt 6.4 analysiert. Im Unterschied dazu sind strategieunabhängige Fehler bei weniger als der Hälfte der befragten Kinder in ihren Lösungswegen über Rechenstrategien zu dokumentieren (43,5 %). In den meisten Fällen treten diese einmalig in den Lösungswegen der Kinder auf.

Im Zuge der Beschreibung des Strategierepertoires der Kinder wurde auf subjektbezogener Ebene analysiert, ob die Kinder über die Multiplikationsaufgaben hinweg auf unterschiedliche tragfähige Rechenstrategien zurückgreifen und ob sie darüber hinaus in der Lage sind, diese aufgabenadäquat einzusetzen. Orientiert an bestehenden Untersuchungen zur Multiplikation (Köhler, 2019; Axel Schulz, 2014) wurde als Voraussetzung zur Analyse des Strategierepertoires der Einsatz tragfähiger Rechenstrategien festgelegt. Insgesamt setzen ein Drittel der befragten

Kinder tragfähige Rechenstrategien bei der Aufgabenbearbeitung ein (32,3 %). Die Mehrheit dieser Kinder greift innerhalb der Lösungswege ausschließlich auf ein und dieselbe tragfähige Rechenstrategie zurück (26,5 %). Der deutlich kleinere Teil der Kinder zeigt ein Strategierepertoire von zwei oder mehr tragfähigen Rechenstrategien (5,9 %). Bezugnehmend auf das zugrundeliegende Verständnis von Flexibilität in dieser Arbeit kann der Strategieeinsatz dieser Kinder als flexibel bezeichnet werden.

Der flexible Strategieeinsatz beim großen Einmaleins ist in der Forschungsliteratur bislang kaum untersucht worden. Bisherige Studien, die die Flexibilität im großen Einmaleins untersuchen, fokussieren dabei die Verfügbarkeit unterschiedlicher Rechenstrategien bei der Lösung ein und derselben Aufgabe. In der Untersuchung von Andreas Schulz (2018) werden die Kinder explizit dazu aufgefordert, verschiedene Lösungswege zu einer Aufgabe anzugeben. Aus diesem Grund sind die Ergebnisse nur schwer mit denen der vorliegenden Untersuchung vergleichbar, in der der Einsatz unterschiedlicher Rechenstrategien zwischen mehreren Multiplikationsaufgaben untersucht wurde. Im Unterschied zur Untersuchung von Andreas Schulz (2018) wird auf diese Weise ersichtlich, dass nur wenige der befragten Kinder zwischen tragfähigen Strategien bei der Bearbeitung der Aufgaben wechseln, wenn sie nicht explizit dazu angehalten werden. Im Vergleich zu empirischen Erkenntnissen aus dem Bereich des kleinen Einmaleins (vgl. Abschnitt 4.4.3) führen die Kinder in dieser Untersuchung deutlich seltener verschiedene tragfähige Strategien aus, um die Multiplikationsaufgaben zu lösen.

Neben dem flexiblen Strategieeinsatz wurden die Lösungswege auch mit Blick auf den aufgabenadäquaten Strategieeinsatz ausgewertet. Leitend für die Analysen war dabei das zugrundeliegende Verständnis von Adäquatheit in der vorliegenden Arbeit (vgl. Abschnitt 4.4.2). Insgesamt ziehen demnach 9,8 % der Kinder aufgabenadäquate Rechenstrategien zur Lösung der fünf Multiplikationsaufgaben heran. Diese Kinder können unterschieden werden in Kinder, die adäquat *und* flexibel vorgehen (2,9 %) oder adäquat mittels *einer* präferierten Rechenstrategie, die sich zur Lösung aller Multiplikationsaufgaben anbietet (6,9 %). Letzterer Fall tritt dabei mehr als doppelt so häufig auf und ist auf den Einsatz des *schrittweisen Multiplizierens (1)* zur Bearbeitung aller Aufgaben zurückzuführen.

6.3.4 Aufgabenbezogene Analysen

Die folgenden Ausführungen zeigen, inwieweit sich die dokumentierten Rechenstrategien und Fehler in Bezug auf die fünf erhobenen Multiplikationsaufgaben des großen Einmaleins unterscheiden. N_a gibt in den folgenden Ausführungen die Anzahl der Lösungswege in Form von Rechenstrategien aufgabenbezogen an (Tabelle 6.58). Diese Anzahlen stellen die Datengrundlage der aufgabenbezogenen Analysen dar.

Tabelle 6.58 Datengrundlage der aufgabenbezogenen Analysen (N_a)

	Multiplikationsaufgaben					
	13 · 16	**25 · 19**	**50 · 21**	**12 · 25**	**19 · 19**	**gesamt**
N_a	1715	1687	1559	1609	1594	8164 (N_r)

Bei den fünf gestellten Multiplikationsaufgaben in der vorliegenden Untersuchung handelt es sich um strukturgleiche Aufgaben. Es werden zwei zweistellige Faktoren miteinander multipliziert. Bei der Aufgabe 50 · 21 ist die Besonderheit, dass der Multiplikand eine Null enthält. Mit Blick auf das Auftreten tragfähiger Rechenstrategien und Fehler lassen sich insbesondere mit Blick auf diese Multiplikationsaufgabe Unterschiede feststellen. Die Ergebnisse der aufgabenbezogenen Analysen werden im Folgenden zusammengefasst.

Tragfähige Rechenstrategien

Zwischen den fünf Multiplikationsaufgaben lassen sich Unterschiede in der Verteilung tragfähiger Strategien feststellen (Abbildung 6.5).

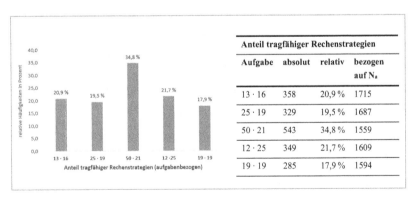

Abbildung 6.5 Anteil tragfähiger Rechenstrategien über die Multiplikationsaufgaben hinweg (aufgabenbezogen)

In obenstehender Abbildung wird ersichtlich, dass es sich bei der Aufgabe $50 \cdot 21$ um diejenige Multiplikationsaufgabe handelt, die am häufigsten über tragfähige Rechenstrategien gelöst wird (34,8 %). Bei der Aufgabe $19 \cdot 19$ werden im Vergleich dazu in etwa halb so oft tragfähige Strategien zur Lösung verwendet (17,9 %). Der Anteil tragfähiger Rechenstrategien bei der Lösung der anderen drei Multiplikationsaufgaben liegt ungefähr bei 20 %.

Dass die Aufgabe $50 \cdot 21$ weniger anfällig für strategieabhängige Fehler ist lässt sich darauf zurückführen, dass ein nicht unbeachtlicher Teil der Kinder diese Multiplikationsaufgabe anders und wie im Folgenden beschrieben bearbeitet. Es zeigt sich, dass diese Kinder bei der Lösung der Aufgabe $50 \cdot 21$ einmalig auf eine tragfähige Rechenstrategie zurückgreifen. Insgesamt 174 Kinder weichen bei dieser Aufgabe von ihrem ansonsten fehlerhaften Vorgehen in Form der Verwendung einer Fehlerstrategie ab. Ein häufig beobachtetes Antwortverhalten ist beispielhaft in Abbildung 6.6 dargestellt. Die gestrichelte Umrandung kennzeichnet die eingesetzte Fehlerstrategie. Die glatte Umrandung hebt den einmaligen Einsatz einer tragfähigen Rechenstrategie bei der Bearbeitung der Aufgaben hervor.

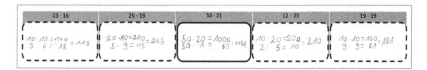

Abbildung 6.6 Exemplarische Bearbeitung für das einmalige Abweichen (durchgezogene Linie) von einem konsistenten fehlerhaften Strategieeinsatz (gestrichelte Linien)

Daneben lassen sich außerdem Unterschiede mit Blick auf die aufgabenbezogene Verteilung der tragfähigen Rechenstrategien dokumentieren. In Tabelle 6.59 wird dargestellt, ob bestimmte Rechenstrategien in Abhängigkeit von den Multiplikationsaufgaben besonders häufig auftreten – sprich, bei der Bearbeitung einer Aufgabe besonders naheliegen. Um Unterschiede in der Verteilung der unterschiedlichen tragfähigen Rechenstrategien über die fünf Multiplikationsaufgaben hinweg deutlich zu machen, werden diese in Tabelle 6.59 an ihrem Gesamtauftreten relativiert.

Tabelle 6.59 Auftreten tragfähiger Rechenstrategien (aufgabenbezogen)

Tragfähige Rechenstrategien	Multiplikationsaufgaben					
	13 · 16	25 · 19	50 · 21	12 · 25	19 · 19	gesamt
Schrittweises Multiplizieren (1)	294 (19,0 %)	235 (15,2 %)	498 (32,2 %)	309 (20,0 %)	209 (13,5 %)	1545 (100,0 %)
Ziffernrechnen mit Berücksichtigung der Stellenwerte (1)	1 (3,7 %)	0	26 (96,3 %)	0	0	27 (100,0 %)
Hilfsaufgabe Multiplikation (1)	1 (1,4 %)	39 (52,7 %)	0	1 (1,4 %)	33 (44,6 %)	74 (100,0 %)
Stellenweises Multiplizieren (2)	57 (27,9 %)	54 (26,5 %)	13 (6,4 %)	37 (18,1 %)	43 (21,1 %)	204 (100,0 %)
Ziffernrechnen mit Berücksichtigung der Stellenwerte (2)	5 (50,0 %)	1 (10,0 %)	3 (30,0 %)	1 (10,0 %)	0	10 (100,0 %)
Gegensinniges Verändern Multiplikation (2)	0	0	3 (75,0 %)	1 (25,0 %)	0	4 (100,0 %)

Anmerkung. Grau schattiert = Die Rechenstrategie tritt in mindestens der Hälfte der Fälle bei der jeweiligen Aufgabe auf.

Der Großteil der dokumentierten Unterschiede im Auftreten der tragfähigen Rechenstrategien tritt in Verbindung mit der Multiplikationsaufgabe 50 · 21 auf. Weitere Unterschiede in der Strategieverteilung lassen sich mit Blick auf jene Aufgaben feststellen, bei denen spezifische Faktoreneigenschaften zur Lösung genutzt werden können (25 ·19 und 19 · 19). Zusammenfassend wird festgehalten:

- Das *schrittweise Multiplizieren (1)* ist am häufigsten bei der Lösung der Aufgabe 50 · 21 zu dokumentieren. Etwa ein Drittel der Lösungswege dieser Form entfallen auf die genannte Aufgabe (32,0 %).
- Das *stellenweise Multiplizieren (2)* ist bei der Lösung der Aufgabe 50 · 21 nur selten zu dokumentieren. Lediglich 6,4 % der Lösungswege dieser Form entfallen auf die genannte Aufgabe.
- Das *Ziffernrechnen mit Berücksichtigung der Stellenwerte (1)* wird hauptsächlich bei der Lösung der Aufgabe 50 · 21 beobachtet (ausgenommen ist eine einzelne Ausnahme, vgl. Tabelle 6.59).

– Die *Hilfsaufgabe Multiplikation (1)* tritt hauptsächlich bei der Lösung der Multiplikationsaufgaben 25 · 19 und 19 · 19 auf (zwei Ausnahmen, vgl. Tabelle 6.59).

Fehlerstrategien und strategieunabhängige Fehler
Entsprechend zur Verteilung der tragfähigen Rechenstrategien variiert auch der Anteil an Fehlerstrategien zwischen den fünf Multiplikationsaufgaben. Über alle Aufgaben hinweg liegt deren Anteil bei weit über der Hälfte der bearbeiteten Aufgaben. Am seltensten sind Fehlerstrategien bei der Lösung der Aufgabe 50 · 21 zu dokumentieren (Abbildung 6.7).

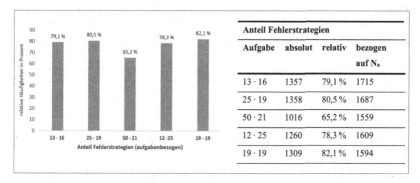

Anteil Fehlerstrategien			
Aufgabe	absolut	relativ	bezogen auf N$_a$
13 · 16	1357	79,1 %	1715
25 · 19	1358	80,5 %	1687
50 · 21	1016	65,2 %	1559
12 · 25	1260	78,3 %	1609
19 · 19	1309	82,1 %	1594

Abbildung 6.7 Anteil Fehlerstrategien über die Multiplikationsaufgaben hinweg (aufgabenbezogen)

Das Auftreten der unterschiedlichen Fehlerstrategien wurde dahingehend analysiert, inwiefern diese in Abhängigkeit zu den gestellten Multiplikationsaufgaben auftreten. Auf diese Weise wird ersichtlich, ob eine bestimmte Fehlerstrategie gleichmäßig über alle Aufgaben hinweg auftritt oder bei der Bearbeitung spezifischer Aufgaben besonders naheliegt.

In Tabelle 6.60 wird die Verteilung der Fehlerstrategien aufgabenbezogen dargestellt. Die Oberkategorien *unvollständige Zerlegung (1) (2)*, *sonstige Fehlerstrategien (1) (2)* und nicht zuordenbare Fehlerstrategien werden aus Gründen der Übersichtlichkeit in der folgenden Tabelle nicht abgebildet.

Tabelle 6.60   Auftreten Fehlerstrategien (aufgabenbezogen)

Fehlerstrategien	Multiplikationsaufgaben					
	13 · 16	25 · 19	50 · 21	12 · 25	19 · 19	gesamt
Übergeneralisierung schrittweise Addition (1)	34 (10,6 %)	22 (6,8 %)	235 (73,0 %)	17 (5,3 %)	14 (4,3%)	322 (100,0 %)
Übergeneralisierung Hilfsaufgabe Addition (1)	1 (6,7 %)	4 (26,7 %)	0	1 (6,7 %)	9 (60,0 %)	15 (100,0 %)
Ziffernrechnen ohne Berücksichtigung der Stellenwerte (1)	17 (15,3 %)	17 (15,3 %)	41 (36,9 %)	20 (18,0 %)	16 (14,4 %)	111 (100,0 %)
Kombination Übergeneralisierung und Ziffernrechnen (1)	2 (11,8 %)	3 (17,6 %)	9 (52,9 %)	2 (11,8 %)	1 (5,9 %)	17 (100,0 %)
Ausgleichsfehler (1)	2 (8,3 %)	8 (33,3 %)	4 (16,7 %)	1 (4,2 %)	9 (37,5 %)	24 (100,0 %)
Übergeneralisierung stellenweise Addition (2)	1007 (23,3 %)	981 (22,7 %)	404 (9,3 %)	937 (21,6 %)	1002 (23,1 %)	4331 (100,0 %)
Übergeneralisierung Mischform (2)	8 (20,5 %)	10 (25,6 %)	1 (2,6 %)	13 (33,3 %)	7 (17,9 %)	39 (100,0 %)
Übergeneralisierung gegensinniges Verändern (2)	0	1 (16,7 %)	1 (16,7 %)	1 (16,7 %)	3 (50,0 %)	6 (100,0 %)
Ziffernrechnen ohne Berücksichtigung der Stellenwerte (2)	43 (22,2 %)	39 (20,1 %)	40 (20,6 %)	39 (20,1 %)	33 (17,0 %)	194 (100,0 %)
Kombination Übergeneralisierung und Ziffernrechnen (2)	104 (21,3 %)	106 (21,7 %)	97 (19,9 %)	84 (17,2%)	97 (19,9 %)	488 (100,0 %)
Ausgleichsfehler (2)	0	0	0	0	16 (100,0%)	16 (100,0 %)

Anmerkung. Grau schattiert = Die Rechenstrategie tritt in mindestens der Hälfte der Fälle bei der jeweiligen Aufgabe auf.

Die aufgabenbezogenen Auswertungen zeigen Unterschiede in der Verteilung der Fehlerstrategien über die Multiplikationsaufgaben hinweg. Diese lassen sich insbesondere mit Blick auf die Multiplikationsaufgabe 50 · 21 feststellen und werden im Folgenden zusammengefasst:

– Die *Übergeneralisierung schrittweise Addition (1)* ist am häufigsten bei der Lösung der Aufgabe 50 · 21 zu dokumentieren. 73,0 % der Lösungswege dieser Form treten bei der genannten Multiplikationsaufgabe auf.
– Das *Ziffernrechnen ohne Berücksichtigung der Stellenwerte (1)* tritt bei der Lösung der Multiplikationsaufgabe 50 · 21 mehr als doppelt so häufig auf als bei allen anderen Aufgaben.
– Die *Übergeneralisierung stellenweise Addition (2)* tritt bei der Lösung der Aufgaben 13 · 16, 25 · 19, 12 · 25 und 19 · 19 mehr als doppelt so häufig auf als bei der Multiplikationsaufgabe 50 · 21 (9,3 %).

Bezüglich der Aufgabe 50 · 21 zeigen die bisherigen Ausführungen, dass zur Lösung der Aufgabe vermehrt tragfähige Rechenstrategien und entsprechend seltener Fehlerstrategien herangezogen werden. Im Unterschied dazu, dass die Aufgabe weniger fehleranfällig für strategieabhängige Fehler ist, zeigt sich speziell bei der Lösung dieser Aufgabe ein erhöhtes Auftreten strategieunabhängiger Fehler. Dies kann Abbildung 6.8 entnommen werden.

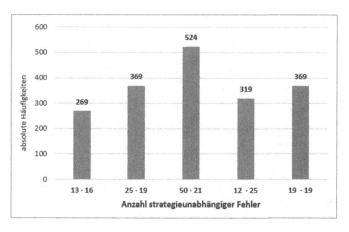

Abbildung 6.8   Absolute Häufigkeiten auftretender strategieunabhängiger Fehler über die Multiplikationsaufgaben hinweg

Die Verteilung der strategieunabhängigen Fehler über die fünf Multiplikationsaufgaben hinweg wird in Tabelle 6.61 dargestellt. Aus Gründen der besseren Vergleichbarkeit werden die Fehler an ihrem Gesamtauftreten relativiert. In der rechten Spalte der Tabelle wird das Gesamtauftreten der einzelnen strategieunabhängigen Fehler aufgeführt. Tritt ein strategieunabhängiger Fehler in über der Hälfte der Fälle seines Gesamtauftretens bei einer Aufgabe auf, wird diese auffällige aufgabenbezogene Verteilung in der Tabelle grau schattiert hervorgehoben.

Tabelle 6.61 Auftreten der verschiedenen strategieunabhängigen Fehler (aufgabenbezogen)

Strategieunabhängige Fehler	Multiplikationsaufgaben					
	13 · 16	25 · 19	50 · 21	12 · 25	19 · 19	gesamt
Fehler innerhalb eines Teilschritts						
Rechenfehler	83	170	131	138	147	669
	(12,4 %)	(25,4 %)	(19,6 %)	(20,6 %)	(22,0 %)	(100,0 %)
Zählfehler	11	8	4	7	2	32
	(34,4 %)	(25,0 %)	(12,5 %)	(21,9 %)	(6,3 %)	(100,0 %)
Übergeneralisierung Addition	5	15	22	20	7	69
	(7,2 %)	(21,7 %)	(31,9 %)	(29,0 %)	(10,1 %)	(100,0 %)
Addition im Teilschritt	48	17	15	16	26	122
	(39,3 %)	(13,9 %)	(12,3 %)	(13,1 %)	(21,3 %)	(100,0 %)
Multiplikation mit Null	0	1	107	0	1	109
		(0,9 %)	(98,2 %)		(0,9 %)	(100,0 %)
Stellenwertfehler	7	35	147	49	13	251
	(2,8 %)	(13,9 %)	(58,6 %)	(19,5 %)	(5,2 %)	(100,0 %)
Fehler bei der Verknüpfung der Teilprodukte						
Rechenfehler Addition	44	56	32	32	77	241
	(18,3 %)	(23,2 %)	(13,3 %)	(13,3 %)	(32,0 %)	(100,0 %)
Multiplikative Verknüpfung	25	21	17	21	17	101
	(24,8 %)	(20,8 %)	(16,8 %)	(20,8 %)	(16,8 %)	(100,0 %)

Anmerkung. Grau schattiert = Strategieunabhängiger Fehler tritt in mindestens der Hälfte der Fälle bei der jeweiligen Aufgabe auf.

Die Unterschiede in den berichteten Häufigkeiten können auf folgende Beobachtungen zurückgeführt werden:

- Der strategieunabhängige Fehler *Multiplikation mit Null* tritt ausschließlich bei
  der Lösung der Aufgabe 50 · 21 auf (zwei Ausnahmen).
- *Stellenwertfehler* treten am häufigsten bei der Lösung der Aufgabe 50 · 21
  auf. Über die Hälfte dieser Fehler tritt bei der entsprechenden Aufgabe auf
  (58,6 %). Insgesamt treten *Stellenwertfehler* häufiger bei denjenigen Multiplikationsaufgaben auf, bei denen die Zehnerstelle der Faktoren größer eins
  ist.

6.3.5   Zusammenfassung

In den Ausführungen des Abschnitts wird deutlich, dass sich Unterschiede in
der Verteilung tragfähiger Strategien und von Fehlern mit Blick auf die gestellten Multiplikationsaufgaben feststellen lassen. Die beobachteten Unterschiede
im Strategie- und Fehlervorkommen sind hauptsächlich darauf zurückzuführen,
dass die Aufgabe 50 · 21 von den befragten Schülerinnen und Schülern bei
der Aufgabenlösung anders bearbeitet wird als die anderen vier Multiplikationsaufgaben. Bei dieser Aufgabe handelt es sich um die einzige der gestellten
Multiplikationsaufgaben, die eine Zehnerzahl als Faktor hat.

Der dargestellten Verteilung der Strategien über die fünf Multiplikationsaufgaben hinweg kann entnommen werden, dass tragfähige Rechenstrategien bei der
Lösung der Aufgabe 50 · 21 am häufigsten (34,8 %) auftreten. Dies drückt sich
darin aus, dass die tragfähige Rechenstrategie *schrittweise Multiplizieren (1)* am
häufigsten bei der Lösung der Aufgabe 50 · 21 dokumentiert wurde. Das *Ziffernrechnen mit Berücksichtigung der Stellenwerte (1)* tritt bis auf eine Ausnahme
ausschließlich bei der Lösung dieser Aufgabe auf (Anhängen der Nullen). Nur
selten wird dagegen das *stellenweise Multiplizieren (2)* zur Bearbeitung dieser
Aufgabe verwendet. Fehlerstrategien werden bei der Lösung der Aufgabe 50 · 21
im Vergleich zu den anderen vier Aufgaben am seltensten ausgeführt. Mit Blick
auf die Verteilung spezifischer Fehlerstrategien machen die Daten Unterschiede
ersichtlich. Die *Übergeneralisierung schrittweise Addition (1)* tritt hauptsächlich
bei der Lösung der Aufgabe 50 · 21 auf. Nahezu drei Viertel der Lösungswege
über diese Fehlerstrategie sind bei der Lösung dieser Multiplikationsaufgabe zu
dokumentieren (73,0 %). Die in der Gesamtheit an Lösungswegen sehr häufig
auftretende *Übergeneralisierung stellenweise Addition (2)* tritt im Vergleich zu
den anderen vier Aufgaben eher selten auf (9,3 %).

Während Fehlerstrategien bei der Lösung der Aufgabe $50 \cdot 21$ vergleichsweise selten auftreten (in 65,2 % der Lösungswege) zeigen die aufgabenbezogenen Analysen, dass die Aufgabe für strategieunabhängige Fehler besonders anfällig ist. Dies kann durch Fehler bei der *Multiplikation mit Null* erklärt werden. Dieser Fehlertyp wird ausschließlich bei dieser Aufgabe dokumentiert. Ebenso treten über die Hälfte der beobachteten *Stellenwertfehler* bei der Multiplikation der Zehnerstellen der Aufgabe $50 \cdot 21$ auf.

6.3.6 Zwischenfazit

In Abschnitt 6.2 der vorliegenden Arbeit wurden die verschiedenen Lösungswege und Fehler bei Multiplikationsaufgaben im großen Einmaleins in ihrem Auftreten in der Gesamtheit an Lösungswegen beschrieben. Dabei wurden große Schwierigkeiten bei der Bearbeitung von Aufgaben des großen Einmaleins ersichtlich, die hauptsächlich auf Defizite bei der Anwendung von Rechenstrategien zurückzuführen sind. Über die Darstellung der Häufigkeiten verschiedener Lösungswege und Fehler hinaus gewähren die Ergebnisse des vorliegenden Abschnitts weiterführende Einblicke zum Strategieeinsatz im großen Einmaleins auf individueller Ebene und bei verschiedenen Multiplikationsaufgaben.

Die Ergebnisse der Analysen machen Unterschiede im Strategieeinsatz der befragten Kinder ersichtlich. Die Gegenüberstellung der Verwendung tragfähiger Strategien und Fehlerstrategien auf individueller Ebene zeigt, dass die Mehrheit der befragten Kinder entweder ausschließlich tragfähige Strategien oder Fehlerstrategien zur Aufgabenlösung einsetzt. Für weiterführende Erkenntnisse zur Verwendung tragfähiger Rechenstrategien wurde in Abschnitt 6.3.2 das Strategierepertoire der befragten Kinder untersucht und beschrieben.

Die Daten zum Einsatz tragfähiger Strategien legen nahe, dass deren Einsatz den befragten Kindern entweder durchweg gelingt oder nicht gelingt. Dies wird dadurch ersichtlich, dass die meisten Kinder bei der Aufgabenbearbeitung entweder nie auf tragfähige Strategien zurückgreifen (67,7 %) oder diese zur Lösung aller Aufgaben heranziehen (10,2 %). In beiden Fällen verhalten sich die Kinder bezüglich des Einsatzes tragfähiger Strategien konsistent. Nur selten setzen die befragten Kinder tragfähige Strategien gelegentlich und damit inkonsistent ein (9,9 %). Eine Ausnahme sind Kinder, die einmalig eine tragfähige Strategie zur Aufgabenlösung einsetzen (12,2 %). Die beobachteten Schwierigkeiten bei der Anwendung von Rechenstrategien drücken sich auf subjektbezogener Ebene so aus, dass es den meisten Kindern an tragfähigen Strategien fehlt, um Multiplikationsaufgaben des großen Einmaleins zu lösen. Strategieunabhängige Fehler treten beim Großteil der Kinder gar nicht (56,5 %) oder einmalig bei der Auf-gabenbearbeitung auf (21,3 %). Den befragten Kindern bereitet also nicht das Rechnen an sich Probleme, sondern die Anwendung von Rechenstrategien im großen Einmaleins.

Der Strategieeinsatz derjenigen Kinder, die alle Multiplikationsaufgaben über tragfähige Strategien lösen (204 Kinder), kann wie folgt erklärt werden: Die meisten Kinder (145 Kinder) behalten einen Rechenweg zur Lösung aller fünf Multiplikationsaufgaben bei (in der Regel das *schrittweise Multiplizieren (1)*). Es kann nicht sicher geschlussfolgert werden, ob dies darin begründet liegt, dass jene Kinder keine alternativen Strategien kennen oder diese aufgrund individueller Kriterien nicht zur Aufgabenbearbeitung heranziehen. Dafür, dass ein bedeutsa-mer Teil der befragten Kinder bei der Lösung mehrerer Aufgaben auf ein und denselben Lösungsweg zurückgreift, finden sich in der mathematikdidaktischen Literatur verschiedene Erklärungsansätze. Erklärungsmodelle für den wiederhol-ten Einsatz derselben Strategie können beispielsweise individuelle Bedürfnisse wie das Vertrauen in den Erfolg (Lemaire & Siegler, 1995), der Wunsch nach einem einfachen Rechenweg (Ashcraft, 1990; Threlfall, 2009) oder die Sicher-heit und Geschwindigkeit, mit der eine Strategie zum Ergebnis führt (Gasteiger, 2011) sein. Deutlich seltener verfügen Kinder über ein Strategierepertoire aus zwei oder mehr tragfähigen Rechenstrategien (59 Kinder). In diesen Fällen nut-zen die Kinder spezifische Zahl- und Aufgabenbeziehungen, wie beispielsweise die Nähe zu einer benachbarten Aufgabe und setzen tragfähige Rechenstrategien aufgabenbezogen ein. Dies kann so interpretiert werden, dass die Kinder beim Strategieeinsatz „spontan" auf die gegebenen Aufgabeneigenschaften reagieren.

An Erklärungen auf empirischer Basis für die beobachteten Unterschiede zwi-schen Kindern mit einem gelungenen Strategieeinsatz, die flexibel oder nicht flexibel (in Form einer präferierten Strategie) vorgehen, fehlt es bislang im großen Einmaleins. Im Kontext der Addition und Subtraktion beobachtet Heirdsfield (2002), dass ein flexibler und akkurater Einsatz von Strategien mit einem ausge-prägten Zahlverständnis und metakognitiven Kompetenzen einhergeht, während der nicht flexible Strategieeinsatz aus der Kompensation von unzureichendem Wissen resultiert.

In der vorliegenden Arbeit zeigen Kinder nur selten ein Nebeneinander von tragfähigen Rechenstrategien und Fehlerstrategien. Eine Ausnahme sind jene Kinder, die vom konsistenten Einsatz von Fehlerstrategien einmalig abweichen und eine tragfähige Strategie verwenden (196 Kinder). In Verbindung zu den aufgabenbezogenen Analysen zeigt sich, dass der Großteil dieser Kinder die

Multiplikationsaufgabe 50 · 21 über eine tragfähige Strategie löst (174 Kinder). Die Aufgabe wird von diesen Kindern folglich anders bearbeitet. Dies legt verschiedene Vermutungen nahe, die im Folgenden ausgeführt werden.

Die Ergebnisse der subjektbezogenen Analysen können so interpretiert werden, dass die Kinder bei der Lösung der Aufgabe 50 · 21 in einen kognitiven Konflikt geraten, der dazu führt, dass diese von ihrem üblichen fehlerhaften Rechenweg abweichen. Dass die von den Kindern am häufigsten verwendete Fehlerstrategie *Übergeneralisierung stellenweise Addition (2)* zur Lösung der Aufgabe 50 · 21 nicht herangezogen wird, kann darin begründet liegen, dass die Kinder bei der Zerlegung der 50 in ihre Stellenwerte durch die Null im Faktor in einen Konflikt geraten. Aufgrund der Null im Faktor wird offensichtlicher, dass die Strategie fehlerhaft ist, da der zweite Teilschritt in Gänze entfällt und lediglich ein Teilschritt bestehen bleibt. Dieser kann nicht zur richtigen Lösung führen, da 50 · 21 und 50 · 20 nicht dieselbe Lösung haben. Dies wird bei dieser Aufgabe deutlicher als bei den anderen. In diesem Fall führt das Zahlenmaterial der Aufgabe zur Verwendung einer tragfähigen Strategie, da anstelle beider Faktoren sehr häufig nur der Faktor 21 in seine Stellenwerte zerlegt und mit der unveränderten 50 multipliziert wird.

Eine weitere Erklärung könnte sein, dass die Kinder bei der Zerlegung der Faktoren in ihre Stellenwerte in einen Konflikt geraten, da die Einerstelle der 50 nicht besetzt ist. In diesem Fall wird der Faktor 50 nicht in seine Stellenwerte zerlegt, sondern nur der Faktor 21. Die Annahme kann durch die Ergebnisse der aufgabenbezogenen Analysen gestützt werden, die zeigen, dass die Fehlerstrategie *Übergeneralisierung stellenweise Addition (2)* bei dieser Aufgabe deutlich seltener auftritt und stattdessen die *Übergeneralisierung schrittweise Addition (1)*, bei der ein Faktor zerlegt wird, häufiger. Folglich sollte bei einer produktorientierten Betrachtung der Lösung dieses Aufgabentyps (Z · ZE) nicht außer Acht gelassen werden, dass die von vielen Kindern eingesetzte Fehlerstrategie *Übergeneralisierung stellenweise Addition (2)* bei dieser Aufgabe nicht zwingend sichtbar wird. Als weiterer denkbarer Erklärungsansatz in diesem Zusammenhang kann angeführt werden, dass die enthaltene Null im Faktor die Schwierigkeit der Aufgabe beeinflusst und die Aufgabe daher weniger Schwierigkeiten bereitet (van der Ven et al., 2015) oder dass die Kinder über unterschiedliche Lösungsansätze bei der Bearbeitung zweistelliger Multiplikationsaufgaben verfügen (vgl. *disparate Prozeduren*, Tietze, 1988).

Bei den vorangegangenen Ausführungen handelt es sich um Vermutungen auf Grundlage der analysierten Lösungswege der Kinder. Letztlich bleibt in der vorliegenden Untersuchung ungeklärt, warum ein Teil der befragten Kinder die

Multiplikationsaufgabe 50 · 21 im Vergleich zu den anderen Aufgaben anders bearbeitet.

6.4 Fehleranalysen

Im Rahmen der vorliegenden Arbeit wurden anhand des Datenmaterials zahlreiche Fehlerstrategien bei der Lösung großer Einmaleinsaufgaben dokumentiert (vgl. Abschnitt 6.2.4). Zusammengefasst kann das Auftreten von Fehlerstrategien bei der Lösung großer Einmaleinsaufgaben als hoch beschrieben werden. In diesem Abschnitt werden die unterschiedlichen Fehlerstrategien mit Blick auf die Konsistenz ihres Auftretens analysiert. Das Ziel ist, aus der Vielzahl beobachteter Fehlerstrategien typische und systematische Fehler bei der Multiplikation im großen Einmaleins herauszuarbeiten. Im Fokus steht die Beantwortung der folgenden Forschungsfrage:

FF4 *Welche typischen und systematischen Fehler können in Bezug auf die Multiplikation zweistelliger Zahlen identifiziert werden?*

Bezugnehmend auf die vorgestellten Überlegungen verschiedener Autoren und Autorinnen zur Beschreibung der Konsistenz des Auftretens von Fehlern und dem darauf aufbauenden Verständnis typischer und systematischer Fehler dieser Arbeit (vgl. Abschnitt 4.2.4) werden die beobachteten Fehlerstrategien dahingehend untersucht, wie konsistent diese in der Gesamtheit an Lösungswegen und auf Individualebene auftreten.

Bei den folgenden Analysen bleiben Fehlerstrategien der Kategorien *unvollständige Zerlegung (1)* und *(2)*, *sonstige Fehlerstrategien (1)* und *(2)* sowie *nicht zuordenbare Fehlerstrategien* unberücksichtigt, da in diesen Kategorien unterschiedliche Lösungswege zusammengefasst werden (vgl. Abschnitt 6.1.2), weswegen keine differenzierten Aussagen dazu gemacht werden könnten, wie häufig ein und dieselbe Fehlerstrategie über die Lösungswege oder Befragten hinweg auftritt. Bei Rechenstrategien in Form des Ableitens handelt es sich um Lösungswege, die für die Lösung spezifischer Aufgaben und damit nicht zur Lösung aller Aufgaben geeignet sind. Zur Untersuchung der Konsistenz von Fehlerstrategien beim Ableiten dürften naheliegender Weise nur entsprechende Aufgaben berücksichtigt werden, bei denen diese Fehler aus normativer Sicht auftreten können. Abschnitt 6.2.4 kann entnommen werden, dass Fehlerstrategien beim Ableiten nur selten auftreten. Außerdem setzen nur wenige Kinder diese Fehlerstrategien zur Lösung ein (vgl. Abschnitt 6.3.1). Aus den genannten

Gründen werden Fehlerstrategien beim Ableiten im Rahmen des vorliegenden Abschnitts nicht betrachtet.

6.4.1 Typische Fehler

In der vorliegenden Arbeit werden Fehlerstrategien als *typische Fehler* bezeichnet, wenn sie in der Gesamtheit der erfassten Lösungswege über Rechenstrategien in über 5 % der Fälle auftreten. In der mathematikdidaktischen Literatur bleibt es weitestgehend eine offene Frage, ab welchem Anteil ein Fehler „häufig" auftritt. Götz, Gasteiger und Kühnhenrich (2020) nennen im Kontext des Erkennens achsensymmetrischer Figuren beispielsweise einen konkreten Anteil im Kontext der Beschreibung häufig auftretender Fehler. Sie sprechen wie in der vorliegenden Arbeit dann von einem häufig auftretenden Fehler, wenn dieser in mehr als 5 % der Fälle auftritt.

Unter dem Aspekt der Beschreibung typischer Fehler werden demnach jene Fehlerstrategien erneut aufgegriffen, welche in über 5 % der Lösungswege auftreten ($N_r = 8164$). In der Gesamtheit der zugrunde gelegten Lösungswege trifft dieses Kriterium auf zwei der erfassten Fehlerstrategien zu. Diese werden in Tabelle 6.62 angeführt. Die *Übergeneralisierung stellenweise Addition (2)* tritt in 53,0 % der Lösungswege und damit in über der Hälfte der Rechenwege zur Lösung großer Einmaleinsaufgaben auf. Fehlerstrategien in Form der *Kombination Übergeneralisierung und Ziffernrechnen (2)* treten als zweithäufigste Kategorie in 6,0 % aller Lösungswege auf.

Tabelle 6.62 Typische Fehler bei der Multiplikation im großen Einmaleins mit Blick auf die Gesamtheit an Lösungswegen

Typische Fehler	absolut	relativ
Übergeneralisierung stellenweise Addition (2)	4331	53,0 %
Kombination Übergeneralisierung und Ziffernrechnen (2)	488	6,0 %
gesamt	4819	59,0 %

Bei der Lösung von Multiplikationsaufgaben des großen Einmaleins lassen sich wenige, dafür häufig auftretende typische Fehler beschreiben. Insgesamt beschreiben diese über die Hälfte aller Lösungswege in Form von Rechenstrategien.

6.4.2 Systematische Fehler

In diesem Abschnitt wird ausgeführt, wie konsistent die unterschiedenen Fehler-strategien von den befragten Kindern zur Aufgabenbearbeitung eingesetzt werden. Auf diese Weise sollen systematisch auftretende Fehler bei der Multiplikation herausgearbeitet werden. Dafür wurde auf Individualebene analysiert, wie häufig dieselbe Fehlerstrategie wiederholt in den Lösungswegen eines Kindes auftritt. Eine Fehlerstrategie kann null- bis fünfmal innerhalb der Lösungswege eines einzelnen Kindes auftreten.

Zur Analyse systematischer Fehler wird die Festlegung von Stiewe und Pad-berg (1986) übernommen und dann von einem systematischen Fehler ausgegan-gen, wenn die entsprechende Fehlerstrategie in über der Hälfte der Lösungswege eines Kindes auftritt. In diesem Fall kann davon ausgegangen werden, dass dieser Fehler nicht zufällig ist, sondern diesem eine gewisse Systematik zugrundliegt. Im Kontext der vorliegenden Arbeit bedeutet dies, dass ein Kind eine Fehlerstra-tegie zur Lösung von drei der fünf Multiplikationsaufgaben einsetzen muss, um sie als *systematischen Fehler* zu bezeichnen.

Aus Gründen der Übersichtlichkeit werden in den folgenden Beschreibungen folgende Fehlerstrategien abschnittsweise betrachtet. Dabei handelt es sich um die Fehlerstrategien der Oberkategorien:

– Übergeneralisierung Addition bei der Zerlegung (1) (2),
– Ziffernrechnen ohne Berücksichtigung der Stellenwerte (1) (2),
– Kombination Übergeneralisierung und Ziffernrechnen (1) (2).

Fehlerstrategien: Übergeneralisierung Addition bei der Zerlegung (1) (2)
Bei der Zerlegung eines Faktors oder beider Faktoren wurden in den Lösungswegen der Kinder drei Fehlerstrategien zur Übergeneralisierung aus dem Inhaltsbereich der Addition beobachtet (vgl. Abschnitt 6.2.4). Diese werden in Tabelle 6.63 exemplarisch dargestellt.

Tabelle 6.63 Fehlerstrategien der Kategorie: Übergeneralisierung Addition bei der Zerlegung (1) und (2)

Rechenstrategie Addition am Beispiel 25 + 19	Fehlerstrategien	Übergeneralisierung am Beispiel: 25 · 19
25 + 19 = 44 25 + 10 = 35 35 + 9 = 44	Übergeneralisierung schrittweise Addition (1)	$25 \cdot 10 = 250 \cdot 9 = 2250$
25 + 19 = 44 20 + 10 = 30 5 + 9 = 14	Übergeneralisierung stellenweise Addition (2)	$20 \cdot 10 = 200$ insgesamt = 245 $5 \cdot 9 = 45$
25 + 19 = 44 20 + 10 = 30 30 + 5 = 35 35 + 9 = 44	Übergeneralisierung Mischform (2)	$20 \cdot 10 = 200 \cdot 5 =$ $10\,000 \cdot 9 = 1\,390\,000$

Wie häufig die Kinder auf die einzelnen Fehlerstrategien innerhalb ihrer Lösungswege zurückgreifen wird im Folgenden berichtet und in Tabelle 6.64 zusammengefasst dargestellt.

Insgesamt greifen 259 der 2000 Kinder (13,0 %) mindestens einmal auf die *Übergeneralisierung schrittweise Addition (1)* innerhalb ihrer Lösungswege zurück. Der Großteil dieser Kinder verwendet diese Fehlerstrategie einmalig (11,2 %). 16 Kinder setzen die Fehlerstrategie zur Lösung aller fünf Multiplikationsaufgaben und damit systematisch ein (0,9 %).

Im Unterschied dazu wird die Fehlerstrategie *Übergeneralisierung stellenweise Addition (2)* von 1153 (57,7 %) Kindern eingesetzt, jedoch nur von einem kleinen Teil der Kinder einmalig (5,6 %). Die meisten Kinder setzen die *Übergeneralisierung stellenweise Addition (2)* viermal (23,8 %) oder fünfmal ein (18,0 %). Insgesamt setzen 942 Kinder (47,2 %) die genannte Fehlerstrategie systematisch ein. In Tabelle 6.64 wird ersichtlich, dass die Fehlerstrategie *Übergeneralisierung stellenweise Addition (2)* bei fast allen Kindern, die diese als Lösungsweg verwenden, als systematischer Fehler auftritt.

Die *Übergeneralisierung Mischform (2)* tritt lediglich bei acht Kindern (0,4 %) als systematischer Fehler auf.

Bezogen auf die Gesamtstichprobe bedeutet dies, dass knapp die Hälfte der 2000 befragten Kinder (966) in der vorliegenden Untersuchung eine der drei Übergeneralisierungen bei der Lösung der Multiplikationsaufgaben systematisch einsetzt.

Die Fehlerstrategie *Übergeneralisierung stellenweise Addition (2)* nimmt dabei den größten Anteil ein.

Tabelle 6.64 Verwendung von Fehlerstrategien der Form Übergeneralisierung Addition bei der Zerlegung (1) und (2)

Fehlerstrategie	1x	2x	3x	4x	5x	Gesamt bezogen auf N_k
Übergeneralisierung schrittweise Addition (1)	225 (11,2 %)	18 (0,9 %)	7 (0,4 %)	5 (0,3 %)	4 (0,2 %)	259 (13,0 %)
Übergeneralisierung stellenweise Addition (2)	111 (5,5 %)	100 (5,0 %)	107 (5,4 %)	476 (23,8 %)	359 (18,0 %)	1153 (57,7 %)
Übergeneralisierung Mischform (2)	8 (0,4 %)	1 (<0,1 %)	4 (0,2 %)	3 (0,2 %)	1 (<0,1 %)	17 (0,9 %)

Anmerkung. Grau schattiert = systematischer Fehler

Die Häufigkeiten der Fehlerstrategien *Übergeneralisierung schrittweise Addition (1)* und *Übergeneralisierung stellenweise Addition (2)* zeigen eine gegenläufige Verteilung. Der hohe Anteil an Kindern (476 Kinder), der viermal auf die *Übergeneralisierung stellenweise Addition (2)* zurückgreift, wurde daraufhin untersucht, bei welcher Aufgabe von der Fehlerstrategie abgewichen wird und welche alternativen Lösungswege diese Kinder bei der verbleibenden Aufgabe einsetzen.

Die Analysen zeigen, dass nahezu alle dieser Kinder bei der Aufgabe 50 · 21 (Z · ZE) ihren Lösungsweg wechseln (451 der 476 Kinder). Weichen Kinder einmal von der Fehlerstrategie *Übergeneralisierung stellenweise Addition (2)* ab, nutzen die meisten Kinder stattdessen die Fehlerstrategie *Übergeneralisierung schrittweise Addition (1)* (173 Kinder) oder tragfähige Rechenstrategien (150 Kinder). Erstere Beobachtung verweist auf die gegenläufige Verteilung der Fehlerstrategien *Übergeneralisierung schrittweise Addition (1)* und *Übergeneralisierung stellenweise Addition (2)* und erklärt den hohen Anteil an Kindern, die die *Übergeneralisierung schrittweise Addition (1)* einmalig verwenden. Das einmalige Abweichen vom ansonsten fehlerhaften Vorgehen durch die Verwendung einer tragfähigen Rechenstrategie wurde bereits im Anschluss an die subjekt- und aufgabenbezogenen Analysen in Abschnitt 6.3.6 diskutiert.

Fehlerstrategien: Ziffernrechnen ohne Berücksichtigung der Stellenwerte (1) (2)

Das Ziffernrechnen ohne Berücksichtigung der Stellenwerte wurde bei der Zerlegung eines Faktors und beider Faktoren beobachtet. Beide Fehlerstrategien sind in Tabelle 6.65 nochmals beispielhaft dargestellt.

Tabelle 6.65
Fehlerstrategien der Kategorie: Ziffernrechnen ohne Berücksichtigung der Stellenwerte (1) und (2)

Fehlerstrategie	Beispiel
Ziffernrechnen ohne Berücksichtigung der Stellenwerte (1)	
Ziffernrechnen ohne Berücksichtigung der Stellenwerte (2)	$1 \cdot 3 = 3 \quad 1 \cdot 1 = 1$ $6 \cdot 3 = 18 \quad 6 \cdot 1 = 6$ $3 + 1 + 18 + 6 = 28$

Der folgenden Tabelle 6.66 kann entnommen werden, wie häufig die befragten Kinder die jeweilige Fehlerstrategie innerhalb der Lösungswege einsetzen. Zwischen beiden Fehlerstrategien lassen sich Unterschiede mit Blick auf die Häufigkeit des Einsatzes feststellen.

Das *Ziffernrechnen ohne Berücksichtigung der Stellenwerte (1)* wird von 57 Kindern bei der Aufgabenbearbeitung eingesetzt (2,9 %). Davon setzt der Großteil der Kinder diese Fehlerstrategie einmalig ein (1,7 %). Insgesamt 16 Kinder setzen die Fehlerstrategie systematisch ein (0,8 %).

Anders verhält es sich beim *Ziffernrechnen ohne Berücksichtigung der Stellenwerte (2)*. Diese Fehlerstrategie wird von 59 Kindern verwendet (3,0 %). Die Mehrheit (41 Kinder) setzt die genannte Fehlerstrategie systematisch bei der Bearbeitung der Aufgaben ein (2,0 %).

Tabelle 6.66 Verwendung von Fehlerstrategien der Form Ziffernrechnen ohne Berücksichtigung der Stellenwerte (1) und (2)

Fehlerstrategie	1x	2x	3x	4x	5x	Gesamt bezogen auf N_k
Ziffernrechnen ohne Berücksichtigung der Stellenwerte (1)	34 (1,7 %)	7 (0,4 %)	5 (0,2 %)	7 (0,4 %)	4 (0,2 %)	57 (2,9 %)
Ziffernrechnen ohne Berücksichtigung der Stellenwerte (2)	15 (0,8 %)	3 (0,2%)	13 (0,6 %)	6 (0,3%)	22 (1,1 %)	59 (3,0 %)

Anmerkung. Grau schattiert = systematischer Fehler

Bezogen auf die Gesamtstichprobe setzen 2,8 % der befragten Kinder das *Ziffernrechnen ohne Berücksichtigung der Stellenwerte (1)* oder *(2)* systematisch ein. Das *Ziffernrechnen ohne Berücksichtigung der Stellenwerte (2)* tritt dabei über doppelt so häufig als systematischer Fehler auf (2,0 %) im Vergleich zum *Ziffernrechnen ohne Berücksichtigung der Stellenwerte (1)* (0,8 %).

Fehlerstrategien: Kombination Übergeneralisierung und Ziffernrechnen (1) (2)

In den Lösungswegen wurden Fehlerstrategien beobachtet, die sich als eine Kombination aus Übergeneralisierung und Ziffernrechnen beschreiben lassen. Diese werden in Tabelle 6.67 exemplarisch dargestellt.

Tabelle 6.67
Fehlerstrategien der Kategorie: Kombination Übergeneralisierung und Ziffernrechnen (1) und (2)

Fehlerstrategien	Beispiel
Kombination Übergeneralisierung und Ziffernrechnen (1)	$13 \cdot 6 = 78 \quad 78 \cdot 1 = 78$
Kombination Übergeneralisierung und Ziffernrechnen (2)	Ich rechne erst 3·6 = 18 danach 1·1 = 1 und 18+1 = 19

In Tabelle 6.68 wird dargestellt, wie konsistent die beiden Fehlerstrategien von den Kindern eingesetzt werden.

Die *Kombination Übergeneralisierung und Ziffernrechnen (1)* wird insgesamt von nur elf Kindern zur Aufgabenlösung verwendet. Acht dieser Kinder setzen diese Fehlerstrategie einmalig ein (0,4 %) und zwei Kinder systematisch.

Die *Kombination Übergeneralisierung und Ziffernrechnen (2)* wird von deutlich mehr, nämlich 162 Kindern (8,1 %), zur Aufgabenbearbeitung herangezogen. Etwas mehr als die Hälfte dieser Kinder (89 Kinder) setzt die Fehlerstrategie systematisch ein (4,5 %).

Bezogen auf die Gesamtstichprobe verwenden 91 der Kinder (4,6 %) eine der beiden Fehlerstrategien systematisch bei der Bearbeitung der Aufgaben. Dies ist hauptsächlich auf den Einsatz der Fehlerstrategie *Kombination Übergeneralisierung und Ziffernrechnen (2)* zurückzuführen.

Tabelle 6.68 Verwendung von Fehlerstrategien der Form Kombination Übergeneralisierung und Ziffernrechnen (1) und (2)

Fehlerstrategie	1x	2x	3x	4x	5x	Gesamt bezogen auf N_k
Kombination	8	1	1	1	0	11
Übergeneralisierung	(0,4 %)	(<0,1 %)	(<0,1 %)	(<0,1 %)	(0 %)	(0,6 %)
und Ziffernrechnen (1)						
Kombination	51	22	16	20	53	162
Übergeneralisierung	(2,5 %)	(1,1 %)	(0,8 %)	(1,0 %)	(2,7 %)	(8,1 %)
und Ziffernrechnen (2)						

Anmerkung. Grau schattiert = systematischer Fehler

Zusammenfassung der Beobachtungen

In den vorangegangenen Ausführungen wurde dargestellt, wie viele Kinder der Gesamtstichprobe die beobachteten Fehlerstrategien einsetzen und wie oft die Kinder diese bei der Aufgabenbearbeitung verwenden. Damit liefern die berichteten Ergebnisse ergänzende Informationen zum Auftreten der Fehlerstrategien in der Gesamtheit an Lösungswegen (vgl. Abschnitt 6.2.4).

Insgesamt wurden sieben systematische Fehler bei der Multiplikation im großen Einmaleins identifiziert. Bei den drei am häufigsten vorkommenden systematischen Fehlern handelt es sich um die *Übergeneralisierung stellenweise Addition (2)*, das *Ziffernrechnen ohne Berücksichtigung der Stellenwerte (2)* und die Kombination aus beidem (*Kombination Übergeneralisierung und Ziffernrechnen (2)*). In Tabelle 6.69 wird das Auftreten systematischer Fehler bezogen auf die Gesamtstichprobe

($N_k = 2000$) dargestellt. Nach der zugrundeliegenden Festlegung zur Analyse systematischer Fehler sind bei über der Hälfte der befragten Kinder (55,7 %) systematische Fehler bei der Multiplikation zweistelliger Zahlen zu dokumentieren.

Tabelle 6.69 Systematische Fehler bei der Multiplikation zweistelliger Faktoren

Fehlerstrategie	Anteil Kinder	
	absolut	relativ
Übergeneralisierung schrittweise Addition (1)	16	0,9 %
Übergeneralisierung stellenweise Addition (2)	942	47,2 %
Übergeneralisierung Mischform Addition (2)	8	0,4 %
Ziffernrechnen ohne Berücksichtigung der Stellenwerte (1)	16	0,8 %
Ziffernrechnen ohne Berücksichtigung der Stellenwerte (2)	41	2,0 %
Kombination Übergeneralisierung und Ziffernrechnen (1)	2	0,1 %
Kombination Übergeneralisierung und Ziffernrechnen (2)	89	4,5 %
Gesamt bezogen auf N_k	1114	55,7 %

Für die Analysen wurde die Festlegung getroffen, dass es sich bei einer Fehlerstrategie um einen systematischen Fehler handelt, wenn dieser bei über der Hälfte der Multiplikationsaufgaben auftritt. Darüber hinaus zeigen die Analysen, dass ein großer Teil der Kinder die in obenstehender Tabelle enthaltenen Fehlerstrategien sogar bei der Lösung aller fünf Multiplikationsaufgaben konsistent verwendet. 443 der 1114 Kinder mit systematisch auftretenden Fehlern greifen bei der Lösung aller Aufgaben auf dieselbe Fehlerstrategie zurück. Dabei handelt es sich um knapp ein Viertel der befragten Kinder (22,2 %, Tabelle 6.70).

Tabelle 6.70 Fünfmaliger Einsatz derselben Fehlerstrategie bei der Multiplikation zwei-stelliger Faktoren

Fehlerstrategie	Anteil Kinder	
	absolut	relativ
Übergeneralisierung schrittweise Addition (1)	4	0,2 %
Übergeneralisierung stellenweise Addition (2)	359	18,0 %
Übergeneralisierung Mischform Addition (2)	1	< 0,1 %
Ziffernrechnen ohne Berücksichtigung der Stellenwerte (1)	4	0,2 %
Ziffernrechnen ohne Berücksichtigung der Stellenwerte (2)	22	1,1 %
Kombination Übergeneralisierung und Ziffernrechnen (1)	0	0,0 %
Kombination Übergeneralisierung und Ziffernrechnen (2)	53	2,7 %
Gesamt bezogen auf N_k	443	22,2 %

Auch unter Berücksichtigung der Ergebnisse, dass eine der fünf gestellten Multi-plikationsaufgaben (50 · 21) von einem Teil der Kinder anders bearbeitet wird (vgl. Abschnitt 6.3.4), zeigt ein hoher Teil der Kinder systematische Fehler und setzt dieselbe Fehlerstrategie zur Lösung aller Aufgaben ein.

Die Ergebnisse aus Tabelle 6.70 verdeutlichen mit Blick auf jene Kinder, die innerhalb ihrer Lösungswege ausschließlich Fehlerstrategien einsetzen (856 Kin-der), dass über die Hälfte dieser Kinder dabei wiederholt auf dieselbe Fehlerstrategie zurückgreift (443 Kinder). Die verbleibenden 413 Kinder setzen mehrere, aber in der Regel zwei verschiedene Fehlerstrategien innerhalb ihrer Lösungswege ein:

– 377 Kinder verwenden zwei Fehlerstrategien.
– 33 Kinder verwenden drei Fehlerstrategien.
– 3 Kinder verwenden vier Fehlerstrategien.

In den vorangegangenen Ausführungen zu der am häufigsten auftretenden Feh-lerstrategie *Übergeneralisierung stellenweise Addition (2)* wurde exemplarisch aufgezeigt, dass insbesondere bei der Lösung der Aufgabe 50 · 21 von vielen Kindern die Fehlerstrategie gewechselt wird. Ein Abweichen von der systematisch eingesetz-ten Fehlerstrategie geht daher häufig mit einer anderen Art von Aufgabe bzw. mit einem Sonderfall einher.

6.4.3 Zusammenfassung

Der Schwerpunkt des vorliegenden Abschnitts lag auf Ausführungen dazu, inwieweit die unterschiedenen Fehlerstrategien systematisch in den Lösungswegen der Kinder auftreten. In diesem Zusammenhang wurde beschrieben, ob und wie sich die einzelnen Fehlerstrategien in ihrer Konsistenz unterscheiden. Die Beschreibung der Konsistenz von Fehlern gilt in der mathematikdidaktischen Literatur als wesentlicher Bestandteil der Fehleranalyse (vgl. Abschnitt 4.2.2). Bezogen auf den Inhaltsbereich der Multiplikation fehlt es im deutschsprachigen Raum bislang an vergleichbaren Untersuchungen, die auf breiter empirischer Basis die Konsistenz auftretender Fehler im großen Einmaleins untersuchen. Bestehende Studien, die typische Schwierigkeiten von Schülerinnen und Schülern im Kontext der Multiplikation beschreiben, fokussieren andere Inhaltsbereiche wie zum Beispiel die schriftliche Multiplikation (Cox, 1975; Stiewe & Padberg, 1986) oder die Multiplikation von Brüchen (Padberg, 1986).

Für die Beschreibung typischer und systematischer Fehler wurden die identifizierten Fehlerstrategien bezogen auf die festgelegten Kriterien zur Beschreibung typischer (Auftreten in über 5 % der Lösungswege) und systematischer (Auftreten in über der Hälfte der Lösungswege auf Individualebene) Fehler analysiert. Auf Grundlage der Kriterien in dieser Arbeit lassen sich insgesamt zwei typische Fehler und sieben systematische Fehler bei der Multiplikation im großen Einmaleins beschreiben. Diese werden zusammengefasst in Tabelle 6.71 dargestellt. Sie betreffen die Mehrheit der Lösungswege und den Großteil der befragten Kinder.

Bei der Lösung zweistelliger Multiplikationsaufgaben können somit wenige, dafür häufig auftretende typische Fehler beschrieben werden (vgl. Abschnitt 6.4.1). Dabei handelt es sich um die *Übergeneralisierung stellenweise Addition (2)* und die *Kombination Übergeneralisierung und Ziffernrechnen (2)*. Diese beschreiben gemeinsam über die Hälfte aller Lösungswege in Form von Rechenstrategien (59,0 %).

Insgesamt können in der vorliegenden Untersuchung bei über der Hälfte der Kinder systematische Fehler beobachtet werden (55,7 %). Knapp ein Viertel der Kinder greift sogar bei der Lösung aller fünf Multiplikationsaufgaben auf dieselbe Fehlerstrategie zurück (22,2 %). Kinder, bei denen keine systematisch auftretenden Fehlerstrategien beobachtet wurden, sind in ihren Fehlern entweder nicht konsistent (d. h. sie wechseln zwischen mehreren Fehlerstrategien), setzen tragfähige Rechenstrategien ein oder greifen auf andere Lösungsstrategien wie das schriftliche Rechenverfahren zur Aufgabenbearbeitung zurück.

Tabelle 6.71 Typische und systematische Fehler bei der Multiplikation im großen Einmaleins

Fehlerstrategie	Beispiel anhand der Aufgabe 13 ·16	Tritt in ... der Lösungswege auf (Abschnitt 6.2.4)	Wird von ... Kindern eingesetzt (Abschnitt 6.3.1)	Davon von ... systematisch (Abschnitt 6.4.2)
Übergeneralisierung schrittweise Addition (1)	$13 \cdot 10 = 130$ $130 \cdot 6 = 780$	322 (3,9 %)	259 (13,0 %)	16 (0,9 %)
Übergeneralisierung stellenweise Addition (2)	$10 \cdot 10 = 100$ $3 \cdot 6 = 18$ $100 + 18 = 118$	4331 (53,0 %)	1153 (57,7 %)	942 (47,2 %)
Übergeneralisierung Mischform Addition (2)	$10 \cdot 10 =$ $100 \cdot 3 =$ $300 \cdot 6 = 1800$	39 (0,5 %)	17 (0,9 %)	8 (0,4 %)
Ziffernrechnen ohne Berücksichtigung der Stellenwerte (1)	$13 \cdot 1 = 13$ $6 \cdot 13 = 78$ $78 + 13 = 91$	111 (1,4 %)	57 (2,9 %)	16 (0,8 %)
Ziffernrechnen ohne Berücksichtigung der Stellenwerte (2)	$1 \cdot 3 = 3$ $1 \cdot 1 = 1$ $6 \cdot 3 = 18$ $6 \cdot 1 = 6$ $3 + 1 + 18 + 6 = 28$	194 (2,4 %)	59 (3,0 %)	41 (2,0 %)
Kombination Übergeneralisierung und Ziffernrechnen (1)	$13 \cdot 6 = 78$ $78 \cdot 1 = 78$	17 (0,2 %)	11 (0,6 %)	2 (0,1 %)
Kombination Übergeneralisierung und Ziffernrechnen (2)	$3 \cdot 6 = 18$ $1 \cdot 1 = 1$ $1 + 18 = 19$	488 (6,0 %)	162 (8,1 %)	89 (4,5 %)
		5502 (59,0 %) bezogen auf N_r	2000 (100 %)	1114 (55,7 %) bezogen auf N_k

Anmerkung. Hellgrau schattiert = typische Fehler, dunkelgrau schattiert = systematische Fehler. N_r = Gesamtheit an Lösungswegen mittels Rechenstrategien, N_k = Gesamtheit an Kindern.

Als konsistenteste Fehlerstrategie kann die *Übergeneralisierung stellenweise Addition (2)* mit Blick auf beide Bezugsgrößen beschrieben werden (die Anzahl an Lösungswegen und die befragten Kinder). Diese tritt in über der Hälfte aller Lösungswege (53,0 %) und bei knapp der Hälfte der Kinder als systematischer Fehler auf (47,2 %). Als weiterer typischer Fehler wurde die Fehlerstrategie *Kombination Übergeneralisierung und Ziffernrechnen (2)* festgestellt. Dieser Fehler beschreibt 6,0 % aller Lösungswege in Form von Rechenstrategien und tritt bei 4,5 % aller Kinder als systematischer Fehler auf. Des Weiteren konnte gezeigt werden, dass Fehlerstrategien, die in den Lösungswegen nicht häufig beobachtet wurden (< 5 %), wie beispielsweise das *Ziffernrechnen ohne Berücksichtigung der Stellenwerte (2)*, auf Individualebene dennoch systematisch auftreten können.

Die identifizierten typischen und systematischen Fehler zeigen ein ähnliches Bild: Zwar lassen sich in der vorliegenden Untersuchung insgesamt mehr unterschiedliche systematische Fehler auf Individualebene beschreiben als typische Fehler bezogen auf die Gesamtheit an Lösungswegen, jedoch stimmen die am häufigsten auftretenden systematischen Fehler mit den typischen Fehlern überein. Es ist also nicht der Fall, dass von den systematischen Fehlern gänzlich abweichende typische Fehler das Bild vom Fehlerauftreten grundlegend verändern. Sowohl beim Blick auf die Gesamtheit an Lösungswegen als auch bei der Betrachtung des Fehlerauftretens auf Individualebene kann durch die *Übergeneralisierung stellenweise Addition (2)* und die *Kombination Übergeneralisierung und Ziffernrechnen (2)* der Großteil an Fehlern beschrieben werden.

6.4.4 Zwischenfazit

In Bezug auf das hohe Fehlerauftreten in der vorliegenden Untersuchung konnte mithilfe der Fehleranalysen gezeigt werden, dass bei der Multiplikation zweistelliger Zahlen insgesamt sieben konsistent auftretende Fehler beschrieben werden können. Diese Fehler betreffen den Großteil der Lösungswege beziehungsweise werden von den befragten Kindern in der Mehrzahl der Lösungswege gemacht. In Anbetracht der Häufigkeit auftretender Fehler im großen Einmaleins und für das Ableiten didaktischer Konsequenzen ist die Kenntnis konsistent auftretender Fehler des Inhaltsbereichs von besonderem Interesse.

Basierend auf den unterschiedlichen zugrunde gelegten Analyseeinheiten bei der Auswertung typischer und systematischer Fehler in der vorliegenden Arbeit legen diese verschiedene Interpretationen nahe. Typische Fehler, welche in der Gesamtheit an Lösungswegen häufig auftreten, können als globale Fehler gedeutet werden, die auf die größten Schwierigkeiten eines Inhaltsbereichs verweisen

(Eichelmann, Narciss, Schnaubert & Melis, 2012). Hinter systematischen Fehlern, die wiederholt in den Aufgabenbearbeitungen eines Kindes auftreten, kann eine Fehlvorstellung vermutet werden (Prediger & Wittmann, 2009). Die Daten zur Konsistenz des Fehlerauftretens machen deutlich, dass die Fehler nicht als Zufallsprodukte innerhalb der Lösungswege auftreten, sondern diesen eine fehlerhafte Denkweise zugrunde liegt.

Eine umfassende Ursachenanalyse, wie sie in Abschnitt 4.2.3 beschrieben wurde, kann aufgrund des Untersuchungsdesigns und der Art der durchgeführten Fehleranalyse in der vorliegenden Arbeit nicht erfolgen. Stattdessen werden im Rahmen der folgenden Ausführungen mögliche Erklärungsansätze für die beobachteten systematischen Fehler dargestellt. Dafür werden die in Abschnitt 4.1.3 beschriebenen Voraussetzungen für einen gelungenen Strategieeinsatz herangezogen.

Vor diesem Hintergrund stellt sich die Frage, an welchen Voraussetzungen es insbesondere den Kindern fehlt, die eine der beschriebenen Fehlerstrategien systematisch zur Lösung zweistelliger Multiplikationsaufgaben einsetzen. Darauf wird im Rahmen der vorliegenden Untersuchung anhand der notierten Lösungswege der Kinder indirekt geschlossen. Dabei werden die in Tabelle 6.72 angeführten Voraussetzungen betrachtet.

Tabelle 6.72 Voraussetzungen für das Lösen von Multiplikationsaufgaben des großen Einmaleins über Rechenstrategien

Voraussetzungen auf operativer Ebene
Erkennen und Nutzen operativer Zusammenhänge, bezogen auf…
… das Zerlegen bzw. Ergänzen der im Term enthaltenen Zahlen.
… die Eigenschaften der Multiplikation (Kommutativität, Assoziativität, Distributivität).
Voraussetzungen auf rechnerischer Ebene
Verfügen über Grundaufgaben, bezogen auf…
… das Multiplizieren innerhalb der Teilschritte.
… das Addieren bzw. Subtrahieren der Teilprodukte.

Vor diesem Hintergrund sollen zentrale Schwierigkeiten bei der Bearbeitung von Multiplikationsaufgaben mit zweistelligen Faktoren in Form von Rechenstrategien zusammengefasst werden.

Zentrale Schwierigkeiten bei der Multiplikation zweistelliger Zahlen
In den meisten Rechenwegen zur Lösung von Multiplikationsaufgaben des großen Einmaleins wird deutlich, dass es den Kindern an Einsicht in die Eigenschaften der

Multiplikation fehlt. Dies wird darin ersichtlich, dass der Großteil der befragten Kinder beim Zerlegen der ursprünglichen Aufgabe in Teilaufgaben fehlerhaft in Form einer Übergeneralisierung vorgeht (Tabelle 6.73).

Tabelle 6.73 Fehlerstrategien, die bei der Aufgabenbearbeitung aus Schwierigkeiten beim Heranziehen der richtigen Teilaufgaben resultieren

Fehlerstrategie	Beispiel	Häufigkeit bezogen auf N_r	Häufigkeit bezogen auf N_k	Auftreten als systematischer Fehler
Übergeneralisierung schrittweise Addition (1)	$25 \cdot 10 = 250 \cdot 9 = 2250$	322 4,0 %	259 13,0 %	16 0,9 %
Übergeneralisierung stellenweise Addition (2)	$20 \cdot 10 = 200$ $5 \cdot 9 = 45$ insgesamt = 245	4331 53,0 %	1153 57,7 %	942 47,2 %
Übergeneralisierung Mischform Addition (2)	$20 \cdot 10 = 200 \cdot 5 =$ $10'000 \cdot 9 = 90'000$	39 0,5 %	17 0,9 %	8 0,4 %

Anmerkung. N_r = Gesamtheit der Lösungswege mittels Rechenstrategien, N_k = Gesamtheit der befragten Kinder.

Insbesondere bei der Fehlerstrategie *Übergeneralisierung stellenweise Addition (2)* handelt es sich um einen Fehler, der bei einem großen Teil der befragten Kinder systematisch auftritt (47,2 %). Möglicherweise versuchen diese Kinder, bewährte Strategien zur Lösung von Additionsaufgaben der Form ZE + ZE analog auf die ähnlich strukturierten Multiplikationsaufgaben zu übertragen (ZE · ZE). Beim stellenweisen Addieren werden die Summanden in ihre Stellenwerte zerlegt und die Teilaufgaben Z + Z und E + E zur Bestimmung des Endergebnisses herangezogen. Dieser Lösungsweg wird wohl, analog zum additiven Lösungsweg, durch das Austauschen des Operationszeichens in den multiplikativen Kontext übertragen. Warum nach der Zerlegung der Faktoren des Multiplikationsterms nicht identisch fortgefahren werden kann wie mit den Summanden eines Additionsterms scheint diesen Kindern nicht bewusst zu sein. In diesen Fällen berücksichtigen die Kinder die unterschiedlichen Funktionen der Faktoren innerhalb des Lösungsweges nicht (vgl. Kapitel 1). Dies wird auch in den anderen Fehlerstrategien in Tabelle 6.73 deutlich, denen allen eine Additionsstrategie zugrunde liegt.

Solche übergeneralisierenden Vorgehen deuten auf frühere Lernprozesse hin (Tietze, 1988). Die zu einem früheren Zeitpunkt gelernten Vorgehen (im vorliegenden Fall Additionsstrategien) waren im damaligen Lernprozess durchaus tragfähig, führen im Kontext der Multiplikation jedoch zu fehlerhaften Aufgabenlösungen. Fehler in Form einer Übergeneralisierung können auf fehlendes Abgrenzungswissen zu einem anderen Inhaltsbereich zurückgeführt werden, in diesem Falle fehlendes Abgrenzungswissen zur Addition (z. B. Prediger & Wittmann, 2009). In den Fällen, in denen eine der in Tabelle 6.73 enthaltenen Fehlerstrategien bei einem Kind systematisch auftritt, kann folglich vermutet werden, dass es diesem an Einsicht in die Bedeutung der Zahlen innerhalb des Multiplikationsterms und die Eigenschaften der Multiplikation fehlt.

Neben Fehlern, die aus fehlender Einsicht in die Eigenschaften der Multiplikation resultieren zeigen die Fehleranalysen auch fehlerhafte Lösungswege, die auf fehlende Einsicht in die Zerlegbarkeit der im Term enthaltenen Zahlen schließen lassen. In diesen Fällen werden die Faktoren zur Aufgabenbearbeitung nicht unter Berücksichtigung der Stellenwerte zerlegt, sondern ziffernweise betrachtet. Dies wird in der vorliegenden Untersuchung anhand der in Tabelle 6.74 aufgeführten Fehlerstrategien deutlich. Dabei kommt es zu Ergebnissen, die von der tatsächlichen Größenordnung der richtigen Lösung weit entfernt sind.

Tabelle 6.74 Fehlerstrategien, die bei der Aufgabenbearbeitung aus Schwierigkeiten bei der Zerlegung der Faktoren unter Berücksichtigung der Stellenwerte resultieren

Fehlerstrategie	Beispiel	Häufigkeit bezogen auf N_r	Häufigkeit bezogen auf N_k	Auftreten als systematischer Fehler
Ziffernrechnen ohne Berücksichtigung der Stellenwerte (1)	*[handschriftliches Beispiel]*	111 1,4 %	57 2,9 %	16 0,8 %
Ziffernrechnen ohne Berücksichtigung der Stellenwerte (2)	*[handschriftliches Beispiel]*	194 2,4 %	59 3,0 %	41 2,0 %

Anmerkung. N_r = Gesamtheit der Lösungswege mittels Rechenstrategien, N_k = Gesamtheit der befragten Kinder.

Die beobachteten Fehlerstrategien deuten auf eine problematische Zahlvorstellung hin, da ein oder beide Faktoren ziffernweise betrachtet werden und deren Stellenwerte im Lösungsweg unberücksichtigt bleiben. Ebenso scheinen sich Kinder, die diese Fehlerstrategie anwenden, auch nicht an der Größenordnung des

Ergebnisses zu stören, wie beispielsweise das Ergebnis 28 bei der Multiplikationsaufgabe 13 · 16 zeigt. In erster Linie bei jenen Kindern, die eine der in Tabelle 6.74
dargestellten Fehlerstrategien systematisch einsetzen, kann vermutet werden, dass
dies auf große Unsicherheiten im Stellenwertverständnis zurückzuführen ist.

Neben Fehlerstrategien, die aus fehlender Einsicht in die Eigenschaften der Multiplikation oder fehlender Einsicht zu den im Term enthaltenen Zahlen resultieren,
lassen sich abschließend jene Fehlerstrategien zusammenfassen, die auf fehlende
Einsicht bezüglich beider Aspekte zurückzuführen sind. Dies drückt sich in der vorliegenden Arbeit darin aus, dass Lösungswege der Addition in den multiplikativen
Kontext übertragen werden und dabei mit Ziffern gerechnet wird (Tabelle 6.75).

Tabelle 6.75 Fehlerstrategien, die bei der Aufgabenbearbeitung aus einer Kombination von
Schwierigkeiten bei der Zerlegung der Faktoren unter Berücksichtigung der Stellenwerte und
dem Heranziehen der richtigen Teilaufgaben resultieren

Fehlerstrategie	Beispiel	Häufigkeit bezogen auf N_r	Häufigkeit bezogen auf N_k	Auftreten als systematischer Fehler
Kombination Übergeneralisierung und Ziffernrechnen (1)	$13 \cdot 6 = \overset{14}{78} \cdot 1 = 78$	17 0,2 %	11 0,6 %	2 0,1 %
Kombination Übergeneralisierung und Ziffernrechnen (2)	Ich rechne erst 3 · 6 = 18 danach 1 · 1 = 1 und 18 + 1 = 19	488 6,0 %	162 8,1 %	89 4,5 %

Die in Tabelle 6.75 aufgeführten Fehlerstrategien können so gedeutet werden,
dass es vor allem Kindern, die diese systematisch bei der Bearbeitung der Multiplikationsaufgaben einsetzen, an Einsicht in die Eigenschaften der Multiplikation und
Einsicht in die Zerlegbarkeit der Zahlen fehlt.

Im Vergleich zum Nutzen operativer Zusammenhänge sind auf rechnerischer
Ebene zur Bestimmung der Produkte der Teilaufgaben und des Endergebnisses
in der vorliegenden Untersuchung vergleichsweise wenige Fehler zu verzeichnen
(vgl. strategieunabhängige Fehler, Abschnitt 6.1.2). Dies wird daran ersichtlich,
dass beim Ausrechnen der Teilaufgaben vergleichsweise wenige Fehler zu dokumentieren sind (wie bspw. *Rechenfehler*). Des Weiteren zeigen die Analysen, dass
dem Großteil der Kinder Rechenfehler beim Bestimmen eines Teilprodukts in der
Regel einmalig unterlaufen. Die Mehrheit der zur Aufgabenlösung herangezogenen
Teilaufgaben stammt aus dem kleinen Einmaleins. Das geringe Fehlerauftreten in

diesem Zusammenhang legt die Folgerung nahe, dass Multiplikationsaufgaben des kleinen Einmaleins von den meisten Kindern sicher gelöst werden können. Ungeklärt bleibt, ob die Kinder die Teilprodukte automatisiert abrufen oder über andere Lösungsstrategien, wie beispielsweise die wiederholte Addition, bestimmen.

Noch seltener als Rechenfehler bei der Bestimmung der Teilprodukte sind Rechenfehler bei der Addition der Teilprodukte innerhalb der Lösungswege zu dokumentieren. Bei der Mehrheit der Kinder treten Rechenfehler bei der Addition der Teilprodukte gar nicht oder einmalig bei der Lösung der fünf Aufgaben auf. Auch wenn hier in der Regel ebenso unklar bleibt, mit welcher Lösungsstrategie das Endergebnis von den befragten Kindern bestimmt wird, kann das geringe Fehlerauftreten als Hinweis gesehen werden, dass die Kinder Additionsaufgaben sicher lösen können. Die in Tabelle 6.72 dargestellten Voraussetzungen auf rechnerischer Ebene scheinen in der vorliegenden Untersuchung damit gegeben zu sein.

Vor dem Hintergrund der Überlegungen zu Voraussetzungen für einen gelungenen Strategieeinsatz wird deutlich, dass es den befragten Kindern hauptsächlich an Voraussetzungen auf operativer Ebene fehlt. Zusammengefasst verdeutlichen die Ausführungen des Abschnitts zwei zentrale Schwierigkeiten mit Blick auf die Bearbeitung zweistelliger Multiplikationsaufgaben:

– das Heranziehen geeigneter Teilaufgaben auf Basis der Distributivität und
– die stellengerechte Zerlegung der im Term enthaltenen Faktoren.

Wie in den vorangegangenen Ausführungen deutlich wurde, drückt sich dies in der vorliegenden Arbeit in verschiedenen Fehlerstrategien aus, die bei der Mehrheit der befragten Kinder zu systematisch auftretenden Fehlern führen.

6.5   Ergebnisse zur bildlichen Darstellung der Multiplikation

Im letzten Abschnitt des Ergebnisteils werden Einblicke in das Erkennen bildlicher Darstellungen zur Multiplikation als Rechenoperation und der Distributivität gegeben. Der Fokus liegt dabei auf der Darstellung der Multiplikation zweistelliger Zahlen anhand der Beispielaufgabe 13 · 16. Dafür wurden die befragten Kinder mithilfe einer softwaregestützten Aufgabenstellung nach der Passung des Multiplikationsterms zu einem ikonischen Modell gefragt. Insgesamt wurden

in diesem Zusammenhang fünf ikonische Modelle eingesetzt, die aus normativer Perspektive sowohl richtige (passende) als auch falsche (nicht passende)
Darstellungen umfassen (vgl. Abschnitt 5.2.2).

In einem ersten Schritt wird in Abschnitt 6.5.1 beschrieben, wie die Operation
und die Distributivität von den befragten Kindern an den eingesetzten ikonischen
Modellen erkannt werden. Dazu wird mittels Fehlerhäufigkeiten auf individueller Ebene dargestellt, wie sicher die Multiplikation als Rechenoperation und die
Distributivität an den ikonischen Modellen von den Kindern erkannt werden. Darauf aufbauend erfolgt in Abschnitt 6.5.2 die Gegenüberstellung der Ergebnisse
zum Erkennen der ikonischen Modelle und den Ergebnissen zur Strategieverwendung bei der Bearbeitung der fünf gestellten Multiplikationsaufgaben (vgl.
Abschnitt 6.3).

6.5.1 Erkennen ikonischer Modelle zur Multiplikation und Distributivität

Im vorliegenden Abschnitt werden empirische Ergebnisse zur Beantwortung der
folgenden Forschungsfrage berichtet:

FF5 *Wie werden ikonische Modelle zur Multiplikation und der Distributivität im
großen Einmaleins erkannt?*

Das Erkennen der Operation sowie der Distributivität in der bildlichen Darstellungsform wurde in der vorliegenden Arbeit über den Einsatz von fünf ikonischen
Modellen untersucht. Dabei wurden die Kinder nach der Passung zwischen den
Modellen und dem symbolischen Multiplikationsterm 13 · 16 gefragt. In der vorliegenden Untersuchung wird davon ausgegangen, dass ein Kind, welches eine
Zuordnung von Term und Modell bejaht, das entsprechende Modell als passend
zum Multiplikationsterm deutet. Wird die Zuordnung von Term und Modell verneint, wie in Abbildung 6.9 exemplarisch dargestellt, wird angenommen, dass das
Modell als nicht zum Term passend gedeutet wurde.

Abbildung 6.9
Beispielhafte Zuordnung
von Term und ikonischem
Modell

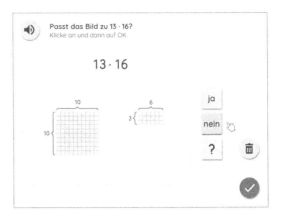

Demnach werden in der vorliegenden Arbeit vorgenommene Interpretationen anhand der Modelle (d. h. das gegebene Rechteckmodell *passt* oder *passt nicht* zum Term) als Deutungen der befragten Kinder bezeichnet. Dieses Verständnis unterscheidet sich von vorhandenen empirischen Arbeiten, die Deutungen an Rechteckmodellen mit Blick auf das Herstellen und Nutzen von Strukturen analysieren, um beispielsweise bei einem Punktefeld die Gesamtzahl an Punkten zu bestimmen (vgl. Abschnitt 3.1.3).

Das ikonische Modell zur Multiplikation als Operation in Abbildung 6.10 wird von über der Hälfte der Kinder als passend zum Term 13 · 16 gedeutet (59,2 %). Dabei handelt es sich um diejenige bildliche Darstellung, welche von den befragten Kindern am häufigsten als passend gedeutet wird. Ein kleiner Teil der Kinder lehnt die abgebildete Darstellung entweder als nicht passend ab (28,4 %) oder gibt an nicht zu wissen, ob die Darstellung zum Multiplikationsterm 13 · 16 passt (12,4 %).

Abbildung 6.10
Ikonisches Modell zur
Multiplikation als
Operation am Beispiel der
Aufgabe 13 · 16

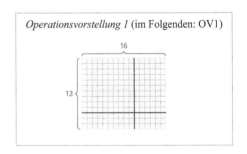

Im Gegensatz dazu werden die ikonischen Darstellungen der Distributivität in Abbildung 6.11 von den befragten Kindern deutlich seltener als zum Term passend gedeutet. Dabei wird diejenige Darstellung der Distributivität häufiger als passend erkannt, in der der erste Faktor zerlegt dargestellt ist (33,8 %). Wird der zweite Faktor zerlegt dargestellt, wird die Darstellung von den Kindern etwas seltener als passend gedeutet (32,1 %). In beiden Fällen lehnen über die Hälfte der Kinder die Modelle zur Distributivität ab (Z1: 55,8 % und Z2: 52,3 %). Ein kleiner Teil der Kinder gibt an nicht zu wissen, ob die in Abbildung 6.11 dargestellten Modelle zum Term 13 · 16 passen oder nicht (Z1: 12,2 % und Z2: 14,0 %).

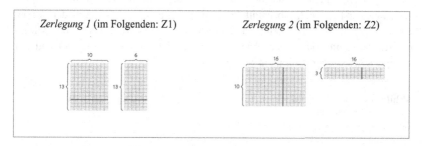

Abbildung 6.11 Ikonische Modelle zur Distributivität am Beispiel der Aufgabe 13 · 16

Neben den bis hierher vorgestellten tragfähigen Modellen deuten die Kinder der Untersuchung auch nicht passende Darstellungen als passend zum Multiplikationsterm. Die nicht passende Darstellung der Multiplikation in Abbildung 6.12, in der die multiplikative Struktur lediglich angedeutet wird, wird von über der Hälfte der Kinder als zum Term 13 · 16 passend gedeutet (54,1 %). Etwas mehr als ein Drittel der Kinder deutet die Darstellung als nicht passend (37,2 %) und ein geringer Anteil an Kindern legt sich nicht fest (8,7 %).

Abbildung 6.12 Falsches
ikonisches Modell zur
Multiplikation als
Operation am Beispiel der
Aufgabe 13 · 16

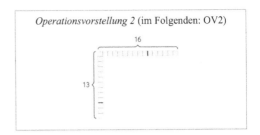

Das zweite eingesetzte nicht passende Modell in Abbildung 6.13, welches einen typischen Fehler mit Blick auf die Lösung zweistelliger Multiplikationsaufgaben darstellt (vgl. Abschnitt 6.4), wird von einem großen Teil der Kinder als zum Term 13 · 16 passend gedeutet (40,8 %). Knapp die Hälfte der befragten Kinder deutet das abgebildete Modell als nicht passend (49,7 %) und nur wenige Kinder legen sich nicht fest (9,6 %).

Abbildung 6.13 Falsches
ikonisches Modell zur
Distributivität am Beispiel
der Aufgabe 13 · 16

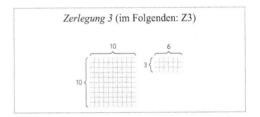

Es zeigt sich, dass die ikonischen Modelle der Multiplikation als Operation häufiger als zum Multiplikationsterm passend gedeutet werden als die Modelle, in denen die Distributivität und damit eine Zerlegung dargestellt ist.

In den folgenden Ausführungen werden die eingesetzten Modelle zur Darstellung der Multiplikation als Operation und der Distributivität separat betrachtet. In diesem Zusammenhang wird beschrieben, wie sicher die befragten Kinder die ikonischen Modelle erkennen und welche fehlerhaften Deutungen auf individueller Ebene zu dokumentieren sind.

Erkennen der Rechenoperation am Modell
Zur Darstellung der Multiplikation als Rechenoperation wurden in der vorliegenden Untersuchung zwei ikonische Modelle eingesetzt (Abbildung 6.14). In *OV 1* wird eine tragfähige Vorstellung der Multiplikation in Form eines Rechteckmodells

abgebildet. Die nicht passende Darstellung *OV 2* stellt eine Fehlvorstellung dar, in der die Faktoren nicht multiplikativ in Beziehung gesetzt werden.

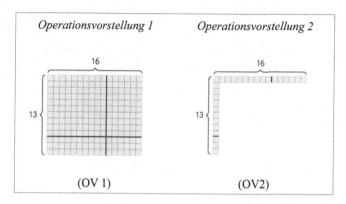

Abbildung 6.14 Ikonische Modelle zur Darstellung der Multiplikation als Operation

Bei den vorgenommenen Deutungen der Kinder zur Zuordnung der Modelle und dem symbolischen Multiplikationsterm 13 · 16 können Unterschiede beschrieben werden. Da eine richtige und eine falsche bildliche Darstellung eingesetzt wurde, kann sowohl das Bejahen als auch das Verneinen der Passung von Modell und Term eine richtige Deutung sein. Wird die passende Darstellung (*OV 1*) als nicht zum Term passend oder die nicht passende Darstellung (*OV 2*) als passend gedeutet, handelt es sich in beiden Fällen um eine fehlerhafte Deutung (Fehler).

In Tabelle 6.76 wird die Anzahl auftretender Fehler bei der Deutung der Modelle aus Abbildung 6.14 dargestellt. Die in der Tabelle verwendeten Symbole zur Kennzeichnung der jeweils vorgenommenen Deutung der Kinder zu *OV 1* und *OV2* haben folgende Bedeutung:

- „+": Die Zuordnung zwischen dem entsprechenden Modell und dem Term 13 · 16 wird als passend gedeutet.
- „−": Die Zuordnung zwischen dem entsprechenden Modell und dem Term 13 · 16 wird als nicht passend gedeutet.

Keine Aussagen zur Deutung der beiden Modelle sind möglich, wenn Kinder über die Antwortoption Fragezeichen angeben nicht zu wissen, ob symbolischer Term und ikonisches Modell zusammenpassen. Diese Kinder werden in folgender Tabelle 6.76 in der Kategorie *keine Aussagen möglich* zusammengefasst.

Tabelle 6.76 Anzahl auftretender Fehler bei der Deutung der ikonischen Modelle zur Multiplikation als Operation

Fehleranzahl	Vorgenommene Deutungen am Modell		Anteil Kinder	
	OV 1	OV 2	absolut	relativ
0 Fehler	+	–	463	23,2 %
1 Fehler	+	+	666	33,3 %
	–	–	213	10,6 %
2 Fehler	–	+	335	16,7 %
Keine Aussagen möglich			323	16,1 %
Gesamt			2000	100,0 %

Anmerkung. Fehlerhafte Deutungen (Fehler) sind grau hinterlegt.

Bei weniger als einem Viertel der Kinder treten bei der Zuordnung der beiden ikonischen Modelle und dem Term 13 · 16 keine Fehler auf und es werden beide Darstellungen richtig gedeutet. In diesem Fall wird die passende Darstellung (*OV 1*) als passend gedeutet und die nicht passende Darstellung (*OV 2*) als nicht passend abgelehnt (23,2 %).

Die Mehrheit der Kinder macht bei der Deutung der beiden Bilder einen Fehler (43,9 %). Ein Fehler kann unterschiedlich zustande kommen. Am häufigsten tritt der Fehler auf, dass neben der passenden bildlichen Darstellung (*OV 1*) auch die nicht passende Darstellung (*OV 2*) als passend zum Term gedeutet wird (33,3 %). Der Fall, dass die Kinder die nicht passende Darstellung aber auch die passende Darstellung als nicht zum Term passend deuten ist deutlich seltener zu beobachten (10,6 %). Zwei Fehler, nämlich wenn die passende Darstellung abgelehnt und die nicht passende Darstellung als passend gedeutet wird, sind bei 16,7 % der befragten Kinder zu dokumentieren.

Basierend auf den beobachteten Fehlern und deren Anzahl werden für die Beschreibung, wie sicher die Kinder die Operation am Modell erkennen, folgende Ausprägungen unterschieden und festgelegt (Tabelle 6.77).

Tabelle 6.77 Unterschiedene Ausprägungen zum Erkennen der Rechenoperation

Fehleranzahl	Festlegungen	Häufigkeiten	
		absolut	relativ
0	Sicheres Erkennen der Operation	463	23,2 %
1	Unsicheres Erkennen der Operation	879	43,9 %
2	Kein Erkennen der Operation	335	16,7 %

Demnach erkennen 23,2 % der Kinder die Multiplikation als Rechenoperation an den ikonischen Modellen sicher, 43,9 % unsicher und 16,7 % erkennen die Operation nicht. Über 16,1 % der befragten Kinder können aus den obenstehenden Gründen keine Aussagen getroffen werden.

Erkennen der Distributivität am Modell
Neben den beiden ikonischen Modellen zur Multiplikation als Rechenoperation wurden drei Modelle zur zentralen Eigenschaft der Multiplikation eingesetzt – der Distributivität (Abbildung 6.15). In $Z1$ und $Z2$ wird die Zerlegung eines Faktors im Sinne der Distributivität dargestellt. In $Z3$ wird eine falsche Zerlegung der Faktoren, entsprechend einer empirisch häufig beobachteten Fehlerstrategie bei der Multiplikation, abgebildet (Übergeneralisierung, vgl. Abschnitt 6.2.4.1). Dabei wird die Distributivität der Multiplikation verletzt.

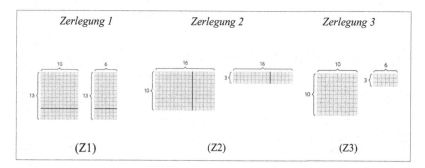

Abbildung 6.15 Ikonische Modelle zur Darstellung der Distributivität

Zwischen den befragten Kindern und ihren Deutungen der ikonischen Modelle zur Distributivität lassen sich Unterschiede feststellen. Da richtige und falsche ikonische Modelle eingesetzt wurden kann sowohl das Bejahen als auch das Verneinen des Zusammenpassens eine fehlerhafte Deutung sein. In Tabelle 6.78 werden die vorgenommenen Deutungen der Kinder zur Passung der dargestellten Zerlegungen und dem symbolischen Term in Verbindung zu der Anzahl dabei auftretender Fehler dargestellt. Es gelten die folgenden Bedeutungen der Symbole in der Tabelle, um die Deutungen der Kinder abgekürzt wiederzugeben:

– „+“: Die Zuordnung zwischen dem entsprechenden Modell und dem Term $13 \cdot 16$ wird als passend gedeutet.
– „–“: Die Zuordnung zwischen dem entsprechenden Modell und dem Term $13 \cdot 16$ wird als nicht passend gedeutet.

Geben die Kinder über die Antwortoption Fragezeichen an nicht zu wissen, ob symbolischer Term und ikonisches Modell zusammenpassen, sind keine Aussagen über die vorgenommenen Deutungen möglich. Diese Kinder werden in untenstehender Tabelle in der Kategorie *keine Aussagen möglich* zusammengefasst.

Tabelle 6.78 Anzahl auftretender Fehler bei der Deutung der ikonischen Modelle zur Distributivität

Fehleranzahl	Vorgenommene Deutungen am Modell			Anteil Kinder	
	Z1	**Z2**	**Z3**	**absolut**	**relativ**
0 Fehler	+	+	–	164	8,2 %
1 Fehler	+	+	+	105	5,3 %
	+	–	–	195	9,7 %
	–	+	–	159	7,9 %
2 Fehler	–	–	–	299	15,0 %
	+	–	+	96	4,8 %
	–	+	+	166	8,3 %
3 Fehler	–	–	+	356	17,8 %
Keine Aussagen möglich				460	23,0 %
Gesamt				2000	100,0 %

Anmerkung. Fehlerhafte Deutungen (Fehler) sind grau hinterlegt.

164 Kinder der Untersuchung (8,2 %) deuten alle drei Darstellungen zur Distributivität richtig, d. h. sie deuten die beiden richtigen Darstellung (*Z1* und *Z2*)

als zum Term passend und lehnen die falsche bildliche Darstellung (Z3) als nicht passend ab.

Am häufigsten machen die befragten Kinder zwei Fehler bei der Deutung der bildlichen Darstellungen zur Distributivität (zusammengefasst 28,1 %). Zwei Fehler kommen am häufigsten dadurch zustande, dass die Kinder die beiden richtigen und auch die falsche bildliche Darstellung als nicht zum Term passend ablehnen (15,0 %). Für diese Kinder passt keine der zerlegten Darstellungen zum Multiplikationsterm. Tritt bei der Deutung der bildlichen Darstellungen ein Fehler auf (23,1 %), deuten die meisten dieser Kinder eine der beiden richtigen Darstellung (Z1 oder Z2) als nicht passend.

356 Kinder (17,8 %) deuten ausschließlich die falsche bildliche Darstellung (Z3) als passend zum Term und keine der beiden richtigen Darstellungen zur Distributivität. Damit sind bei diesen Kindern drei Fehler zu dokumentieren.

Auf Grundlage der beschriebenen Fehler und deren Anzahl werden für das Erkennen der Distributivität auf individueller Ebene die in Tabelle 6.79 unterschiedenen Ausprägungen festgelegt. Wird im Sinne der vorliegenden Arbeit über die Hälfte der Bilder von den Kindern fehlerhaft gedeutet wird angenommen, dass diese die Distributivität an den ikonischen Modellen nicht erkennen.

Tabelle 6.79 Unterschiedene Ausprägungen zum Erkennen der Distributivität

Fehleranzahl	Festlegungen	Häufigkeiten	
		absolut	relativ
0	Sicheres Erkennen der Distributivität	164	8,2 %
1	Unsicheres Erkennen der Distributivität	459	22,9 %
2 – 3	Kein Erkennen der Distributivität	917	45,9 %

Nach diesen Festlegungen wird bei 8,2 % der befragten Kinder von einem sicheren Erkennen der Distributivität an den ikonischen Modellen ausgegangen. Am häufigsten erkennen die Kinder die Distributivität an den ikonischen Modellen unsicher (22,9 %) oder nicht (45,9 %)

6.5.2 Zusammenhänge zwischen dem Erkennen ikonischer Modelle und den mathematisch-symbolischen Lösungswegen

Vor dem Hintergrund der Forschungsfragen dieser Arbeit wurden im Rahmen der Datenerhebung zwei Testinstrumente herangezogen: eine schriftliche Befragung

zur Analyse der Strategieverwendung bei der Bearbeitung von Multiplikations-
aufgaben des großen Einmaleins und eine softwaregestützte Aufgabenstellung zur
Analyse des Erkennens der Multiplikation und Distributivität anhand ikonischer
Modelle. Die in diesem Zusammenhang bisher separat dargestellten Ergebnisse
werden in diesem Abschnitt herangezogen und miteinander in Beziehung gesetzt.
Es soll folgende Forschungsfrage beantwortet werden:

FF6   *Inwiefern können Zusammenhänge zwischen dem Erkennen ikonischer*
       Modelle und dem symbolischen Lösungsweg zur Beispielaufgabe 13 · 16
       hergestellt werden?

Die Ausführungen des Abschnitts haben zum Ziel, die Bearbeitungen der Kinder
in der mathematisch-symbolischen und ikonischen Darstellungsform im Kontext
des großen Einmaleins gegenüberzustellen.

**Erkennen der Rechenoperation am Modell in Beziehung zum symbolischen
Lösungsweg**
In den folgenden Ausführungen werden die Ergebnisse zu den unterschiedenen
Ausprägungen zum Erkennen der Multiplikation am ikonischen Modell herange-
zogen (vgl. Abschnitt 6.5.1) und der Verwendung tragfähiger Rechenstrategien zur
Lösung der Aufgabe 13 · 16 gegenübergestellt.
       Grundlage für das Erkennen der Rechenoperation sind die ikonischen Modelle
in Abbildung 6.16.

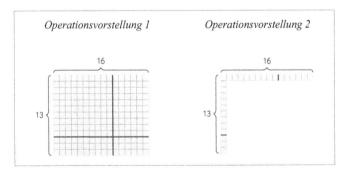

Abbildung 6.16 Ikonische Modelle zum Erkennen der Rechenoperation

Basierend auf den unterschiedenen Ausprägungen zum Erkennen der Rechen-operation (vgl. Abschnitt 6.5.1) werden in Tabelle 6.80 jeweils die Kinder zusammengefasst, die die Operation an den ikonischen Modellen sicher, unsicher oder nicht erkennen. Davon ausgehend wird dargestellt, wie sich die drei unterschie-denen Gruppen in der Verwendung tragfähiger Rechenstrategien bei der Bearbeitung der Aufgabe 13 · 16 unterscheiden.

Tabelle 6.80 Erkennen der Rechenoperation an den ikonischen Modellen und Verwendung tragfähiger Rechenstrategien zur Beispielaufgabe 13 · 16

Erkennen der Rechenoperation	Verwendung tragfähiger Rechenstrategien zur Lösung des Terms 13 · 16		Anteil Kinder
	ja	**nein**	
Sicher	92 (19,9 %)	371 (80,1 %)	463 (100,0 %)
Unsicher	158 (18,0 %)	721 (82,0 %)	879 (100,0 %)
Kein Erkennen	55 (16,4 %)	280 (83,6 %)	335 (100,0 %)
Keine Aussagen möglich	53 (16,4 %)	270 (83,6 %)	323 (100,0 %)
Gesamt	358	1642	2000

Beim Vergleich der Kinder der angeführten Gruppen wird ersichtlich, dass mit zunehmend unsicherem Erkennen der Multiplikation der Anteil an Kindern, die tragfähige Strategien zur Lösung der Aufgabe 13 · 16 verwenden, geringer wird. Der Anteil an Kindern, die tragfähige Rechenstrategien bei der Aufgabenbearbei-tung verwenden, ist relativ betrachtet bei denjenigen Kindern am höchsten, die die Operation an den ikonischen Modellen sicher erkennen (19,9 %). Die Sicherheit im Erkennen der Operation am Modell bringt jedoch nur geringe Unterschiede mit Blick auf den Anteil an Kindern mit sich, die tragfähige Strategien als Lösungsweg einsetzen.

Erkennen der Distributivität am Modell in Beziehung zum symbolischen Lösungsweg

Die Distributivität nimmt bei der Lösung von Multiplikationsaufgaben des großen Einmaleins eine zentrale Rolle ein und stellt die Grundlage der meisten Rechenstrategien dar (vgl. Abschnitt 4.1.3). In Abschnitt 6.5.1 wurden Ergebnisse dazu vorgestellt, wie sicher die befragten Kinder die Distributivität am ikonischen Modell erkennen.

In Abbildung 6.17 werden die entsprechenden ikonischen Modelle nochmal zusammengefasst dargestellt.

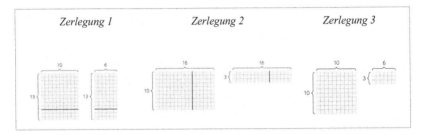

Abbildung 6.17 Ikonische Modelle zum Erkennen der Distributivität

Auf Grundlage der unterschiedlichen Ausprägungen zum Erkennen der Distributivität (vgl. Abschnitt 6.5.1) werden in Tabelle 6.81 jeweils die Kinder zusammengefasst betrachtet, die die Distributivität an den ikonischen Modellen sicher, unsicher oder nicht erkennen. Davon ausgehend wird beschrieben, wie sich die drei unterschiedlichen Gruppen in der Verwendung tragfähiger Rechenstrategien bei der Bearbeitung der Aufgabe 13 · 16 unterscheiden. In diesem Zusammenhang werden insbesondere jene Kinder genauer betrachtet die weder die Distributivität am ikonischen Modell erkennen noch tragfähige Rechenstrategien zur Bearbeitung der Aufgabe 13 · 16 heranziehen.

Tabelle 6.81 Erkennen der Distributivität an den ikonischen Modellen und Verwendung tragfähiger Rechenstrategien zur Beispielaufgabe 13 · 16

Erkennen der Distributivität	Verwendung tragfähiger Rechenstrategien zur Lösung des Terms 13 · 16		Anteil Kinder
	ja	nein	
Sicher	43 (26,2 %)	121 (73,8 %)	164 (100,0 %)
Unsicher	90 (19,6 %)	369 (80,4 %)	459 (100,0 %)
Kein Erkennen	144 (15,7 %)	773 (84,3 %)	917 (100,0 %)
Keine Aussagen möglich	81 (17,6 %)	379 (82,4 %)	460 (100,0 %)
Gesamt	358	1642	2000

Der Anteil an Kindern, die tragfähige Strategien verwenden, variiert zwischen den drei unterschiedlichen Gruppen und wird über das sichere, unsichere und kein Erkennen der Distributivität hinweg betrachtet immer geringer. Am höchsten ist der Anteil an Kindern, die eine tragfähige Strategie zur Aufgabenlösung verwenden bei der Kindergruppe, die die Distributivität am Modell sicher erkennen (26,2 %). Im Vergleich dazu halbiert sich der Anteil an Kindern annähernd bei jener Kindergruppe, die die Distributivität an den ikonischen Modellen nicht erkennen (15,7 %). Im Folgenden werden diese beiden Kindergruppen genauer betrachtet.

Von den insgesamt 164 Kindern, die die Distributivität in den ikonischen Modellen sicher erkennen – der Festlegung dieser Arbeit nach also die beiden passenden Darstellungen richtig deuten und die nicht passende Darstellung ablehnen – verwenden 43 Kinder eine tragfähige und 121 Kinder keine tragfähige Strategie zur Aufgabenlösung. Die Mehrheit der Kinder erkennt damit zwar die Distributivität am Modell, wendet diese jedoch nicht bei der mathematisch-symbolischen Lösung des Terms 13 · 16 an. Es zeigt sich, dass Kinder, denen im Rahmen der vorliegenden Untersuchung am Modell ein sicheres Erkennen der Distributivität unterstellt werden kann, nicht zwangsläufig in der symbolischen Darstellungsform tragfähige Strategien auf Grundlage der Distributivität zur Aufgabenbearbeitung heranziehen. Insgesamt 917 der befragten Kinder erkennen die Distributivität am ikonischen Modell nicht. Der Großteil dieser Kinder (773 Kinder) verwendet keine tragfähigen Rechenstrategien. Bei diesen Kindern zeigt sich fehlende Einsicht in die Distributivität nicht nur am Modell, sondern auch im symbolischen Lösungsweg.

Darunter fallen auch 356 Kinder, welche die passenden Darstellungen der Distributivität ablehnen und die nicht passende Darstellung als passend zum Term 13 · 16 deuten (vgl. Abschnitt 6.5.1). 232 dieser Kinder wenden innerhalb ihres symbolischen Lösungswegs die entsprechende Fehlerstrategie *Übergeneralisierung stellenweise Addition (2)* an und zeigen damit in beiden Darstellungsformen die gleiche fehlerhafte Denkweise. Dies wird in Abbildung 6.18 veranschaulicht.

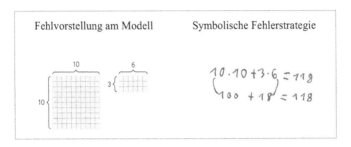

Abbildung 6.18 Fehlende Einsicht in die Distributivität am ikonischen Modell und im symbolischen Lösungsweg

Deutlich weniger Kinder (144 Kinder) erkennen die Distributivität nicht am Modell, verwenden aber in der symbolischen Darstellungsform eine tragfähige Rechenstrategie bei der Aufgabenbearbeitung. Dies macht ersichtlich, dass auch wenn tragfähige Rechenstrategien zur Aufgabenlösung verwendet werden, nicht zwangsläufig eine tragfähige Vorstellung in der bildlichen Darstellungsform bestehen muss.

6.5.3 Zusammenfassung

Mithilfe der softwaregestützten Präsentation verschiedener ikonischer Modelle im Kontext der Multiplikation wurde das Erkennen der Operation und Distributivität untersucht. In der vorliegenden Arbeit wurden dafür fünf ikonische Modelle eingesetzt, um die Kinder nach der Passung von ikonischem Modell und dem symbolischen Multiplikationsterm 13 · 16 zu befragen.

Wie sicher die Kinder die Rechenoperation und die Distributivität in der bildlichen Darstellungsform erkennen, wurde in Abschnitt 6.5.1 über die drei Ausprägungen: sicheres Erkennen, unsicheres Erkennen und kein Erkennen beschrieben. Grundlage für diese Einteilung waren Analysen zu auftretenden Fehlern bei der Deutung der Zuordnungen von ikonischem Modell und dem Term $13 \cdot 16$ auf individueller Ebene.

Ein sicheres Erkennen der Operation an den ikonischen Modellen drückt sich in der vorliegenden Arbeit darin aus, dass die passende bildliche Darstellung der Multiplikation als passend gedeutet und die nicht passende Darstellung abgelehnt wird. In diesem Fall kann eine tragfähige Operationsvorstellung unterstellt werden. Dies trifft auf 23,2 % der befragten Kinder zu. Die Mehrheit der Kinder zeigt Unsicherheiten beim Erkennen der Operation (43,9 % der Kinder). Ein häufig auftretender Fehler ist, dass die befragten Kinder sowohl die passende als auch die nicht passende bildliche Darstellung der Operation als zum Term passend deuten. Dies trifft auf 33,3 % der befragten Kinder zu. Dies könnte beispielsweise daran liegen, dass sich diese Kinder bei der falschen Darstellung die fehlenden Zeilen oder Spalten im Kopf vervollständigt denken (vgl. Abbildung 6.12). Ebenso ist es möglich, dass Kinder mit Blick auf die eingesetzte fehlerhafte Darstellung die Passung so deuten, dass beide Faktoren der Aufgabe ersichtlich sind und daher auch die nicht passende bildliche Darstellung der Operation zum Term passt (vgl. Abbildung 6.12). Deuten Kinder die falsche bildliche Darstellung der Rechenoperation als zum Term passend und lehnen gleichzeitig die richtige bildliche Darstellung ab, wird angenommen, dass diese Kinder eine fehlerhafte Operationsvorstellung haben und somit keine tragfähige Grundvorstellung zur Multiplikation aktivieren können (16,7 % der Kinder).

Beim in Beziehung setzen der unterschiedlichen Ausprägungen zum Erkennen der Rechenoperation an den eingesetzten ikonischen Modellen und der Verwendung tragfähiger Rechenstrategien zur Bearbeitung der Aufgabe $13 \cdot 16$ zeigt sich, dass relativ betrachtet jene Kindergruppe am häufigsten auf tragfähige Rechenstrategien zurückgreift, die die Operation an den ikonischen Modellen sicher erkennt (19,9 %). Im Unterschied dazu variiert der Anteil an Kindern (die tragfähige Strategien verwenden) bezogen auf die Sicherheit im Erkennen der Operation an den ikonischen Modellen kaum (vgl. Abschnitt 6.5.2).

Im Unterschied zum Erkennen der Rechenoperation wird die Distributivität von deutlich weniger der befragten Kinder sicher erkannt (8,2 % der Kinder). Ist dies der Fall, wird den Kindern eine tragfähige Vorstellung zur Distributivität unterstellt. Mit Blick auf das Lösen von Multiplikationsaufgaben und die Verwendung von Rechenstrategien scheint das Erkennen der Distributivität besonders relevant. Bei der Gegenüberstellung mit den mathematisch-symbolischen Lösungswegen der Kinder wurde auf deskriptiver Ebene die Tendenz ersichtlich, dass Kinder, die die Distributivität am Modell sicher erkennen, häufiger tragfähige Rechenstrategien verwenden als die anderen Kinder (vgl. Abschnitt 6.5.2).

Wie die Daten zeigen, führt das sichere Erkennen der Distributivität am Modell jedoch nicht zwangsläufig zur Verwendung tragfähiger Rechenstrategien auf mathematisch-symbolischer Ebene.

Der Großteil der Kinder erkennt die Distributivität an den ikonischen Modellen nicht (45,9 % der Kinder). Dies zeigt sich auf individueller Ebene beispielsweise darin, dass die nicht passende Darstellung, aber genauso die passenden Darstellungen mit Blick auf den Multiplikationsterm abgelehnt werden (15,0 % der Kinder). 17,8 % der befragten Kinder deuten alle drei ikonischen Modelle zur Distributivität falsch. Das Ablehnen der beiden passenden Darstellungen und eine als passend gedeutete fehlerhafte Darstellung lässt auf eine fehlerhafte Vorstellung zur Distributivität schließen. Die Gegenüberstellung mit den symbolischen Lösungswegen dieser Kinder zeigt, dass der Großteil der Kinder die Distributivität nicht nur am ikonischen Modell fehlerhaft deutet, sondern die entsprechende Fehlerstrategie auch zur Lösung der Aufgabe auf symbolischer Ebene verwendet.

Die Ausführungen machen deutlich, dass im Kontext des großen Einmaleins nicht nur bei der symbolischen Lösung der Aufgaben Schwierigkeiten auftreten, sondern ebenso beim Erkennen ikonischer Modelle zum großen Eimaleins. Insbesondere wird dabei die fehlende Einsicht in die Distributivität ersichtlich. Die empirischen Ergebnisse legen verschiedene Interpretationen nahe. Diese werden im folgenden Abschnitt ausgeführt.

6.5.4   Zwischenfazit

Rechteckmodelle werden in der Literatur als tragfähige Darstellung der Multiplikation, insbesondere mit Blick auf das große Einmaleins, hervorgehoben (vgl. Abschnitt 3.1.3). In diesem Zusammenhang werden verschiedene Argumente angeführt, wie beispielsweise die Möglichkeit der Veranschaulichung der Eigenschaften der Multiplikation. Bestehende Studien zur Deutung von Rechteckmodellen beschränken sich auf das kleine Einmaleins und fokussieren die Strukturdeutung am Modell vor der unterrichtlichen Thematisierung der Multiplikation. Im Kontext des großen Einmaleins stehen Rechteckmodelle im deutschsprachigen Raum bislang nicht im Fokus empirischer Arbeiten, obwohl deren Bedeutung für die Veranschaulichung der Zerlegung der Faktoren als Verbindung zu den symbolischen Lösungswegen in didaktischen Publikationen betont wird (z. B. Rottmann, 2011).

In der vorliegenden Untersuchung wurden ikonische Modelle eingesetzt, um Einblicke in das Erkennen der Modelle im Kontext des großen Einmaleins zu erhalten. Darauf aufbauend wurden die Bearbeitungen der befragten Kinder innerhalb der bildlichen Darstellungsform genutzt, um diese mit den erhobenen symbolischen Lösungswegen in Beziehung zu setzen.

In den Ergebnissen wird ersichtlich, dass die Mehrheit der befragten Kinder fehlerhafte Bearbeitungen in beiden Darstellungsformen zeigt. In diesen Fällen können weder tragfähige Vorstellungen am Modell aktiviert werden, noch werden tragfähige Lösungswege in der symbolischen Darstellungsform verwendet. Daneben zeigt sich, dass im Kontext des großen Einmaleins nicht das Erkennen der Operation am Modell, sondern vielmehr ein sicheres Erkennen der Distributivität für die Verwendung tragfähiger Strategien zur Aufgabenbearbeitung bedeutsam ist. Dies drückt sich in der vorliegenden Untersuchung darin aus, dass Kinder, die die Distributivität am Modell sicher erkennen und demnach über eine tragfähige Vorstellung verfügen, zur Aufgabenbearbeitung häufiger tragfähige Strategien auf Grundlage der Distributivität verwenden. Dies stützt die Annahme, dass Einsicht in die Eigenschaften der Operation für einen gelungenen Strategieeinsatz zentral ist (vgl. Ambrose et al., 2003; Freesemann, 2014, S. 4; Rottmann, 2011). Des Weiteren zeigt sich, dass sich insbesondere eine Fehlvorstellung zur Distributivität im symbolischen Lösungsweg widerspiegelt.

Im Gegensatz dazu stehen jene Bearbeitungen, die sich in Bezug zu den beiden Darstellungsformen unterscheiden. Dies drückt sich in zweierlei Richtung aus:

So gibt es in der durchgeführten Untersuchung Kinder, die tragfähige Rechenstrategien zur Aufgabenlösung verwenden, aber die Rechenoperation und Distributivität am ikonischen Modell nicht sicher erkennen. Bei diesen Kindern scheint sich das Wissen zur Operation auf die mathematisch-symbolische Darstellungsform zu beschränken – ohne eine entsprechende tragfähige Vorstellung am Modell aktivieren zu können. Dies spiegelt Erkenntnisse bestehender Studien im Kontext der Bruchrechnung wider, die aufzeigen, dass Kinder auch ohne tragfähige Vorstellung eine Operation in der mathematisch-formalen Ebene fehlerfrei ausführen können (Hasemann, 1986; Wartha, 2007). An vergleichbaren Erkenntnissen im Rahmen der Multiplikation im Zahlenraum über 100 fehlt es bislang.

Ähnliches wird auch bei umgekehrter Betrachtung deutlich. Es zeigt sich, dass Kinder, denen am ikonischen Modell eine tragfähige Vorstellung zur Multiplikation oder Distributivität unterstellt werden kann, nicht automatisch tragfähige Rechenstrategien bei der symbolischen Aufgabenbearbeitung nutzen. Bei diesen Kindern scheint die tragfähige Vorstellung zur Distributivität auf die ikonischen Modelle beschränkt zu sein und nahezu isoliert von der mathematisch-symbolischen Darstellungsform zu bestehen. Die beschriebene Isoliertheit der beiden Darstellungsformen verdeutlicht eine fehlende Verknüpfung zwischen den Darstellungsformen.

Als ein möglicher Erklärungsansatz für unterschiedliche Bearbeitungen innerhalb der beiden Darstellungsformen kann auf kognitive Theorien zur Wissensrepräsentation zurückgegriffen werden. Als spezifische Konzeptionen für das Mathematiklernen können der *frame*-Begriff (R. Davis & McKnight, 1979) und die Theorie subjektiver Erfahrungsbereiche (Bauersfeld, 1983) herangezogen werden. In beiden Theorien kann die Bereichsspezifität des Wissens als Erklärungsmodell herangezogen werden. Demnach können Wissensbereiche eines Kindes isoliert oder vernetzt bestehen und Unterschiede in der Verknüpfung der Wissensbereiche zwischen Individuen angenommen werden. Dadurch sind Unterschiede zwischen den Bearbeitungen in der mathematisch-symbolischen und bildlichen Darstellungsform erklärbar.

Abschließend sei angemerkt, dass die auftretenden Schwierigkeiten beim Erkennen der ikonischen Modelle auch mit dem Untersuchungsdesign der vorliegenden Studie zusammenhängen können. Eine mögliche Ursache für die beobachteten Schwierigkeiten kann die unübliche zerlegte Darstellung des Rechteckmodells sein. Dies kann ein Grund dafür sein, dass von einem Teil der Kinder alle ikonischen Modelle zur Zerlegung als nicht passend abgelehnt werden (15,0 %). Es ist in der vorliegenden Untersuchung außerdem nicht bekannt, ob Rechteckmodelle zur Darstellung der Multiplikation im Unterricht der befragten Kinder thematisiert wurden. Söbbeke (2009) weist mit Blick auf die relationale Deutung und mathematische Struktur einer Darstellung darauf hin, dass diese explizit erarbeitet und aktiv in die Darstellung hineingedeutet werden muss. Außerdem lassen bildliche Darstellungen wie das Rechteckmodell aufgrund ihrer Mehrdeutigkeit vielfältige Interpretationen zu (bspw. Voigt, 1990, vgl. Abschnitt 3.1.1) und es kann nicht davon ausgegangen werden, dass sich didaktisch intendierte und individuelle Deutung entsprechen. Daher bleibt unklar, ob die bildlichen Darstellungen entsprechend der Intention der Untersuchung gedeutet wurden oder ob davon abweichende Deutungen vorgenommen wurden, über die aufgrund der produktorientierten Betrachtung des Darstellungswechsels keine Aussagen getroffen werden können.

Zusammenfassung und Ausblick 7

Im Fokus der vorliegenden Arbeit steht die Auseinandersetzung mit der Multiplikation zweistelliger Zahlen. Die Arbeit verfolgt das Ziel, die Strategieverwendung bei der Lösung von Multiplikationsaufgaben des großen Einmaleins am Ende der Grundschulzeit umfassend zu analysieren. Der Schwerpunkt liegt dabei auf Erkenntnissen zur differenzierten Beschreibung eingesetzter Rechenstrategien und auftretender Schwierigkeiten bei der Aufgabenbearbeitung. Dafür wurden die symbolischen Lösungswege von 2000 Schülerinnen und Schülern zu fünf Multiplikationsaufgaben mit zweistelligen Zahlen analysiert. Zusätzlich dazu erfolgt die Untersuchung, inwieweit ikonische Darstellungen (ikonische Modelle) zur Multiplikation zweistelliger Zahlen von den befragten Kindern erkannt werden. Dies dient als ergänzende Analyse dazu, wie es um die Vorstellungen der Kinder in diesem Kontext bestellt ist. Die Analysen basieren folglich auf dem Einsatz zweier Testinstrumente (vgl. Abschnitt 5.2.2).

Mithilfe einer schriftlichen Befragung wurden die zur Aufgabenbearbeitung eingesetzten Lösungswege ermittelt. Dabei lag der Fokus auf den dokumentierten Rechenstrategien und Fehlern. Die Lösungswege wurden unter Berücksichtigung dreier Perspektiven analysiert: (1) der Gesamtheit auftretender Lösungswege, (2) wie Rechenstrategien und Fehler auf subjektbezogener und (3) auf aufgabenbezogener Ebene auftreten. Als ergänzender Einblick dazu wurden, anhand einer softwaregestützten Aufgabenstellung zum Übersetzen zwischen einem Multiplikationsterm und mehreren ikonischen Modellen, Daten zum Erkennen der Multiplikation als Rechenoperation und deren zentraler Eigenschaft – der Distributivität – gewonnen. In diesem Zusammenhang wurde auf die aus didaktischer Sicht tragfähigen Rechteckmodelle zurückgegriffen.

In diesem abschließenden Kapitel werden die zentralen Ergebnisse der vorliegenden Untersuchung zusammengeführt (Abschnitt 7.1). Im Rahmen eines

S. Kaun, *Strategieverwendung bei der Multiplikation zweistelliger Zahlen*, https://doi.org/10.1007/978-3-658-42394-0_7

Ausblicks werden Grenzen der vorliegenden Arbeit aufgezeigt und darge-stellt, wo zukünftige Forschung an den Beitrag dieser Arbeit anknüpfen kann (Abschnitt 7.2).

7.1   Zentrale Ergebnisse

Die Zusammenfassung der zentralen Ergebnisse der vorliegenden Arbeit wird in den folgenden Ausführungen entlang der Forschungsfragen gegliedert.

Systematische Beschreibung von Rechenstrategien und Fehlern im großen Einmaleins

Die Frage nach dem Lösungsweg bei der Multiplikation zweistelliger Zahlen veran-lasst die befragten Schüler und Schülerinnen, die gestellten Aufgaben zu lösen und ihren Bearbeitungsweg zu dokumentieren. In den Analysen werden insbesondere die dokumentierten Rechenstrategien und Fehler inhaltlich beschrieben und anschlie-ßend deskriptiv quantifiziert. In Anlehnung an Gasteiger und Paluka-Grahm (2013) bezieht sich der Begriff der *Rechenstrategie* dabei auf diejenigen Lösungswege, in denen Zusammenhänge zwischen Multiplikationsaufgaben oder Zahlbeziehun-gen zur Aufgabenbearbeitung genutzt werden (vgl. Abschnitt 4.1.4). Grundlage der durchgeführten Untersuchung ist das Kategoriensystem der vorliegenden Arbeit, mit dem Rechenstrategien und Fehler in den Lösungswegen systematisch erfasst werden können.

Wird zur Aufgabenbearbeitung eine Strategie verwendet, wird dafür stets die ursprünglich zu lösende Aufgabe verändert, um das Ergebnis der Aufgabe zu bestimmen. In einem ersten Schritt der Kategorisierung wird systematisch nach dem zugrundeliegenden Veränderungsprozess unterschieden. In diesem Zusam-menhang wird differenziert, ob ein Kind innerhalb des Lösungswegs einen Faktor oder beide Faktoren verändert und wie sich diese Veränderung gestaltet. Strate-gien, bei denen ein Faktor verändert wird werden mit (1) und Strategien, bei denen beide Faktoren verändert werden mit (2) gekennzeichnet. Die Veränderung der Faktoren kann sich zum Einen über das Zerlegen und anschließendes Zusammenset-zen der entstandenen Teilprodukte vollziehen. Zum Anderen kann eine alternative Multiplikationsaufgabe zur Bearbeitung der Aufgabe herangezogen werden und das Ergebnis auf diese Weise von der veränderten Aufgabe abgeleitet werden. Eine Ausdifferenzierung der unterschiedlichen Veränderungsprozesse erfolgt unter dem Hinzuziehen bereits bestehender Klassifizierungen von Rechenstrategien zur Lösung von Malaufgaben und am Datenmaterial entwickelter Kategorien.

Neben der Kategorisierung beobachteter Lösungswege werden im Rahmen dieser Arbeit auch auftretende Fehler systematisch erfasst und beschrieben. Angelehnt an bestehende Fehlerklassifizierungen werden Fehler innerhalb der Lösungswege in strategieabhängige und strategieunabhängige Fehler unterschieden. Auf diese Weise ist es möglich zu beschreiben, inwiefern bei der Anwendung einer Rechenstrategie Fehler auftreten: bei der Anwendung der Strategie an sich (strategieabhängig), bei deren Ausführung (strategieunabhängig) oder in beiden Fällen. Die Beschreibung auftretender Fehler erfolgt größtenteils durch die Entwicklung neuer Kategorien durch das Datenmaterial der vorliegenden Arbeit, da sich in der mathematikdidaktischen Literatur bislang nur vereinzelte Beschreibungen von Fehlern bei der Multiplikation zweistelliger Zahlen wiederfinden.

Die für diese Arbeit entwickelte Kategorisierung ermöglicht es, die von den befragten Kindern eingesetzten Rechenstrategien und auftretende Fehler unabhängig zu analysieren.

Auftreten von Rechenstrategien und Fehlern bei der Aufgabenbearbeitung
Mithilfe der entwickelten Kategorisierung kann gezeigt werden, wie häufig verschiedene Rechenstrategien und Fehler bei der Lösung zweistelliger Multiplikationsaufgaben auftreten. Die empirischen Ergebnisse bilden die Verteilung von Rechenstrategien und Fehlern in den Lösungswegen der Kinder umfassend ab, indem sie bezogen auf die Gesamtheit der Lösungswege in Form von Rechenstrategien (N_r, vgl. Abschnitt 6.2), die befragten Kinder (N_k) und die gestellten Multiplikationsaufgaben (N_a, vgl. Abschnitt 6.3) ausgewertet und dargestellt werden. So kann nicht nur beschrieben werden, wie häufig bestimmte Strategien und Fehler in den Lösungswegen auftreten, sondern darüber hinausgehend, wie deren Auftreten zustande kommt, d. h. bei wie vielen Kindern und bei welchen Aufgaben spezifische Strategien und Fehler auftreten.

Die Ergebnisse zeigen, dass die theoretisch beschriebene Vielfalt tragfähiger Rechenstrategien zur Lösung zweistelliger Multiplikationsaufgaben empirisch betrachtet nicht in den Lösungswegen der befragten Kinder auftritt. In der vorliegenden Untersuchung werden zwar 81,6 % aller Multiplikationsaufgaben über Rechenstrategien gelöst, jedoch ist dabei der Anteil an tragfähigen Rechenstrategien mit knapp einem Viertel relativ gering (22,8 %). Kommen tragfähige Rechenstrategien zum Einsatz, wird das *schrittweise Multiplizieren (1)* zur Aufgabenbearbeitung bevorzugt verwendet (18,9 %). Ein nahezu vernachlässigbarer Anteil der Aufgaben wird über die anderen beschriebenen Hauptstrategien – das *stellenweise Multiplizieren (2)* oder Ableiten – gelöst. Rechenstrategien, die das Ableiten nutzen, treten auch dann nur selten auf, wenn ausschließlich die Multiplikationsaufgaben betrachtet werden, bei denen sich diese Rechenstrategien aufgrund der Aufgabenmerkmale anbieten.

Mit dem geringen Einsatz tragfähiger Rechenstrategien einhergehend zeigt sich in der vorliegenden Untersuchung ein besonders hohes Fehlerauftreten in den Lösungswegen der befragten Kinder. Erkenntnisse bestehender Publikationen können dahingehend erweitert werden, auf welche Fehler dies rückführbar ist: Die Ergebnisse verdeutlichen, dass strategieabhängige Fehler deutlich häufiger in den Lösungswegen auftreten als strategieunabhängige Fehler. Über die Hälfte der Lösungswege führt aufgrund strategieabhängiger (62,7 %), 5,3 % aufgrund strategieunabhängiger Fehler und 14,5 % durch die Kombination beider Fehlertypen zu fehlerhaften Lösungen. Dabei ist die Zerlegung beider Faktoren besonders fehleranfällig. Das lässt die Schlussfolgerung zu, dass den befragten Kindern bei der Bearbeitung zweistelliger Multiplikationsaufgaben vor allem die Anwendung von Rechenstrategien Schwierigkeiten bereitet und selten die Ausführung der Operation (das Ausrechnen).

Bei der Betrachtung derjenigen Kinder (1390 Kinder), die ausschließlich Strategien zur Aufgabenbearbeitung einsetzen, zeigt sich, dass der Großteil dieser Kinder entweder ausschließlich auf Fehlerstrategien (61,6 %) oder ausschließlich auf tragfähige Rechenstrategien (14,7 %) zurückgreift. Nur selten setzen Kinder innerhalb ihrer Lösungswege tragfähige Rechenstrategien *und* Fehlerstrategien ein. Mit einer Ausnahme: Bei der Aufgabe 50 · 21 weichen mehrere Kinder (14,1 %) von ihrem ansonsten fehlerhaften Vorgehen ab und lösen die genannte Aufgabe als einzige Ausnahme richtig.

Bei den gestellten Multiplikationsaufgaben handelt es sich um fünf strukturgleiche Aufgaben, in denen zwei zweistellige Faktoren miteinander multipliziert werden. Die Ergebnisse der aufgabenbezogenen Analysen machen Unterschiede im Strategieeinsatz und Fehlerauftreten ersichtlich, die im Zahlenmaterial der Multiplikationsaufgaben begründet liegen – insbesondere in Bezug auf die Malaufgabe 50 · 21, die im ersten Faktor eine Null enthält. Es zeigt sich, dass diese Aufgabe häufiger über tragfähige Rechenstrategien gelöst wird als die anderen vier Aufgaben. Anhand der Daten kann der erhöhte Einsatz tragfähiger Strategien bei dieser Aufgabe darauf zurückgeführt werden, dass die Aufgabe bei einem Teil der befragten Kinder zu einer Veränderung des Lösungsverhaltens führt und diese bei jener Aufgabe einmalig vom Einsatz von Fehlerstrategien abweichen. Gleichzeitig bedingt die enthaltene Null wohl spezifische strategieunabhängige Fehler beim Lösen der Aufgabe. Ein Beispiel sind *Stellenwertfehler*, die in mehr als der Hälfte der Fälle bei dieser Aufgabe auftreten (58,6 %).

Strategierepertoire der Kinder

Ein weiteres Forschungsinteresse dieser Arbeit war es zu beschreiben, wie sich das Strategierepertoire der Kinder im großen Einmaleins gestaltet. Im Kontext der vorliegenden Arbeit bedeutet das, inwiefern Kinder unterschiedliche Rechenstrategien zur Aufgabenbearbeitung im großen Einmaleins verwenden. Dafür wurde untersucht, auf wie viele verschiedene tragfähige Rechenstrategien die Kinder bei der Lösung der fünf Multiplikationsaufgaben zurückgreifen. Die ausschließliche Betrachtung tragfähiger Rechenstrategien führt in der vorliegenden Untersuchung dazu, dass die Mehrheit der befragten Kinder von den Analysen zum Strategierepertoire ausgeschlossen wird, da diese bei der Aufgabenbearbeitung keine tragfähigen Rechenstrategien einsetzen. Insgesamt wird etwa ein Drittel der befragten Kinder der Gesamtstichprobe (32,3 %) zur Untersuchung des Strategierepertoires herangezogen.

Mit den durchgeführten Analysen zum Strategierepertoire kann empirisch gezeigt werden, dass die in der mathematikdidaktischen Literatur beschriebene Vielfalt tragfähiger Rechenstrategien nicht in den Lösungswegen der Kinder zu dokumentieren ist. Setzen die befragten Kinder tragfähige Rechenstrategien zur Aufgabenlösung ein (32,3 %), greift die Mehrheit dieser Kinder (26,5 %) auf ein und dieselbe tragfähige Rechenstrategie zurück – in der Regel auf das *schrittweise Multiplizieren (1)*. Ob diese Kinder keine alternativen Strategien kennen oder dem Strategieeinsatz individuelle Kriterien zugrundliegen, wie zum Beispiel das Vertrauen in den Erfolg, kann anhand der Ergebnisse nicht gefolgert werden. Nur wenige Kinder greifen innerhalb ihrer Lösungswege auf verschiedene tragfähige Rechenstrategien zurück. Dem zugrundliegenden Verständnis dieser Arbeit nach kann der Strategieeinsatz jener Kinder als flexibel bezeichnet werden, bei denen das Strategierepertoire aus zwei oder mehr tragfähigen Rechenstrategien besteht (5,9 %).

Im Vergleich dazu zeigen etwas mehr Kinder einen aufgabenadäquaten Strategieeinsatz bei der Lösung der Multiplikationsaufgaben (9,8 %). Dem zugrundeliegenden Verständnis dieser Arbeit folgend ist dieser Prozentsatz so zu erklären, dass ein aufgabenadäquater Strategieeinsatz nicht zwangsläufig auch flexibel sein muss. Greifen Kinder bei der Aufgabenbearbeitung beispielsweise ausschließlich auf das Universalverfahren *schrittweises Multiplizieren (1)* zurück, wird der Strategieeinsatz in dieser Arbeit als aufgabenadäquat, aber nicht als flexibel beschrieben (6,9 %). Lediglich ein kleiner Teil der befragten Kinder setzt Rechenstrategien bei der Aufgabenbearbeitung flexibel *und* aufgabenadäquat ein (2,9 %).

Typische und systematische Fehler im großen Einmaleins

Zusammengefasst kann das Auftreten von Fehlerstrategien bei der Lösung von Multiplikationsaufgaben des großen Einmaleins als hoch beschrieben werden. In Anbetracht dieses Ergebnisses rücken weiterführende Fehleranalysen in den Fokus, um die unterschiedlichen Fehlerstrategien mit Blick auf die Konsistenz ihres Auftretens zu analysieren. Angelehnt an Stiewe und Padberg (1986) erfolgt in diesem Zusammenhang eine Unterscheidung in typische und systematische Fehler. Als ein zentrales Ergebnis der vorliegenden Untersuchung geht hervor, dass die Vielzahl beobachteter strategieabhängiger Fehler im großen Einmaleins auf einige wenige systematisch auftretende Fehler präzisiert werden können.

In der vorliegenden Arbeit werden Fehlerstrategien als *typische Fehler* bezeichnet, wenn sie in der Gesamtheit der erfassten Lösungswege über Rechenstrategien in über 5 % der Fälle auftreten. Zur Analyse systematischer Fehler wird die Festlegung von Stiewe und Padberg (1986) übernommen und von einem *systematischen Fehler* ausgegangen, wenn die entsprechende Fehlerstrategie in über der Hälfte der Lösungswege eines Kindes auftritt.

Als typische Fehler stellen sich die *Übergeneralisierung stellenweise Addition (2)* und die *Kombination Übergeneralisierung und Ziffernrechnen (2)* heraus. In beiden Fällen scheinen die Kinder eine bewährte Rechenstrategie aus dem Inhaltsbereich der Addition in den multiplikativen Kontext zu übertragen. Bei letztgenannter Fehlerstrategie kommt außerdem hinzu, dass die Faktoren ziffernweise zerlegt werden. Auch wenn nur zwei typische Fehler identifiziert werden können, betreffen diese über die Hälfte aller Lösungswege mittels Rechenstrategien (59,0 %). Bei der weiterführenden Betrachtung der beiden genannten Fehler zeigt sich außerdem, dass diese nicht willkürlich oder spontan in den Lösungswegen auftreten. Die Analysen auf individueller Ebene machen ersichtlich, dass beide Fehlerstrategien bei der Mehrheit der Kinder systematisch in den Lösungswegen auftreten (51,6 %).

Neben den bereits angeführten Fehlerstrategien treten auch seltener eingesetzte Fehlerstrategien bei einem Teil der befragten Kinder als systematische Fehler auf (4,0 %). Dazu gehören: die *Übergeneralisierung schrittweise Addition (1)*, die *Übergeneralisierung Mischform Addition (2)*, das *Ziffernrechnen ohne Berücksichtigung der Stellenwerte (1)* und *(2)* und die *Kombination Übergeneralisierung und Ziffernrechnen (1)*. Insgesamt können in der vorliegenden Untersuchung bei über der Hälfte der Kinder systematische Fehler beobachtet werden (55,7 %). Knapp ein Viertel der Kinder greift sogar bei der Lösung aller fünf Multiplikationsaufgaben auf dieselbe Fehlerstrategie zurück (22,2 %).

Die Analyse systematischer Fehler liefert Hinweise darauf, dass die Multiplikation vom Großteil der Kinder nicht im normativen Sinne verstanden wurde (vgl. Kapitel 1). Dies zeigt sich in der vorliegenden Arbeit darin, dass bei einem Großteil der befragten Kinder fehlendes Abgrenzungswissen zur Addition beobachtet werden kann. Der hohe Anteil systematischer Fehler in diesem Zusammenhang macht deutlich, dass es sich bei der Übergeneralisierung additiver Lösungswege um ein stabiles fehlerhaftes Konzept im Kontext der Multiplikation zweistelliger Zahlen handelt. Bei einem kleineren Teil der Kinder werden Probleme bei der Faktorzerlegung an sich beobachtet, wenn diese ziffernweise und nicht unter Berücksichtigung der Stellenwerte zerlegt und anschließend multipliziert werden. Ebenso ist bei einem Teil der befragten Kinder ein Zusammenwirken der beiden fehlerhaften Denkmuster beobachtbar. Dabei kommt es zur Kombination von einem Rechnen mit Ziffern und fehlendem Abgrenzungswissen zur Addition.

Zusammengefasst werden zwei zentrale Schwierigkeiten mit Blick auf die Bearbeitung zweistelliger Multiplikationsaufgaben deutlich: das Heranziehen geeigneter Teilaufgaben auf Basis der Distributivität der Multiplikation und die stellengerechte Zerlegung der im Term enthaltenen Faktoren.

Erkennen ikonischer Modelle zur Multiplikation und Zusammenhänge mit den symbolischen Lösungswegen

Die empirisch gewonnenen Ergebnisse dazu, inwieweit ikonische Modelle zur Multiplikation zweistelliger Zahlen erkannt werden, dienen als Hintergrund dazu, wie es um die Vorstellungen der Kinder in diesem Kontext bestellt ist (vgl. Abschnitt 6.5). Dabei lag der Fokus auf der Darstellung der Distributivität, da diese die Grundlage der meisten Rechenstrategien darstellt.

In den Analysen stellt sich dar, dass Schwierigkeiten bei der Multiplikation zweistelliger Zahlen nicht nur bei der mathematisch-symbolischen Aufgabenbearbeitung, sondern ebenso beim Deuten ikonischer Modelle auftreten. Über die Anzahl auftretender Fehler beim Übersetzen zwischen Multiplikationsterm und ikonischen Modellen werden in dieser Arbeit drei Ausprägungen unterschieden: das sichere Erkennen, unsichere Erkennen und kein Erkennen. Die Ergebnisse zeigen, dass Kinder ikonische Modelle zur Operation sicherer erkennen als ikonische Modelle zur Zerlegung der Multiplikation. Fast die Hälfte der befragten Kinder erkennt die Distributivität an den ikonischen Modellen nicht (45,9 %). Demnach wird die fehlende Einsicht in die Distributivität nicht nur in den zahlreich auftretenden Fehlerstrategien deutlich, sondern auch in Zusammenhang mit der ikonischen Darstellungsform der Multiplikation.

In der vorliegenden Untersuchung zeigt der Großteil der befragten Kinder fehlerhafte Bearbeitungen in beiden Darstellungsformen und aktiviert weder tragfähige Vorstellungen an den ikonischen Modellen, noch greifen diese Kinder bei der Aufgabenbearbeitung auf tragfähige Strategien zurück. Daneben kann mit den Ergebnissen außerdem aufgezeigt werden, dass der Einsatz tragfähiger Strategien auf symbolischer Ebene nicht automatisch ein sicheres Erkennen der Modelle oder umgekehrt, das sichere Erkennen der ikonischen Modelle nicht zwingend die Verwendung tragfähiger Rechenstrategien sicherstellt. Damit bestätigen die Ergebnisse der Gegenüberstellung vom Erkennen der ikonischen Modelle und den mathematisch-symbolischen Lösungswegen in gewisser Weise, worauf Studien im kleinen Einmaleins bereits verweisen, nämlich, dass die Bearbeitungen eines Kindes innerhalb der beiden Darstellungsformen isoliert oder verbunden sein können (Bönig, 1995). Dennoch machen die Ergebnisse die Tendenz ersichtlich, dass bezogen auf das große Einmaleins nicht das Erkennen der Operation, sondern vielmehr das sichere Erkennen der Distributivität für die Verwendung tragfähiger Strategien bedeutsam zu sein scheint.

7.2   Ausblick

Wie einleitend zu Beginn dieser Arbeit angeführt steht die Multiplikation als eine der vier Grundrechenarten im Fokus des Mathematikunterrichts der Grundschule (Ständige Konferenz der Kultusminister der Länder in der Bundesrepublik Deutschland, 2004). Unter dem Verstehen und Beherrschen der Grundrechenarten wird das Verstehen der Zusammenhänge zwischen den Grundrechenarten genauso wie eine auf Einsicht basierende Anwendung von Rechenstrategien und das Nutzen der Eigenschaften der Operation zusammengefasst (ebd. S. 9, Standards für inhaltsbezogene mathematische Kompetenzen). In der vorliegenden Untersuchung zeigen nur wenige Kinder das beschriebene Verständnis bei der Multiplikation zweistelliger Zahlen. Für den Großteil der Kinder stellt das Lösen der Multiplikationsaufgaben stattdessen eine große Herausforderung dar.

In den folgenden Ausführungen werden auf Grundlage der Ergebnisse der vorliegenden Arbeit Implikationen für die weiterführende Forschung abgeleitet.

Ausgehend von den in dieser Arbeit identifizierten systematisch auftretenden Fehlern in den Rechenwegen der Kinder ist es zukünftig von großem Interesse herauszufinden, welche tieferliegenden Ursachen zu diesen Fehlern führen. Die Aufdeckung und Beschreibung systematischer Fehler bei der Multiplikation zweistelliger Zahlen ermöglicht es, zukünftig gezielt zu untersuchen, welche Aspekte diese Fehler begünstigen und verstärken oder wie diesen entgegengewirkt werden kann. Wissen darüber, wie die beschriebenen systematischen Fehler zustande kommen könnte dann herangezogen werden, um diesen gezielt entgegenzuwirken.

Auf Grundlage der Ergebnisse der vorliegenden Arbeit erscheint insbesondere die Untersuchung der Rolle des Unterrichts und die Untersuchung der Rolle von

Darstellungen in Bezug auf die Multiplikation zweistelliger Zahlen relevant. Dies wird in den folgenden Ausführungen erläutert.

Inwieweit der Strategieeinsatz bezogen auf die Multiplikation zweistelliger Zahlen durch verschiedene unterrichtliche Vorgehensweisen beeinflusst wird, ist bisher eine offene Frage. Um diese zu beantworten scheint es sinnvoll, sich an Köhlers (2019) Untersuchung zum Strategieeinsatz im kleinen Einmaleins zu orientieren, da diese den Einfluss der unterrichtlichen Vorgehensweise der Lehrperson auf den Lernerfolg der Kinder analysiert – unter Berücksichtigung des individuellen Leistungsvermögens der Kinder. Ob die in der zitierten Studie ermittelten unterrichtlichen Vorgehensweisen auch mit Blick auf die Erarbeitung der Multiplikation zweistelliger Zahlen wiederzufinden sind muss vorab überprüft und gegebenenfalls angepasst werden. Auf Grundlage der Ergebnisse dieser Arbeit und in Bezug auf die unterrichtliche Thematisierung der Multiplikation zweistelliger Zahlen erscheint insbesondere die Analyse davon interessant, inwiefern die Rechenoperationen Multiplikation und Addition voneinander abgegrenzt werden und Einsicht in die Distributivität gefördert wird.

Die beobachteten Schwierigkeiten beim Lösen der Multiplikationsaufgaben machen deutlich, dass Konzepte notwendig sind, um die Einsicht in die Distributivität der Multiplikation zu fördern. In diesem Kontext bietet sich die Konzeption, Erprobung und Evaluation von Lernumgebungen an, die gezielt die in dieser Arbeit beschriebenen Schwierigkeiten bei der Zerlegung einer Multiplikationsaufgabe des großen Einmaleins fokussieren. Auf dieser Grundlage könnten Auswirkungen verschiedener Fördermöglichkeiten auf das Auftreten systematischer Fehler bei der Aufgabenbearbeitung im großen Einmaleins analysiert werden, mit dem Ziel, Kinder durch förderliche Impulse bestmöglich in ihrem Lernprozess zu begleiten.

In Bezug auf die Untersuchung der Multiplikation zweistelliger Zahlen stellt auch die Betrachtung der Rolle von Darstellungen eine weiterführende Fragestellung dar. In der vorliegenden Arbeit wurden fünf ikonische Modelle eingesetzt, um einen Einblick in das Erkennen der Multiplikation und der Distributivität in der bildlichen Darstellungsform zu erhalten. Wie aus der Beschreibung des Untersuchungsdesigns hervorgeht, erfolgt die Betrachtung des Darstellungswechsels dabei aus produktorientierter Perspektive (bei der zwischen fehlerfreiem und fehlerhaftem Darstellungswechsel unterschieden wird). Dieses Vorgehen allein genügt nicht, um Operationsvorstellungen der Kinder in diesem Zusammenhang umfassend abzubilden, da Aspekte wie die Deutungsvielfalt bildlicher Darstellungen und die Entsprechung von intendierter und tatsächlicher Deutung dabei nahezu unberücksichtigt bleiben.

Aufbauend auf dem in dieser Arbeit gegebenen ersten Einblick ist es zukünftig von Interesse zu untersuchen, wie sich der Prozess des Darstellungswechsels im großen Einmaleins gestaltet. Bezogen auf das kleine Einmaleins konnte Kuhnke (2013, S. 266) bereits nachweisen, dass Kinder das Zusammenpassen von Darstellungen unterschiedlich interpretieren und beim Prozess des Darstellungswechsels unterschiedliche Fokussierungen vornehmen. Ob sich diese auf den Darstellungswechsel im großen Einmaleins übertragen lassen und inwieweit sich Unterschiede mit Blick auf die in dieser Arbeit untersuchte Darstellung der Multiplikation als Operation und ihrer Zerlegung (Distributivität) zeigen, bleibt eine offene Fragestellung. Besonders Erkenntnisse dazu, wann Kinder Zerlegungen eines Terms als zum Ursprungsterm passend deuten und welche Kriterien bei dieser Entscheidung fokussiert werden, könnten helfen herauszufinden, welche ikonischen Modelle sich besonders eignen, um tragfähige Vorstellungen zur Distributivität aufzubauen.

Vor dem Hintergrund der Darstellung der Multiplikation zweistelliger Faktoren und dem Ergebnis der vorliegenden Untersuchung, dass insbesondere das sichere Erkennen von Zerlegungen einer Multiplikationsaufgabe (Distributivität) von Bedeutung für einen gelungenen Strategieeinsatz ist, ergeben sich auch mit Blick auf eine der wichtigsten Lernressourcen – das Schulbuch – weiterführende Fragen: Inwieweit kommen im Kontext des großen Einmaleins ikonische Darstellungen zum Einsatz? Kommen auch Darstellungen zum Einsatz, die die Distributivität der Multiplikation veranschaulichen? Inwiefern werden ikonische Darstellungen mit der mathematisch-symbolischen Ebene verknüpft? Zur Beantwortung dieser Fragen sind Schulbuchanalysen notwendig, die den Einsatz von Darstellungen im Kontext des großen Einmaleins analysieren.

7.3 Fazit

Ganz zu Beginn dieser Arbeit wurde bereits darauf verwiesen, dass die Multiplikation als eine der vier Grundrechenarten im Fokus der mathematischen Bildung für die Grundschulzeit steht. In den Bildungsstandards wird unter dem Verstehen und Beherrschen der Grundrechenarten das Verständnis der Zusammenhänge zwischen den Grundrechenarten, sowie eine auf basierende Anwendung von Rechenstrategien und das Nutzen der Eigenschaften der Operation zusammengefasst (Ständige Konferenz der Kultusminister der Länder in der Bundesrepublik Deutschland, 2004).

In den Ausführungen des Theorieteils wurde deutlich, dass sich im Kontext der Multiplikation Erkenntnisse zur Strategieverwendung im Zahlenraum *bis* und *über* 100 unterscheiden. Während das Lösen von Multiplikationsaufgaben *bis* 100 (kleines Einmaleins) in verschiedenen Untersuchungen als erfolgreich beschrieben werden kann, zeigt sich gleichzeitig mit Blick auf die Multiplikation im Zahlenraum *über* 100 (großes Einmaleins), dass die Verwendung von Rechenstrategien im großen Einmaleins vielen Schülerinnen und Schülern Schwierigkeiten bereitet.

Daran anknüpfend, beschäftigte sich die vorliegende Arbeit insbesondere mit der Untersuchung auftretender Fehler und fehlerhafter Denkweisen im großen Einmaleins. Insgesamt kann festgehalten werden, dass durch die vorliegende Arbeit ein Beitrag zur Forschung im Bereich der Multiplikation zweistelliger Zahlen geleistet wird. Die Erkenntnisse der vorliegenden Arbeit machen sichtbar, dass nur wenige Kinder das eingangs beschriebene Verständnis bei der Multiplikation zweistelliger Zahlen zeigen. Stattdessen stellt die Bearbeitung von Multiplikationsaufgaben mit zweistelligen Faktoren über Rechenstrategien für die Mehrheit der befragten Kinder eine anspruchsvolle Aufgabe dar.

Auf Grundlage einer breiten empirischen Basis konnte gezeigt werden, dass den Schülerinnen und Schülern vor allem die Anwendung von Rechenstrategien Schwierigkeiten bereitet und selten die Ausführung der Operation (das Ausrechnen) an sich. Das hohe Fehlerauftreten bei der Bearbeitung von Multiplikationsaufgaben des großen Einmaleins wurde in der vorliegenden Untersuchung auf systematisch auftretende Fehler zurückgeführt, die die Mehrheit der auftretenden Fehler erklären.

Die auf empirischer Ebene herausgearbeiteten systematisch auftretenden Fehler können zukünftig genutzt werden, um gezielt zu untersuchen, welche Aspekte diese Fehler im Kontext des großen Einmaleins begünstigen bzw. verstärken und wie diesen gezielt entgegengewirkt werden kann. Die Erkenntnisse dieser Arbeit verdeutlichen, dass dabei insbesondere die zentrale Eigenschaft der Multiplikation – die Distributivität – in den Fokus rücken muss.

Literaturverzeichnis

Ambrose, R., Baek, J.-M. & Carpenter, T. (2003). Children's Invention of Multidigit Multiplication and Division Algorithms. In A. J. Baroody & A. Dowker (Hrsg.), *The development of arithmetic concepts and skills. Constructing adaptive expertise* (S. 305–336). Mahwah/NJ: Lawrence Erlbaum.

Amt für Statistik Berlin-Brandenburg (Hrsg.). (2019). *Statistischer Bericht. Allgemeinbildende Schulen im Land Brandenburg Schuljahr 2018/19.* Zugriff am 27.03.2020. Verfügbar unter: https://www.statistik-berlin-brandenburg.de/publikationen/stat_berichte/2019/SB_B01-01-00_2018j01_BB.pdf

Anghileri, J. (1989). An investigation of young children's understanding of multiplication. *Educational Studies in Mathematics, 20*(4), 367–385. https://doi.org/10.1007/BF00315607

Ashcraft, M. H. (1990). Strategic processing in children's mental arithmetic: A review and proposal. In D. F. Bjorklund (Hrsg.), *Children's strategies. Contemporary views of cognitive development* (S. 185–211). Hillsdale: Lawrence Erlbaum Associates.

Baiker, A. & Götze, D. (2019). Distributive Zusammenhänge inhaltlich erklären können – Einblicke in eine sprachsensible Förderung von Grundschulkindern. In *Beiträge zum Mathematikunterricht.* Münster: WTM Verl. für wiss. Texte und Medien.

Barmby, P., Harries, T., Higgins, S. & Suggate, J. (2009). The array representation and primary children's understanding and reasoning in multiplication. *Educational Studies in Mathematics, 70*(3), 217–241. https://doi.org/10.1007/s10649-008-9145-1

Battista, M. T., Clements, D. H., Arnoff, J., Battista, K. & van Borrow, C. A. (1998). Students' Spatial Structuring of 2D Arrays of Squares. *Journal for Research in Mathematics Education, 29*(5), 503. https://doi.org/10.2307/749731

Bauersfeld, H. (1983). Subjektive Erfahrungsbereiche als Grundlage einer Interaktionstheorie des Mathematiklernens und -lehrens. In H. Bauersfeld, H. Bussmann, G. Krummheuer, J. H. Lorenz & J. Voigt (Hrsg.), *Lernen und Lehren von Mathematik. Analysen zum Unterrichtshandeln* (S. 1–56).

Benz, C. (2005). *Erfolgsquoten, Rechenmethoden, Lösungswege und Fehler von Schülerinnen und Schülern bei Aufgaben zur Addition und Subtraktion im Zahlenraum bis 100* (Texte zur mathematischen Forschung und Lehre, Bd. 40). Hildesheim: Franzbecker.

Bisanz, J. & LeFevre, J. A. (1990). Strategic and nonstrategic processing in the development of mathematical cognition. In D. F. Bjorklund (Hrsg.), *Children's Strategies. Contemporary Views of Cognitive Development* (S. 213–244). Hillsdale: Erlbaum.

Blöte, A. W., Klein, A. S. & Beishuizen, M. (2000). Mental computation and conceptual understanding. *Learning and Instruction, 10*(3), 221–247. https://doi.org/10.1016/S0959-4752(99)00028-6

Blum, W., Vom Hofe, R., Jordan, A. & Kleine, M. (2004). Grundvorstellungen als aufgabenanalytisches und diagnostisches Instrument bei PISA. In M. Neubrand (Hrsg.), *Mathematische Kompetenzen von Schülerinnen und Schülern in Deutschland. Vertiefende Analysen im Rahmen von PISA 2000* (S. 145–157). Wiesbaden: VS Verlag für Sozialwissenschaften.

Bönig, D. (1995). *Multiplikation und Division. Empirische Untersuchungen zum Operationsverständnis bei Grundschülern* (Internationale Hochschulschriften, Bd. 155). Münster, New York: Waxmann.

Bruner, J. S. (1966). *The Process of Education.* Cambridge: Harvard University Press. Retrieved from https://ebookcentral.proquest.com/lib/gbv/detail.action?docID=3300117

Chaudhuri, U. (2009). *Mit Fehlern rechnen. Fehlerhafte Rechenstrategien erkennen – individuelle Lösungswege finden ; [mit Übungsmaterialien]* (Auer Grundschule, 1. Aufl.). Donauwörth: Auer.

Cox, L. S. (1975). Systematic Errors in the Four Vertical Algorithms in Normal and Handicapped Populations. *Journal for Research in Mathematics Education, 6*(4), 202–220. https://doi.org/10.2307/748696

Davis, B. (2008). Is 1 a prime number? Developing teacher knowledge through concept study. *Mathematics Teaching in the Middle Scholl, 14*(2), 86–91.

Davis, R. & McKnight, C. (1979). Modeling the processes of mathematical thinking. *Journal of Children's Mathematical Behaviour, 2*(2), 91–113.

Day, L. & Hurrell, D. [D.]. (2015). An explanation for the use of arrays to promote the understanding of mental strategies for multiplication. *Australian Primary Mathematics Classroom, 20*(1), 20–23.

Deutscher, T. (2015). Geometrische und arithmetische Strukturdeutungen von Schulanfängerinnen und Schulanfängern bei Anzahlbestimmungen im Zwanziger- und im Hunderterfeld. *Journal für Mathematik-Didaktik, 36*(1), 135–162. https://doi.org/10.1007/s13138-015-0072-2

Döring, N. & Bortz, J. (2016). *Forschungsmethoden und Evaluation in den Sozial- und Humanwissenschaften.* Berlin, Heidelberg: Springer Berlin Heidelberg. https://doi.org/10.1007/978-3-642-41089-5

Eichelmann, A., Narciss, S., Schnaubert, L. & Melis, E. (2012). Typische Fehler bei der Addition und Subtraktion von Brüchen – Ein Review zu empirischen Fehleranalysen. *Journal für Mathematik-Didaktik, 33*(1), 29–57. https://doi.org/10.1007/s13138-011-0031-5

Elia, I., van den Heuvel-Panhuizen, M. & Kolovou, A. (2009). Exploring strategy use and strategy flexibility in non-routine problem solving by primary school high achievers in mathematics. *ZDM, 41*(5), 605–618. https://doi.org/10.1007/s11858-009-0184-6

Fischbein, E., Deri, M., Nello, M. S. & Marino, M. S. (1985). The role of implicit models in solving verbal problems in multiplication and division. *Journal for Research in Mathematics Education,* (16 (1)), 3–17.

Freesemann, O. (2014). *Schwache Rechnerinnen und Rechner fördern. Eine Interventionsstudie an Haupt-, Gesamt- und Förderschulen* (Dortmunder Beiträge zur Entwicklung und Erforschung des Mathematikunterrichts, Bd. 16). Wiesbaden: Imprint: Springer Spektrum.

Gaidoschik, M. (2010). *Die Entwicklung von Lösungsstrategien zu den additiven Grundaufgaben im Laufe des ersten Schuljahres*, Dissertation, Universität Wien. Zugriff am 26.11.2019. Verfügbar unter: http://othes.univie.ac.at/9155/

Gasteiger, H. (2011). Strategieverwendung bei Aufgaben zum kleinen Einmaleins. In Gesellschaft für Didaktik der Mathematik (Hrsg.), *Beiträge zum Mathematikunterricht* .

Gasteiger, H. & Paluka-Grahm, S. (2013). Strategieverwendung bei Einmaleinsaufgaben – Ergebnisse einer explorativen Interviewstudie. *Journal für Mathematik-Didaktik, 34*(1), 1–20. https://doi.org/10.1007/s13138-012-0044-8

Geering, P. (1996). Aus Fehlern Lernen im Mathematikunterricht. In E. Beck (Hrsg.), *Eigenständig lernen* (Kollegium, Bd. 2, 2. Aufl., S. 59–70). St. Gallen: UVK Fachverl. für Wiss. und Studium.

Gerster, H. D. & Schultz, R. (2004). *Schwierigkeiten beim Erwerb mathematischer Konzepte im Anfangsunterricht. Bericht zum Forschungsprojekt „Rechenschwäche-Erkennen, Beheben, Vorbeugen".* Verfügbar unter: https://phfr.bsz-bw.de/frontdoor/deliver/index/docId/ 16/file/gerster.pdf

Goldin, G. A. & Shteingold, N. (2001). Systems of representation and the development of mathematical concepts. In A. Cuoco & F. Curcio (Hrsg.), *The roles of representation in school mathematics* (S. 1–23). Reston, VA: National Council of Teachers of MAthematics.

Götz, D., Gasteiger, H. & Kühnhenrich, M. (2020). Einfluss von Merkmalen ebener Figuren auf das Erkennen von Achsensymmetrie – Eine Analyse von Aufgabenlösungen. *Journal für Mathematik-Didaktik, 41*(2), 523–554. https://doi.org/10.1007/s13138-020-00163-2

Greiler-Zauchner, M. (2016). Helfen Kindern die Ableitungsstrategien des kleinen Einmaleins, wenn es um das große Einmaleins geht? In Institut für Mathematik und Informatik der Pädagogischen Hochschule Heidelberg (Hrsg.), *Beiträge zum Mathematikunterricht* (S. 329–332).

Greiler-Zauchner, M. (2019). *Rechenwege für die Multiplikation. Entwicklung, Erprobung und Beforschung eines Lernarrangements im dritten Schuljahr.* Dissertation. Alpen-Adria-Universität, Klagenfurt. Verfügbar unter: https://netlibrary.aau.at/obvuklhs/ download/pdf/5458446?originalFilename=true

Griesel, H. (1971). *Die Neue Mathematik für Lehrer und Studenten. Mengen, Zahlen, Relationen* (Bd. 1). Hannover, Dortmund, Darmstadt, Berlin: Hermann Schroedel Verlag KG.

Griesel, H. (1973). *Die Neue Mathematik für Lehrer und Studenten. Größen, Bruchzahlen, Sachrechnen* (Bd. 2). Hannover, Dortmund, Darmstadt, Berlin: Hermann Schroedel Verlag KG.

Griesel, H. (1974). *Die Neue Mathematik für Lehrer und Studenten. Rationale Zahlen, Algorithmen, Verknüpfungen, Gruppen, Körper* (Bd. 3). Hannover, Dortmund, Darmstadt, Berlin: Hermann Schroedel Verlag KG.

Harries, T. & Barmby, P. (Hewitt, D., Hrsg.). (2006). *Representing multiplication,* Proceedings of the British Society for Research into Learning Mathematics. 26 (3). Zugriff am 31.07.2018.

Harries, T. & Barmby, P. (2007). Representing and understanding multiplication. *Research in Mathematics Education, 9*(1), 33–45. https://doi.org/10.1080/14794800008520169

Hasemann, K. (1986). Bruchvorstellungen und die Addition von Bruchzahlen. *Mathematik lehren*, (16), 16–19.

Hasemann, K. & Gasteiger, H. (2014). *Anfangsunterricht Mathematik* (Mathematik Primarstufe und Sekundarstufe I + II, 3., überarb. und erw. Aufl.). Berlin: Springer Spektrum. https://doi.org/10.1007/978-3-642-40774-1

Heinze, A. (2004). Zum Umgang mit Fehlern im Unterrichtsgespräch der Sekundarstufe 1. Theoretische Grundlegung, Methode und Ergebnisse einer Videostudie. *Journal für Mathematik-Didaktik, 25*(3/4), 221–244.

Heinze, A., Marschick, F. & Lipowsky, F. (2009). Addition and subtraction of three-digit numbers: adaptive strategy use and the influence of instruction in German third grade. *ZDM, 41*(5), 591–604. https://doi.org/10.1007/s11858-009-0205-5

Heirdsfield, A. M. (2002). Flexible mental computation: What about accuracy? In A. Cockburn & E. Nardi (Hrsg.), *26th Annual Conference of the International Group for the Psychology of Mathematics Education.* (S. 89–96).

Heirdsfield, A. M. (2003). Mental computation: Refining the cognitive frameworks. In L. Bragg, C. Campbell, H. Herbert & J. Mousely (Hrsg.), *Proceedings Mathematics Education Research: Innovation, Networking, Opportunity* (S. 421–428).

Heirdsfield, A. M. & Cooper, T. J. (2002). Flexibility and inflexibility in accurate mental addition and subtraction: two case studies. *The Journal of Mathematical Behavior, 21*(1), 57–74. https://doi.org/10.1016/S0732-3123(02)00103-7

Hirsch, K. (2001). Halbschriftliche Rechenstrategien im Mathematikunterricht der Grundschule. In G. Kaiser (Hrsg.), *Beiträge zum Mathematikunterricht 2001. Vorträge auf der 35. Tagung für Didaktik der Mathematik vom 5. bis 9. März 2001 in Ludwigsburg* (S. 285–288). Hildesheim: Franzbecker.

Hock, N. (2021). *Förderung von diagnostischen Kompetenzen.* Wiesbaden: Springer Fachmedien Wiesbaden. https://doi.org/10.1007/978-3-658-32286-1

Huang, H.-M. E. (2014). Third- to fourth-grade students' conceptions of multiplication and area measurement. *ZDM, 46*(3), 449–463. https://doi.org/10.1007/s11858-014-0603-1

Huinker, D. M. (1993). Interviews: a Window to Students' Conceptual Knowledge of the Operations. In N. L. Webb & A. F. Coxfor (Hrsg.), *Assessment in the Mathematics Classroom* (S. 80–86). Reston, VA: National Council of Teachers of MAthematics.

Hurst, C. & Hurrell, D. [Derek]. (2014). Developing the Big Ideas of Number. *International Journal of Educational Studies in Mathematics, 1*(2), 1–18. https://doi.org/10.17278/ijesim.2014.02.001

Imbo, I. & Vandierendonck, A. (2007). Do multiplication and division strategies rely on executive and phonological working memory resources? *Memory & Cognition, 35*(7), 1759–1771. https://doi.org/10.3758/BF03193508

Jost, D., Erni, J. & Schmassmann, M. (1992). *Mit Fehlern muß gerechnet werden. Mathematischer Lernprozeß, Fehleranalyse, Beispiele und Übungen* (Reihe didamath). Zürich: Sabe.

Kinzer, C. J. & Stanford, T. (2014). The Distributive Property: The Core of Multiplication. *Teaching Children Mathematics, 20*(5), 302–309. https://doi.org/10.5951/teacchilmath.20.5.0302

Köhler, K. (2019). *Mathematische Herangehensweisen beim Lösen von Einmaleinsaufgaben. Eine Untersuchung unter Berücksichtigung verschiedener unterrichtlicher Vorgehensweisen und des Leistungsvermögens der Kinder* (Empirische Studien zur Didaktik der Mathematik, Bd. 35, 1. Auflage). Münster: Waxmann.

Krauthausen, G. (1993). Kopfrechnen, halbschriftliches Rechnen, schriftliche Normalverfahren, Taschenrechner. Für eine Neubestimmung des Stellenwertes der vier Rechenmethoden. *Journal für Mathematik-Didaktik, 14*(3–4), 189–219. https://doi.org/10.1007/BF0 3338792

Krauthausen, G. (2018). *Einführung in die Mathematikdidaktik – Grundschule* (Mathematik Primarstufe und Sekundarstufe I + II, 4. Auflage). Berlin, Heidelberg: Springer Spektrum. https://doi.org/10.1007/978-3-662-54692-5

Krauthausen, G. & Scherer, P. (2014). *Einführung in die Mathematikdidaktik* (Mathematik Primar- und Sekundarstufe I und II, 3. Aufl. 2007, Nachdruck 2014). Berlin, Heidelberg: Springer Spektrum.

Kuckartz, U. (2016). *Qualitative Inhaltsanalyse. Methoden, Praxis, Computerunterstützung* (Grundlagentexte Methoden, 3., überarbeitete Auflage). Weinheim, Basel: Beltz Juventa.

Kuhnke, K. (2013). *Vorgehensweisen von Grundschulkindern beim Darstellungswechsel. Eine Untersuchung am Beispiel der Multiplikation im 2. Schuljahr.* Springer.

Lamping, P. (1989). *Schulbuch- und Schülerdarstellungen der Multiplikation und Division in der Grundschule. Schriftliche Hausarbeit im Rahmen der ersten Staatsprüfung für das Lehramt an Grund- und Hauptschulen.* Universität Osnabrück.

Landesinstitut für Schule und Medien Berlin-Brandenburg. (2015). *Rahmenlehrplan. Jahrgangsstufen 1–10.* Verfügbar unter: https://bildungsserver.berlin-brandenburg.de/filead min/bbb/unterricht/rahmenlehrplaene/Rahmenlehrplanprojekt/amtliche_Fassung/Teil_ C_Mathematik_2015_11_10_WEB.pdf

Landesinstitut für Schule und Medien Berlin-Brandenburg (Hrsg.). (2019). *ILeA plus. Handbuch für Lehrerinnen und Lehrer.* Ludwigsfelde-Struveshof: Landesinstitut für Schule und Medien Berlin-Brandenburg (LISUM).

Landis, J. R. & Koch, G. G. (1977). The Measurement of Observer Agreement for Categorical Data. *Biometrics, 33*(1), 159. https://doi.org/10.2307/2529310

Lemaire, P. & Siegler, R. S. (1995). Four aspects of strategic change: Contributions to children's learning of multiplication. *Journal of Experimental Psychology*, (124 (1)), 83–97.

Leuders, T. (2016). *Erlebnis Algebra. Zum aktiven Entdecken und selbstständigen Erarbeiten* (Mathematik Primarstufe und Sekundarstufe I + II, 1. Aufl. 2016). Berlin, Heidelberg: Springer Spektrum. https://doi.org/10.1007/978-3-662-46297-3

Lorenz, J. H. (1991). Materialhandlungen und Aufmerksamkeitsfokussierung zum Aufbau interner arithmetischer Vorstellungsbilder. In J. H. Lorenz (Hrsg.), *Störungen beim Mathematiklernen. Schüler, Stoff und Unterricht* (IDM-Reihe, Bd. 16, S. 53–73). Köln: Aulis-Verl. Deubner.

Lorenz, J. H. (1992). *Anschauung und Veranschaulichungsmittel im Mathematikunterricht. Mentales visuelles Operieren und Rechenleistung.* Zugl.: Göttingen, Univ., Habil.-Schr. Göttingen: Hogrefe.

Lorenz, J. H. & Radatz, H. (1993). *Handbuch des Förderns im Mathematikunterricht.* Hannover: Schroedel-Schulbuchverl.

Luwel, K., Onghena, P., Torbeyns, J., Schillemans, V. & Verschaffel, L. (2009). Strengths and Weaknesses of the Choice/No-Choice Method in Research on Strategy Use. *European Psychologist, 14*(4), 351–362. https://doi.org/10.1027/1016-9040.14.4.351

Marschick, F. & Heinze, A. (2011). Geschicktes Rechnen – auch nach den schriftlichen Verfahren? Auswirkungen einer kurzen Auffrischung halbschriftlicher Rechenstrategien in der dritten Jahrgangsstufe. *Grundschulunterricht*, (3), 4–7.

Mayring, P. & Fenzl, T. (2019). Qualitative Inhaltsanalyse. In N. Baur & J. Blasius (Hrsg.), *Handbuch Methoden der empirischen Sozialforschung* (Bd. 3, S. 633–648). Wiesbaden: Springer Fachmedien Wiesbaden. https://doi.org/10.1007/978-3-658-21308-4_42

Mendes, F., Brocardo, J. & Oliveira, H. (2012, 8. Juli). 3rd year pupils' procedures to solve multiplication tasks. In *12th International Congress on Mathematical Education (ICME)* (S. 1–8).

Meyerhöfer, W. (2018). Verständnis – Ein Ansatz zur begrifflichen Erschließung mathematischer Inhalte. In *Beiträge zum Mathematikunterricht* (S. 1243–1246).

Mindnich, A., Wuttke, E. & Seifried, J. (2008). *Aus Fehlern wird man klug? Eine Pilotstudie zur Typisierung von Fehlern und Fehlersituationen.* Verfügbar unter: http://kops.ub.uni-konstanz.de/volltexte/2009/7118/

Ministry of education (Hrsg.). (2007). *Book 6: Teaching multiplication and division: Revised edition 2007.* Zugriff am 20.11.2019. Verfügbar unter: https://nzmaths.co.nz/numeracy-development-projects-books

Moser Opitz, E. (2007). *Rechenschwäche/Dyskalkulie. Theoretische Klärungen und empirische Studien an betroffenen Schülerinnen und Schülern* (Beiträge zur Heil- und Sonderpädagogik, Bd. 31, 1. Aufl.). Bern: Haupt.

Mulligan, J. (1992). Children's solutions to multiplication and division word problems: A longitudinal study. *Mathematics Education Research Journal, 4*(1), 24–41. https://doi.org/10.1007/BF03217230

Mulligan, J. & Mitchelmore, M. C. (1997). Young children's intuitive models of multiplication and division source. *Journal for Research in Mathematics Education*, (28 (3)), 309–330.

Nachtsheim, J. & König, S. (2019). Befragungen von Kindern und Jugendlichen. In N. Baur & J. Blasius (Hrsg.), *Handbuch Methoden der empirischen Sozialforschung* (Bd. 3, S. 927–933). Wiesbaden: Springer Fachmedien Wiesbaden. https://doi.org/10.1007/978-3-658-21308-4_65

Nunes, T. & Bryant, P. (1995). Do problem situations influence children's understanding of the commutativity of multiplication. *Mathematical Cognition*, (1(2)), 245–260.

Nussknacker 2. Mein Mathematikbuch. (2015): Klett-Grundschulbuchverl.

Oehl, W. (1962). *Der Rechenunterricht in der Grundschule.* Hannover: Schroedel.

Oser, F., Hascher, T. & Spychiger, M. (1999). Lernen aus Fehlern. Zur Psychologie der "negativen" Wissens. In W. Althof (Hrsg.), *Fehlerwelten. Vom Fehlermachen und Lernen aus Fehlern* (S. 11–41). Opladen: Leske+Budrich.

Outhred, L. N. & Mitchelmore, M. (1992). Representation of area: A pictorial perspective. In W. Geeslin & K. Graham (Hrsg.), *Proceedings of the sixteenth PME conference* (S. 194–201). Durham: University of New Hampshire.

Outhred, L. N. & Mitchelmore, M. C. (2000). Young Children's Intuitive Understanding of Rectangular Area Measurement. *Journal for Research in Mathematics Education, 31*(2), 144. https://doi.org/10.2307/749749

Padberg, F. [Friedhelm]. (1986). Über typische Schülerschwierigkeiten in der Bruchrechnung – Bestandsaufnahme und Konsequenzen. *Der Mathematikunterricht, 32*(3), 58–77.
Padberg, F. [Friedhelm]. (2007). *Einführung in die Mathematik. I. Arithmetik.* Berlin: Springer Spektrum.
Padberg, F. [Friedhelm] & Benz, C. (2011). *Didaktik der Arithmetik. Für Lehrerausbil-
dung und Lehrerfortbildung* (Mathematik Primar- und Sekundarstufe I + II, 4. erw., stark
überarb. Aufl.). Heidelberg: Spektrum Akad. Verl.
Padberg, F. [Friedhelm] & Benz, C. (2021). *Didaktik der Arithmetik. Fundiert, vielseitig,
praxisnah* (Mathematik Primarstufe und Sekundarstufe I + II, 5., überarbeitete Auflage).
Berlin, Heidelberg: Springer Spektrum. Verfügbar unter: http://www.springer.com/
Padberg, F. [Friedhelm] & Büchter, A. (2015). *Einführung Mathematik Primarstufe – Arith-
metik* (Mathematik Primarstufe und Sekundarstufe I + II, 2. Aufl.). Berlin: Springer
Spektrum.
Plunkett, S. (1979). Decomposition and All That Rot. *Mathematics in School, 8*(3), 2–5.
Zugriff am 26.11.2019. Verfügbar unter: www.jstor.org/stable/30213461
Posner, G. J., Strike, K. A., Hewson, P. W. & Gertzog, W. A. (1982). Accommodation of a
scientific conception: Toward a theory of conceptual change. *Science Education, 66*(2),
211–227. https://doi.org/10.1002/sce.3730660207
Prediger, S. (2006). Vorstellungen zum Operieren mit Brüchen entwickeln und erheben.
Vorschläge für vorstellungsorientierte Zugänge und diagnostische Aufgaben. *Praxis der
Mathematik in der Schule, 48*(11), 8–12.
Prediger, S. (2009). „Aber wie sag ich es mathematisch?" – Empirische Befunde und Konsequenzen zum Lernen von Mathematik als Mittel zur Beschreibung von Welt. In D. Höt-
tecke (Hrsg.), *Vorabdruck des Beitrags: Entwicklung naturwissenschaftlichen Denkens
zwischen Phänomen und Systematik* (S. 6–20). Berlin: LIT-Verlag.
Prediger, S. & Wittmann, G. (2009). Lernen aus Fehlern im Mathematikunterricht – (wie) ist
das möglich? In: Praxis der Mathematik in der Schule 51(3). *Praxis der Mathematik in
der Schule, 51*(3), 1–8.
Punch, S. (2002). Research with Children: The Same or Different from Research with
Adults? *Childhood, 9*(3), 321–341. https://doi.org/10.1177/0907568202009003005
Radatz, H. (1980a). *Fehleranalysen im Mathematikunterricht.* Wiesbaden, s.l.:
Vieweg+Teubner Verlag. https://doi.org/10.1007/978-3-663-06824-2
Radatz, H. (1980b). Untersuchungen zu Fehlleistungen im Mathematikunterricht. *Journal für
Mathematik-Didaktik*, (4), 213–228.
Radatz, H. (1985). Möglichkeiten und Grenzen der Fehleranalyse im Mathematikunterricht.
Der Mathematikunterricht, 31(6), 18–24.
Radatz, H. (1989). Schülervorstellungen von Zahlen und elementaren Rechenoperationen. In
Beiträge zum Mathematikunterricht (S. 306–309). Bad Salzdethfurt: Franzbecker.
Radatz, H., Schipper, W. & Ebeling, A. (1998). *Handbuch für den Mathematikunterricht. 2.
Schuljahr* (Dr. A,1). Hannover: Schroedel.
Rathgeb-Schnierer, E. (2006). *Kinder auf dem Weg zum flexiblen Rechnen. Eine Untersuchung
zur Entwicklung von Rechenwegen bei Grundschulkindern auf der Grundlage offener
Lernangebote und eigenständiger Lösungsansätze* (Texte zur mathematischen Forschung
und Lehre, Bd. 46). Hildesheim, Berlin: Franzbecker.

Rathgeb-Schnierer, E. (2010). Entwicklung flexibler Rechenkompetenzen bei Grundschulkindern des 2. Schuljahrs. *Journal für Mathematik-Didaktik*, *31*(2), 257–283. https://doi.org/10.1007/s13138-010-0014-y

Rathgeb-Schnierer, E. (2011). Warum noch rechnen, wenn ich die Lösung sehen kann? Hintergründe zur Förderung flexibler Rechenkompetenzen bei Grundschulkindern. In Gesellschaft für Didaktik der Mathematik (Hrsg.), *Beiträge zum Mathematikunterricht*.

Rathgeb-Schnierer, E. & Green, M. (2013). Flexibility in mental calculation in elementary students from different math classes. In *Proceedings of the eighth congress of the European Society for Research in Mathematics Education* (S. 353–362).

Rathgeb-Schnierer, E. & Rechtsteiner, C. (2018). *Rechnen lernen und Flexibilität entwickeln. Grundlagen – Förderung – Beispiele* (Mathematik Primarstufe und Sekundarstufe I + II, 1. Auflage 2018). Berlin: Springer Berlin; Springer Spektrum.

Rechtsteiner-Merz, C. (2013). *Flexibles Rechnen und Zahlenblickschulung. Entwicklung und Förderung von Rechenkompetenzen bei Erstklässlern, die Schwierigkeiten beim Rechnenlernen zeigen* (Empirische Studien zur Didaktik der Mathematik, Band 19). Münster, New York, München, Berlin: Waxmann.

Rottmann, T. (2011). Multiplizieren – einfach Übungssache? *Mathematik differenziert*, (2), 6–8.

Ruwisch, S. (2001). Multiplikative Vorstellungen von Viert- und Sechstklässlern im Bereich natürlicher sowie Bruchzahlen. In S. Schmidt, W. Weiser & B. Wollring (Hrsg.), *Beiträge zur Didaktik der Mathematik für die Primärstufe* (Studien zur Schulpädagogik, Bd. 31, S. 173–187). Hamburg: Kovač.

Schäfer, J. (2005). *Rechenschwäche in der Eingangsstufe der Hauptschule. Lernstand, Einstellungen und Wahrnehmungsleistungen – eine empirische Studie*. Verlag Dr. Kovac. https://doi.org/10.13140/RG.2.1.4401.6165

Scherer, P. & Moser Opitz, E. (2010). *Fördern im Mathematikunterricht der Primarstufe* (Mathematik Primar- und Sekundarstufe, Nachdr). Heidelberg: Spektrum Akad. Verl.

Schipper, W. (2009). *Handbuch für den Mathematikunterricht an Grundschulen*. Hannover: Schroedel.

Schipper, W., Ebeling, A. & Dröge, R. (2015). *Handbuch für den Mathematikunterricht* (Druck A). Braunschweig: Schroedel Westermann.

Schipper, W. & Hülshoff, A. (1984). Wie anschaulich sind Veranschaulichunghilfen. *Grundschule*, *16*(4), 54–56.

Schnell, R. (2019). Fragen. In R. Schnell (Hrsg.), *Survey-Interviews* (Studienskripten zur Soziologie, S. 65–103). Wiesbaden: Springer Fachmedien Wiesbaden. https://doi.org/10.1007/978-3-531-19901-6_4

Schoy-Lutz, M. (2005). *Fehlerkultur im Mathematikunterricht. Theoretische Grundlegung und evaluierte unterrichtspraktische Erprobung anhand der Unterrichtseinheit "Einführung in die Satzgruppe des Pythagoras "* (Texte zur mathematischen Forschung und Lehre, Bd. 39). Hildesheim, Berlin: Franzbecker.

Schulz, A. [Andreas] (2015). Wie lösen Viertklässler Rechenaufgaben zur Multiplikation und Division? In F. Caluori, H. Linneweber-Lammerskitten & C. Streit (Hrsg.), *Beiträge zum Mathematikunterricht* (S. 844–847). Münster: WTM-Verlag.

Schulz, A. [Andreas]. (2018). Relational Reasoning about Numbers and Operations – Foundation for Calculation Strategy Use in Multi-Digit Multiplication and Division. *Mathematical Thinking and Learning, 20*(2), 108–141. https://doi.org/10.1080/10986065.2018.1442641

Schulz, A. [Axel]. (2014). *Fachdidaktisches Wissen von Grundschullehrkräften. Diagnose und Förderung bei besonderen Problemen beim Rechnenlernen* (Bielefelder Schriften zur Didaktik der Mathematik, Bd. 2, Aufl. 2014). Wiesbaden: Springer Fachmedien Wiesbaden GmbH.

Schulz, A. [Axel] & Walter, D. (2019). Darstellungen im Mathematikunterricht – real, mental, digital. In A. S. Steinweg (Hrsg.), *Darstellen und Kommunizieren. Tagungsband des AK Grundschule in der GDM 2019* (Mathematikdidaktik Grundschule, Bd. 9, S. 41–56). Bamberg: University of Bamberg Press.

Schütte, S. (2004). Rechenwegnotation und Zahlenblick als Vehikel des Aufbaus flexibler Rechenkompetenzen. *Journal für Mathematik-Didaktik, 25*(2), 130–148. https://doi.org/10.1007/BF03338998

Selter, C. (1994). *Eigenproduktionen im Arithmetikunterricht der Primarstufe. Grundsätzliche Überlegungen und Realisierungen in einem Unterrichtsversuch zum multiplikativen Rechnen im zweiten Schuljahr.* Wiesbaden: Dt. Univ.-Verl.

Selter, C. (2000). Vorgehensweisen von Grundschüler(inne)n bei Aufgaben zur Addition und Subtraktion im Zahlenraum bis 1000. *Journal für Mathematik-Didaktik, 21*(3-4), 227–258. https://doi.org/10.1007/BF03338920

Selter, C. (2002). ‚Einführung' in das Einmaleins durch Umweltbezüge. *Die Grundschulzeitschrift,* (152), 12–15.

Sherin, B. & Fuson, K. (2005). Multiplication strategies and the appropriation of computational resources. *Journal for Research in Mathematics Education,* (36 (4)), 347–395.

Siegler, R. S. (1988). Strategy choice procedures and the development of multiplication skill. *Journal of Experimental Psychology,* (117(3)), 258–275.

Siegler, R. S. & Lemaire, P. (1997). Siegler, R. S., & Lemaire, P. (1997). Older and younger adults' strategy choices in multiplication: Testing predictions of ASCM using the choice/no-choice method. Journal of experimental psychology: General, 126(1), 71. *Journal of Experimental Psychology: General, 126*(1), 71–92.

Söbbeke, E. (2005). *Zur visuellen Strukturierungsfähigkeit von Grundschulkindern. Epistemologische Grundlagen und empirische Fallstudien zu kindlichen Strukturierungsprozessen mathematischer Anschauungsmittel* (Texte zur mathematischen Forschung und Lehre, Bd. 42). Hildesheim: Franzbecker.

Söbbeke, E. (2009). *" Sehen und Verstehen" im Mathematikunterricht: Zur besonderen Funktion von Anschauungsmitteln für das Mathematiklernen.,* Universitätsbibliothek Dortmund. Zugriff am 15.05.2018. Verfügbar unter: https://eldorado.tu-dortmund.de/bitstream/2003/31555/1/005.pdf

Ständige Konferenz der Kultusminister der Länder in der Bundesrepublik Deutschland. (2004). *Bildungsstandards im Fach Mathematik für den Primarbereich. (Jahrgangsstufe 4) ; [Beschluss vom 15.10.2004* (Beschlüsse der Kultusministerkonferenz). Neuwied: Luchterhand.

Star, J. R. (2005). Reconceptualizing Procedural Knowledge. *Journal for Research in Mathematics Education, 36*(5), 404–411. Verfügbar unter: http://www.jstor.org/stable/30034943

Star, J. R. & Newton, K. J. (2009). The nature and development of experts' strategy flexibility for solving equations. *ZDM*, *41*(5), 557–567. https://doi.org/10.1007/s11858-009-0185-5

Star, J. R., Rittle-Johnson, B., Lynch, K. & Perova, N. (2009). The role of prior knowledge in the development of strategy flexibility: the case of computational estimation. *ZDM*, *41*(5), 569–579. https://doi.org/10.1007/s11858-009-0181-9

Steel, S. & Funnell, E. (2001). Learning multiplication facts. A study of children taught by discovery methods in England. *Journal of Experimental Child Psychology*, *79*(1), 37–55. https://doi.org/10.1006/jecp.2000.2579

Steinbring, H. (1994). Die Verwendung strukturierter Diagramme im Arithmetikunterricht der Grundschule. Zum Unterschied zwischen empirischer und theoretischer Mehrdeutigkeit mathematischer Zeichen. *Mathematische Unterrichtspraxis*, *15*(4), 7–19.

Steinbring, H. (2006). What makes a sign a mathematical sign? – An epistemological perspective on mathematical interaction. *Educational Studies in Mathematics*, *61*(1-2), 133–162. https://doi.org/10.1007/s10649-006-5892-z

Steinweg, A. S. (2013). *Algebra in der Grundschule. Muster und Strukturen – Gleichungen – funktionale Beziehungen* (Mathematik Primarstufe und Sekundarstufe I + II). Berlin: Springer.

Stiewe, S. & Padberg, F. [F.]. (1986). Über typische Schülerfehler bei der schriftlichen Multiplikation natürlicher Zahlen. *Der Mathematikunterricht*, *32*(3), 18–28.

Tall, D. & Vinner, S. (1981). Concept image and concept definition in mathematics with particular reference to limits and continuity. *Educational Studies in Mathematics*, *12*(2), 151–169. https://doi.org/10.1007/BF00305619

Threlfall, J. (2002). Flexible mental calculation. *Educational Studies in Mathematics*, *50*(1), 29–47. https://doi.org/10.1023/A:1020572803437

Threlfall, J. (2009). Strategies and flexibility in mental calculation. *ZDM*, *41*(5), 541–555. https://doi.org/10.1007/s11858-009-0195-3

Tiedemann, K. (2019). Mit Sprache kann man rechnen! *Mathematik differenziert*, *10*(3), 6–9.

Tietze, U.-P. (1988). Schülerfehler und Lernschwierigkeiten in Algebra und Arithmetik – Theoriebildung und empirische Ergebnisse aus einer Untersuchung. *Journal für Mathematik-Didaktik*, *9*(2-3), 163–204. https://doi.org/10.1007/BF03339290

Torbeyns, J., Verschaffel, L. & Ghesquiere, P. (2005). Simple Addition Strategies in a First-Grade Class With Multiple Strategy Instruction. *Cognition and Instruction*, *23*(1), 1–21. https://doi.org/10.1207/s1532690xci2301_1

Van der Ven, S. H., Straatemeier, M., Jansen, B. R., Klinkenberg, S. & van der Maas, H. L. (2015). Learning multiplication. An integrated analysis of the multiplication ability of primary school children and the difficulty of single digit and multidigit multiplication problems. *Learning and Individual Differences*, *43*, 48–62. https://doi.org/10.1016/j.lin dif.2015.08.013

Vermeulen, N., Olivier, A. & Human, P. (8.7. – 12.7.1996). *Students' awareness of the distributive property.* Vortrag anlässlich THE PROGRAM COMMITTEE OF THE 18TH PME CONFERENCE, Valencia.

Verschaffel, L., Luwel, K., Torbeyns, J. & van Dooren, W. (2009). Conceptualizing, investigating, and enhancing adaptive expertise in elementary mathematics education. *European Journal of Psychology of Education)*, *24*(3), 335–359. https://doi.org/10.1007/BF0317 4765

Voigt, J. (1990). Mehrdeutigkeit als wesentliches Moment der Unterrichtskultur. In *Beiträge zum Mathematikunterricht* (S. 305–308). Franzbecker.

Vom Hofe, R. (1992). Grundvorstellungen mathematischer Inhalte als didaktisches Modell. *Journal für Mathematik-Didaktik, 13*(4), 345–364. https://doi.org/10.1007/BF03338785

Vom Hofe, R. (1995). *Grundvorstellungen mathematischer Inhalte* (Texte zur Didaktik der Mathematik). Zugl.: Kassel, Univ. Gesamthochsch., Diss., 1994. Heidelberg: Spektrum Akad. Verl.

Vom Hofe, R. & Blum, W. (2016). "Grundvorstellungen" as a Category of Subject-Matter Didactics. *Journal für Mathematik-Didaktik, 37*(S1), 225–254. https://doi.org/10.1007/s13138-016-0107-3

Wartha, S. (2007). *Längsschnittliche Untersuchungen zur Entwicklung des Bruchzahlbegriffs* (Texte zur mathematischen Forschung und Lehre, Bd. 54). Zugl.: Regensburg, Univ., Diss. 2007. Hildesheim: Franzbecker.

Wartha, S. (2010). Aufbau von Grundvorstellungen. In *Beiträge zum Mathematikunterricht*.

Wartha, S. & Benz, C. (2015). Rechnen mit Übergängen. Über Rechenstrategien sprechen und Grundlagen sichern. *Mathematik lehren*, (192), 8–13.

Wartha, S. & Güse, M. (2009). Zum Zusammenhang zwischen Grundvorstellungen zu Bruchzahlen und arithmetischem Grundwissen. *Journal für Mathematik-Didaktik, 30*(3-4), 256–280. https://doi.org/10.1007/BF03339082

Wartha, S. & Schulz, A. [Axel]. (2011). *Aufbau von Grundvorstellungen (nicht nur) bei besonderen Schwierigkeiten im Rechnen* (Gek. Ausg). Kiel: IPN Leibniz-Institut f. d. Pädagogik d. Naturwissenschaften an d. Universität Kiel.

Weimer, H. (1925). *Psychologie der Fehler.* Leipzig: Klinkhardt.

Weiser, W. [W.] & Schmidt, S. [S.] (1992). Semantische Strukturen der Multiplikation und Division – Erkennen des arithmetischen Kerns von einfachen Textaufgaben. In *Beiträge zum Mathematikunterricht* (S. 503–504).

Wellenreuther, M. (1986). Zur Methodologie der 'Fehleranalyse' in der mathematikdidaktischen Forschung. *Journal für Mathematik-Didaktik, 7*(4), 269–303. https://doi.org/10.1007/BF03339259

Winter, K. (2011). *Entwicklung von Item-Distraktoren mit diagnostischem Potential zur individuellen Defizit- und Fehleranalyse. Didaktische Überlegungen, empirische Untersuchungen und konzeptionelle Entwicklung für ein internetbasiertes Mathematik-Self-Assessment*. Zugl.: Münster (Westfalen), Univ., Diss. Evaluation und Testentwicklung in der Mathematik-Didaktik. Zugriff am 15.07.2020. Verfügbar unter: https://www.uni-flensburg.de/fileadmin/content/abteilungen/mathematik/winter/2011-dissertation-winter.pdf

Wittmann, E. C. (2007). Von der Fehleranalyse zur Fehlerkultur. In *Beiträge zum Mathematikunterricht. Vorträge auf der 41. Tagung für Didaktik der Mathematik* (S. 175–178). Münster: WTM-Verlag.

Wittmann, E. C. & Müller, G. N. (2008). Muster und Strukturen als fachliches Grundkonzept. In G. Walther (Hrsg.), *Bildungsstandards für die Grundschule: Mathematik konkret* (Lehrer-Bücherei: Grundschule, S. 42–65). Berlin: Cornelsen Scriptor.

Wittmann, E. C. & Müller, G. (2012). *Handbuch produktiver Rechenübungen. Vom halbschriftlichen zum schriftlichen Rechnen* (1. Auflage). Stuttgart: Kallmeyer; Klett.

Woodward, J. (2006). Developing automaticity in multiplication facts: Integrating strategy instruction with timed practice drills. *Learning Disability Quarterly, 29*(4), 269–289.

Young-Loveridge, J. (2008). Analysis of 2007 data from the Numeracy Development Projects: What does the picture show? In *Findings from the New Zealand Numeracy Development Projects 2007* (18–28, 191–211). Wellington: Ministry of education.

Young-Loveridge, J. & Mills, J. (2009). Teaching Multi-digit Multiplication using Array-based Materials. In R. K. Hunter, B. A. Bicknell & T. A. Burgess (Hrsg.), *Crossing divides. MERGA 32 conference proceedings, 5–9 July 2009, Massey University, Wellington, New Zealand* (S. 635–642). Palmerston North, N.Z.: Merga.

Züll, C. & Menold, N. (2019). Offene Fragen. In N. Baur & J. Blasius (Hrsg.), *Handbuch Methoden der empirischen Sozialforschung* (Bd. 17, S. 855–862). Wiesbaden: Springer Fachmedien Wiesbaden. https://doi.org/10.1007/978-3-658-21308-4_59

Printed in the United States
by Baker & Taylor Publisher Services